城市轨道交通施工技术

王小丁　赵家庶　邹俊　主编

中国石化出版社

图书在版编目(CIP)数据

城市轨道交通施工技术 / 王小丁，赵家庶，邹俊主编．—北京：中国石化出版社，2023.9(2025.2 重印)
ISBN 978-7-5114-7116-1

Ⅰ．①城… Ⅱ．①王… ②赵… ③邹… Ⅲ．①城市铁路-轨道交通-工程施工 Ⅳ．①U239.5

中国国家版本馆 CIP 数据核字(2023)第 112617 号

中国石化出版社出版发行
地址：北京市东城区安定门外大街 58 号
邮编：100011　电话：(010)57512500
发行部电话：(010)57512575
http://www.sinopec-press.com
E-mail：press@sinopec.com
北京科信印刷有限公司印刷
全国各地新华书店经销
*
787 毫米×1092 毫米 16 开本 14 印张 318 千字
2023 年 9 月第 1 版　2025 年 2 月第 2 次印刷
定价：88.00 元

《城市轨道交通施工技术》
编　委　会

前言 PREFACE

轨道交通作为一种大容量快速公共运输方式，在城市发展中起到了不可忽视的作用。我国城市轨道交通发展经历了起步探索、交通疏解、规划引导几个阶段。从20世纪90年代后期开始，进入了一个快速和全面发展的新阶段。

在新型城镇化快速推进和城市优先发展公共交通的大形势下，中国城轨交通的发展呈现出世界范围罕有的速度和规模。当前，我国城市轨道交通在开通城市数量、轨道交通运营里程、运营客运量等方面均居世界第一，列车运行可靠度、正点率、发车间隔等关键运营指标位居国际前列。据统计，截至2022年底，31个省(自治区、直辖市)和新疆生产建设兵团共有53座城市开通运营城市轨道交通线路290条，运营里程9584km，车站5609座。其中，2022年全年新增城市轨道交通运营线路21条，新增运营里程847km，南通和黄石2个城市首次开通运营城市轨道交通。

城市轨道交通的迅速发展，对城市各方面的发展都有着极大的影响，同时也将带动对城市轨道交通专业人才的大量需求。本着为城市轨道交通工程人员提供理论与实践参考的初衷，本书主要围绕城市轨道交通施工技术进行展开，同时结合城市轨道交通工程质量控制与安全管理进行研究，主要分为六章：绪论、车站主体施工、区间隧道施工技术、高架结构施工、轨道工程施工、城市轨道交通施工质量控制与安全管理。

全书专业覆盖广、内容丰富、结构严谨，重视理论联系实践，结合了一些具体案例对城市轨道交通施工技术进行分析与探索。适合从事城市轨道交通施工技术应用的广大专业技术人员阅读和借鉴。

本书大量引用了相关专业文献和资料，但未能一一注明出处，在此对相关文献的作者表示感谢。

限于编者的理论水平和实践经验，且对新修订的规范学习理解不够，书中难免存在疏漏和不妥之处，恳请广大读者批评指正。

目 录 CONTENTS

第1章 绪 论

1.1 城市轨道交通的概况

1.1.1 城市轨道交通的发展

1）早期有轨电车交通时代

国内的有轨电车起源于20世纪初，到20世纪50年代，有轨电车交通达到了高峰。上海、大连、北京、天津、哈尔滨、长春等诸多城市都建成了多条有轨电车线路。有轨电车在国内城市交通中发挥了历史性的作用。

由于有轨电车与城市发展之间存在诸多矛盾，国内的有轨电车同国外一样，从20世纪50年代开始逐步拆除。

2）现代城市轨道交通时代

国内现代城市轨道交通是以1965年7月1日开工建设的北京地铁为开端的，发展至今，大致经历了以下5个阶段。

（1）起始阶段

起始阶段以1965年开始建设、1969年10月1日建成通车的北京地铁（复兴门站—苹果园站，全长23.6km）和1970年开始兴建、1976年建成通车的天津地铁（新华路站—西南角站，全长5.2km）为代表。

这一阶段地铁的规划与建设，除了实现城市的客运功能之外，更重要的是满足人防战备的需要。

（2）开始建设阶段

开始建设阶段以北京地铁1号线完全建成（复八线建设和1号线改造），上海地铁1号线（上海火车站—莘庄）、广州地铁1号线（西朗—广州东站）的建成为标志。随着改革开放和经济体制改革的逐步深入，城市交通需求剧增，导致道路交通供给能力严重不足，交通供需矛盾十分突出，这也成为城市经济发展的一个重要制约因素。为适应城市发展的需要，缓解城市交通的紧张状况，从20世纪90年代开始，国内政府加大了对城市交通基础设施的投入，强调轨道交通对解决城市交通问题和引导城市发展的作用。从此，发展大容量轨道交通的理念开始显现，国内开始了城市轨道交通的建设阶段。在这一阶段，除地铁建设外，以上海明珠线一期工程为代表的轻轨交通也开始建设。

（3）建设高潮阶段

随着国内经济的发展和城市化进程的加快，国内城市的规模不断扩大，人口不断增加，城市交通问题日益突出。城市交通问题的解决必须依赖公共交通的发展，大城市及特大城市还必须建设一个以轨道交通系统为骨干，以公共交通为主体，多种交通方式相协调的综合交通系统。同时，经济的快速发展也为城市轨道交通的发展奠定了雄厚的物质基础。自20世纪末至21世纪初，国内城市轨道交通进入了快速发展的建设高潮阶段。

在这一阶段，城市轨道交通建设具有以下特点。

① 兴建城市轨道交通的城市迅速增多。据中国轨道交通网最新数据统计显示，截至2022年12月31日，中国大陆地区的上海、北京、广州、南京、武汉、重庆等53座城市开通运营290条城市轨道交通线路，总线路里程达9584km，车站5609座。地铁运营线路总里程位居前十位的城市有上海、北京、成都、广州、深圳、南京、重庆、武汉、杭州和青岛。国内总计有43座城市获批正在建设和筹建轨道交通，国内的城市轨道交通处于良好的快速发展阶段。

② 城市轨道交通的网络化。目前，国内部分城市的轨道交通建设呈现网络化发展。北京、上海、天津、广州等城市均在建和筹建多条城市轨道交通线路，形成纵横交错、相互沟通连接的网络交通体系。

③ 城市轨道交通类型的多元化。国内的城市轨道交通已不再是单一的地铁交通。北京建成了市郊铁路交通，天津建成了滨海快速轨道交通，大连、长春、武汉建成了轻轨交通，重庆建设了跨座式单轨交通，上海开通了高速磁悬浮列车，广州出现了直线电动机驱动的列车。城市轨道交通供电系统不仅有第三轨供电，还有架空线接触网供电的形式，轨道交通类型呈多元化发展。

④ 城市轨道交通的现代化。随着城市轨道交通的发展，以车辆为代表的技术体系也实现了现代化。通过国际技术交流与合作，引进先进技术，实现设计制造技术的现代化，在提升技术水平的同时，也加快了国产化的进程。

（4）建设调整阶段

在国内城市轨道交通的发展过程中，值得指出的是，有部分城市不顾地方经济实力，盲目上马轨道交通建设项目，速度过快、过猛；还有的城市盲目追求高标准，忽视了是否适合本城市的实际情况等问题，使城市轨道交通建设带有很大的盲目性。针对工程造价高、车辆全部引进、大部分设备大量引进等问题。1995年国务院办公厅60号文通知，除上海地铁2号线项目外，所有地铁建设项目一律暂停审批，并要求做好发展规划和国产化工作。从1995年到1998年，近3年时间内国家没有审批任何城市轨道项目。2002年10月中旬，国务院冻结了近20个城市的地铁立项，委托中国国际工程咨询有限公司对国内的地铁项目做全面的调查分析，出台一系列有关地铁项目审批的新政策，加大地铁项目的宏观调控力度。轨道交通的建设与发展经历了一段曲折的历程。

（5）蓬勃发展阶段

国内的城市轨道交通在经历了早期建设、高速发展、建设调整等曲折过程后，正步入稳步、持续、有序的蓬勃发展阶段。

根据《国家中长期科学和技术发展规划纲要（2006—2020年）》的精神，多地明确提出构建以城市轨道交通为骨架的城市综合公共交通体系，国内城市轨道交通在“十三五”期间迎来了新一轮的建设高潮。截至2021年，国内获批轨道交通建设规划的城市已达43个。

1.1.2 国内城市轨道交通发展的不足与展望

随着国内经济社会的不断进步和发展，国内的城市轨道交通建设也得到了快速发展。在肯定国内轨道交通建设长足发展的同时，我们也应清醒地看到，轨道交通的发展目前仍存在一些问题。这些问题主要表现在四个方面：一是城市轨道交通规模小、经济效益差，高峰期运输紧张的问题比较突出，路网规模、结构有待提高和改善，交通问题仍然是制约城市经济发展的瓶颈问题；二是在城市交通问题日益突出、大城市交通拥堵、路网结构不够合理的状况下，城市大容量快速轨道交通的发展仍然比较缓慢；三是城市群快速发展，城际旅游客流不断增加，城际间的交通运输能力越来越不适应发展的要求，城际间大容量、高效率、低污染和节省资源的轨道交通建设滞后；四是轨道交通装备的国产化率偏低，有待进一步提高。

为了实现国内轨道交通的可持续发展，2015年1月12日，国家发展和改革委员会发布了《关于加强城市轨道交通规划建设管理的通知》(发改基础〔2015〕49号)，要求坚持“量力而行、有序发展”的方针，按照统筹衔接、经济适用、便捷高效和安全可靠的原则，科学编制规划，有序发展地铁，鼓励发展轻轨、有轨电车等高架或地面敷设的轨道交通制式。把握好建设节奏，确保建设规模和速度与城市交通需求、政府财力及建设管理能力相适应。加强规划管理、建设管理、安全管理，促进国内轨道交通建设的可持续发展。

为了保证城市轨道交通建设的稳步发展，目前迫切需要整合全国资源，构建国家级技术标准，建立国家级技术标准体系。展望未来，轨道交通作为一种与国内国情相适应的交通运输方式，发展前景十分广阔。

1.2 城市轨道交通的类型

1.2.1 地铁系统

地铁系统，又称地下铁道，其原始含义是修建在地下隧道中的铁路。随着地下铁道的发展，其线路布置不再局限于地下隧道中，而是根据需要也可以布置在地面或采用高架的方式修建，但城区内的线路还是以地下为主。

地铁系统是一种大运量的轨道运输系统，单向高峰小时最大断面客流量在3万~7万人次。一般情况下，线路实行全封闭，可实现信号控制的自动化，适用于客运量较大的城市中心区域。

1.2.2 轻轨系统

轻轨的原始含义是指车辆运行的线路所使用的钢轨比重型地铁所使用的钢轨轻。由于钢轨铁路的钢轨较轻，其整体的技术标准也低于地铁，因而轻轨的运输能力也远远小于地铁，早期的轻轨一般是直接对旧式有轨电车系统改建而成。在20世纪70年代后期，一些国家开始修建全新的现代轻轨系统，使得轻轨系统的行车速度、舒适程度得到了很大的改善。

轻轨系统是一种中运量的轨道运输系统，单向高峰小时最大断面客流量在 1 万～3 万人次。轻轨系统主要在城市地面或高架桥上运行，线路采用地面专用轨道或高架轨道，遇繁华街区，也可进入地下或与地铁接轨。轻轨的服务范围主要连接市区与郊区，用于构建市区与重点郊区的大运能通道。

1.2.3 单轨系统

单轨系统是车辆或列车在单一轨道梁上运行的城市客运交通系统。单轨系统的线路通常采用高架结构，车辆则大多采用橡胶轮胎。从构造形式上单轨还可分为跨座式单轨与悬挂式单轨两种。跨座式单轨是列车跨坐在轨道梁上运行的形式，而悬挂式单轨则是列车悬挂在轨道梁下运行的形式。

单轨系统是一种中运量的轨道运输系统，适用于单向高峰小时最大断面客流量 1 万～3 万人次的交通走廊。因其占地面积很小，与其他交通方式完全隔离，运行安全可靠，建设适应性较强。单轨系统的主要使用范围如下。

① 城市道路高差较大，道路半径小，线路地形条件较差的地区。

② 旧城改造已基本完成，而该地区的城市道路又比较窄。

③ 大量客流集散点的接驳线路。

④ 市郊居民与市区之间的联络线。

⑤ 旅游区域内景点之间的联络线、旅游观光线路等。

1.2.4 有轨电车

有轨电车是使用电车牵引、轻轨导向、1～3 辆编组运行在城市路面线路上的轨道交通系统。有轨电车的轨道主要铺设在城市道路路面上，车辆与其他地面交通混合运行，根据街道条件，又可分为以下三种情况。

① 混合车道。

② 半封闭专用车道(在道路平交道口处，采用优先通行信号)。

③ 全封闭专用通道(在道路平交道口处，采用立体交叉方式通过)。

有轨电车是一种低运量的城市轨道交通系统，单向高峰小时最大断面客流量一般在 1 万人次以下。由于与其他车辆混合运行，运行速度较慢，一般在 10～20km/h。目前，有些旧式有轨电车改造成了新式轻轨。

1.2.5 磁浮系统

磁浮系统起源于人们对速度的追求，轮轨极限速度一般认为是 300～380km/h，要想超越这一速度运行，必须采取不依赖于轮轨的新式运输系统。1922 年，德国人提出了电磁悬浮原理，并于 1934 年申请了磁浮列车的专利——“通过磁场达到悬浮并沿铁路轨道行驶的无轮车辆组成的悬浮列车”。磁浮列车实际上是依靠电磁吸力或电动斥力将列车悬浮于空中，它的速度可达到 500km/h 以上，是当今世界上最快的地面客运交通工具，有速度快、爬坡能力强、能耗低的优点。

目前，磁浮系统主要有两种基本类型：一种是高速磁浮系统，其最高行车速度可达500km/h；另一种是中低速磁浮系统，其最高行车速度为100km/h。高速磁浮系统由于行车速度很高，通常适于站间距离不小于30km的城市之间远程线路客运交通。中低速磁浮系统由于行车速度相对较低，对于城市区域内站间距大于1km的中、短程客运交通线路较为适宜。

磁浮系统是一种中等运量的轨道运输系统，适用于单向高峰小时最大断面客流量在1.5万~3万人次的交通走廊。磁浮系统列车主要在高架桥上运行，特殊地段也可在地面或地下隧道中运行。

由于磁浮系统在国内尚处新兴技术发展阶段，在城市轨道交通领域的应用经验还有待不断总结，选用这项技术方案时，应做充分的技术经济比较。

1.2.6 自动导向轨道系统

自动导向轨道系统，是一种车辆采用橡胶轮胎在专用轨道上运行的系统。日本较早采用自动导向轨道系统，1981年开通的两条线路，一是神户新交通公司开通的三宫—中公园线路，全长6.4km；二是大阪市住之江公园—中埠头间的6.6km线路。

自动导向轨道系统是一种中运量轨道运输系统，由于其列车沿着特制的导向装置行驶，车辆运行和车站采用计算机控制，可实现全自动化和无人驾驶技术，通常在繁华市区线路可采用地下线路，市区边缘或郊外宜采用高架线路。自动导向轨道系统适用于城市机场线或城市中客流相对集中的点对点运营线路，必要时中间可设少量停靠站。

1.2.7 市域快速轨道系统

市域快速轨道系统是一种大运量的轨道运输系统，客运量可达20万~45万人次/日(一般不采用单向高峰小时最大客流量的概念)。市域快速轨道系统适用于城市区域内重大经济区之间中长距离的客运交通。市域快速轨道交通列车主要在地面或高架桥上运行，必要时也可采用隧道。由于市域快速轨道系统线路长、站间距大，可选用运行速度在120km/h以上的快速专用列车。

1.3 城市轨道交通的组成

城市轨道交通是集多专业、多工种于一体的，围绕安全行车这一中心而组成的有序联动、实时性极强的复杂系统。

城市轨道交通系统包括线路、车辆、供电、通信、运营调度、自动售检票、客运服务、安全保障等诸多专业，各专业又分别包含机械、电气、控制、自动化、计算机等多项工种。这些专业和工种必须有效联动，才能确保城市轨道系统的正常运营。而各专业在城市轨道交通中，又发挥着不可替代的作用。例如，列车是运送乘客的载具，但必须行驶在已铺设完成的轨道线路上；列车行驶依靠的是供电专业提供的电源；为保证列车行驶安全，必须有畅通可靠的通信系统和准确无误的信号系统作为保障；乘客进出站、购票、上下列车都需要客运人员提供车站服务等。

由此可见，只有城市轨道交通系统涉及的各专业都能确保各自工作正常，才能使城市轨道交通发挥作用。按照城市轨道交通工作目标和服务对象的不同，可以将城市轨道交通涉及的专业分为设备保障和运营管理两类。

1.3.1 设备保障类

设备保障类的主要工作目标是为运营管理提供设备和技术保障，工作人员一般不直接与乘客见面。各专业利用技术先进、性能可靠、操作简便的专业设备，为城市轨道交通实现安全运送乘客的目标提供可靠的物质保障，设备保障主要包括以下内容。

1）线路工程

城市轨道交通采用的是电力驱动的轮轨系统，所有线路既是列车运行的支撑，也是轨道电路的组成部分，所以线路专业可以称为整个乘客运送系统的基础。在城市轨道交通系统中，一般将隧道、桥梁、车站建筑、监护等纳入线路工程的子系统。

2）车辆

作为运送乘客的载具，车辆的性能直接决定了运送乘客目标的实现质量。在乘坐城市轨道交通时，乘客除了在车站就是在列车上。乘客的旅途安全有赖于列车的安全运行，列车行进速度直接决定了乘客到达的快捷和准点，车厢载客量、车厢硬件设备则决定了乘客出行过程的舒适度。

3）通信系统

通信系统的任务是建立一个实现系统内指挥调度及公务通话和业务联系的通道。例如，为乘客提供运营信息，为公安部门提供视频和无线资源，为消防管理部门提供无线资源等。有线通信和无线通信是通信系统的两个子系统。

4）信号系统

信号是信息的表现形式，信息是信号的具体内容，可以认为信号是信息传递的一种手段。城市轨道交通通过信号系统实现行车指挥和列车运行现代化，保证列车运行的安全，提高运输效率。此外，信号系统还需要利用信号将运营信息告知乘客，实现客流组织和完成运送乘客的任务。

5）供电系统

电力是保证城市轨道交通正常运行的能源，由国家电网供电。供电系统不仅为城市轨道交通电动列车提供牵引用电，还为照明、通风、空调、电梯、防灾报警、通信、信号等运营服务设施提供电能。安全可靠又经济合理的供电系统是城市轨道交通正常运营的重要保障和前提，因此必须保证城市轨道交通供电系统正常运行，以免危及相关人员生命安全或造成重大财产损失。

6）车站机电设备

车站机电设备包括车站自身的硬件设备系统和为乘客提供服务的设备系统两大类。属于前者的有车站火灾自动报警系统（fire alarm system，FAS）、车站环境与设备监控系统（building automation system，BAS）、车站给排水系统、车站低压配电及照明系统等；属于后者的有车站通风系统、车站空调系统、自动售检票系统（automatic fare collection，AFC）、自动扶梯系统、站台屏蔽(platform screen door，PSD)系统等。车站机电设备的完好率将直接决定车站的安全程度和乘客旅行的舒适、方便、安全程度，因此，车站机电设备虽然不直接决定城市轨道交通的运营质量，但能充分体现城市轨道交通的服务质量，应给予充分重视。

1.3.2 运营管理类

运营管理类的工作目标是为乘客提供安全、快捷、准点、方便和尽可能舒适的出行工具，所以，凡直接涉及乘客出行的专业和工种，均应纳入运营管理范围。

1）行车管理

行车管理主要负责对系统内所有列车的运行管理。城市轨道交通列车的运行是按运行图进行调度的，所以编制运行图、下达行车命令、突发事件时的行车调整、有关行车组织的即时命令发布等均是行车管理系统的工作职责。

（1）主要工种

主要工种包括运营调度、设备调度、车站值班员、电动列车驾驶员等。

（2）主要工种的岗位和主要职责

① 运营调度、设备调度一般集中在线路调度中心，负责全线的行车指挥。

② 车站值班员的岗位在车站，负责按运行图或调度命令，对途经车站的列车进行正常行车操作或调整，对车站客流进行组织或疏导。

③ 电动列车驾驶员的岗位在列车上，除了负责驾驶列车运送乘客外，还要通过列车广播、车厢显示屏等平台为乘客提供服务。当列车突发故障时，电动列车驾驶员还要承担安全疏导乘客的任务。

2）客运管理

客运管理是对乘客运送全过程的管理，是直接面向乘客的重要服务系统。系统服务对象是广大的乘客群体，专业宗旨是“为乘客提供优质服务”，专业评价标准是“乘客满意度”。

客运管理又包含两个重要的子系统，即客流组织和客运服务。前者主要是组织乘客有序流动，后者是为乘客提供优质服务，车站服务员(简称站务员)是服务提供者，其岗位在车站。

理论上，车站服务员是乘客出行过程中唯一能接触到的城市轨道交通工作人员，因此乘客会通过服务人员的言行举止对轨道交通运营企业的工作质量进行评判。随着城市轨道交通各系统自动化技术的不断提高，目前已实现了乘客“自助式出行”的目标，也就是乘客可以依靠车站提供的各类信息指示，在“无人服务”的情况下自主完成出行。

3）乘务管理

城市轨道交通列车乘务员指的是电动列车驾驶员，其处于城市轨道交通运营的第一线，肩负着行车安全的主要责任。因此，合理安排乘务员作息时间、制定值乘方案、分配人员、教育培训及安全监督就显得尤为重要。这些管理制度和措施的制定不仅要与实际运营相结合，而且要有一定的科学依据作为保障，做到在实现人员的精简高效的同时能够确保运营的安全。

4）票务管理

制定票价等运营政策，对车票制作、车票出售、入站检票、出站检票、补票、罚款等营运信息进行有效的管理是票务管理的主要工作内容。只有通过安全、可靠和完备的自动售检票系统才能有效地实施票务的清分和结算，所以票务管理也是票务收入和结算的基础。

另外，在城市轨道交通系统的管理中，安全运营始终是第一要务。广大乘客的生命安全、设备的安全运行、突发事件时的人员疏散和事故处理以及反恐、防恐的措施制定和实施都属于安全管理的工作范畴。从工作性质分，安全管理分为乘客和员工的人身安全管理，运行和服务设备设施的安全管理和突发事件时的应急处置三个方面。

第 2 章 车站主体施工

2.1 基坑施工

2.1.1 深基坑开挖

2.1.1.1 深基坑开挖顺序与工艺流程

1）深基坑开挖顺序

从基坑两端向中部开挖，按纵向分段、竖向分层的原则分别开挖，最后剩余段土方用挖机接力、长臂挖机配合的方式依次挖除。纵向根据场地条件分段施工，先挖中槽，再挖两边，人工配合龙门吊(或吊车)安装钢支撑。根据节点工期要求和施工条件影响，施工顺序为由车站两端分段相向施工，土方由车站东端运出，优先施工盾构始发井区域，确保盾构始发节点工期。

2）施工工艺流程

车站深基坑开挖及支护工艺流程如图 2.1 所示。

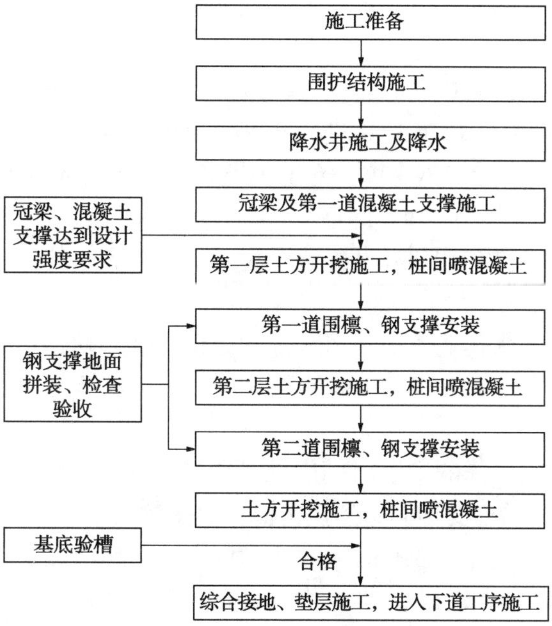

图 2.1　车站深基坑开挖及支护工艺流程图

2.1.1.2 基坑开挖准备工作

① 按规定的技术标准、地质资料以及周围建筑物和地下管线等的详细资料，严格细致地做好深基坑施工组织设计(包括周围环境的监控措施)和施工操作规程，施工方案按要求组织专家会审。

② 对开挖中可能遇到的渗水、边坡稳定、涌泥流砂等现象进行技术讨论，制定应急措施并提前进行相关的物资储备。准备好地面排水及基坑内抽排水系统。

③ 确保地下连续墙的按时完成，开挖前15d进行基坑降水工作，保证基底以上地层开挖时的稳定，保证开挖施工如期进行。

④ 按设计要求加工钢支撑，备足钢支撑数量，备好出土、运输和弃土条件，确保连续开挖。

⑤ 对基坑周边30m范围内的建筑物进行调查，并对基坑、周围建筑物、地面及地下管线等编制详细的监控和保护方案，预先做好监测点的布设、初始数据的测试和检测仪器的调试工作，检测工作准备就绪。

2.1.1.3 基坑土方开挖

1）基坑土方开挖原则

① 基坑开挖施工以保证施工和周围环境安全及节点工期为原则。土方开挖的顺序方法必须与设计工况相一致，严格按照时空效应理论，掌握好“分层、分段、分块、对称、限时”五个要点，并遵循“竖向分层、水平分区分段、先撑后挖、严禁超挖、及时封底”的原则，确保工程安全质量前提下快速施工。土方开挖横向先中间后两侧，确保两侧预留土体护壁，纵向设置台阶，多台阶挖机接力开挖、装车，自卸汽车外运，最后剩余土方采用龙门吊(吊车)垂直吊装或长臂挖机位于基坑边侧出土。

② 基坑开挖前15d开始降水，基坑开挖必须在连续墙、钻孔桩、锚索、冠梁、混凝土支撑达到设计强度后方可进行。

③ 基坑开挖时，其纵横向边坡放坡应根据地质、环境条件采取安全坡度。每步开挖所暴露的部分围护结构宽度宜控制在3~6m，每层开挖深度控制在2.5~3m，严禁在一个工况条件下，一次开挖到底。钢筋、钢支撑、弃土等堆载应远离基坑顶边线5m以外，防止侧压力过大，基坑周边堆载不得大于20kPa。

④ 纵向放坡开挖时，应在坡顶外设置截水沟，防止地表水冲刷坡面和基坑外排水再回流渗入坑内，防止边坡坍塌。

⑤ 基坑开挖须确保无水作业。加强明水排放，在基坑开挖后，应及时设置坑内排水沟和集水井，配备潜水泵及时排除集水井里的积水，防止坑底积水。在雨季施工，严格执行雨季施工方案。

⑥ 每一工况挖土及钢支撑的安装时间间隔不得超过12h，对各道支撑必须采取可靠的支托和连接，防止因围护结构变形和施工撞击而发生支撑脱落。

⑦ 机械挖土时，坑底应保留300mm厚土层用人工挖除整平，防止坑底土扰动。

⑧ 挖土机械和车辆严禁碰撞支撑、井点管、围护结构，支撑顶面严禁堆放、悬挂杂物。

2）基坑土方开挖顺序

土方开挖按照纵向分段、竖向分层、层与层之间放坡设台阶的方式进行，上下、前后形成一个连续的开挖作业面，按“先中间拉槽后向两边扩展”的顺序进行开挖。

（1）深基坑开挖纵向分段

车站深基坑纵向开挖分段按照支撑平面布置及内部结构段划分，基坑开挖从两头向中间施工，在允许节点工期内尽早提交盾构始发段与始发井工作面，纵向开挖采用临时放坡开挖(坡率为 1∶1.5)，纵向边坡在合适高度设置台阶，每一层开挖至坡脚设置一横向截水沟及集水坑，深基坑开挖过程中基坑排水采用明沟截流排水。开挖时遵循阶梯状开挖施工顺序，“从上到下，分层、分块，预留护坡，阶梯流水开挖，垫层及时浇筑”的总原则。根据施工总体筹划，依据主体结构施工分段，基坑土方开挖应遵循相应的分段原则。

分段原则：车站分段尽量将施工缝放在梁 1/4～1/3 处；施工缝与诱导缝相结合。每段开挖以保证主体结构施工环节达到流水作业为原则，每施工 50～60m 到基底后，应在基坑内靠近围护结构处设置安全通道(供人员上下基坑使用)。

（2）深基坑开挖竖向分层

按照车站施工流程，基坑土方竖向分四层开挖，先破除沥青路面结构层后采用反铲挖掘机进行掏槽开挖，开挖至冠梁底标高，施工冠梁、第一道混凝土支撑；当冠梁、混凝土支撑强度达到设计要求时采用反铲挖掘机配合长臂挖掘机下挖至第二道钢支撑 0.5m，同时施工开挖部位桩间喷射混凝土，待第二层钢支撑及开挖部位桩间喷射混凝土施工完毕后，继续采用同上方法挖至第三道钢支撑下 0.5m，安装第三道钢支撑，最后开挖至基底，立即约请设计、地质勘查、监理、业主代表进行基槽验收工作。核对地质资料，检查基底土质与工程地质勘查报告、设计图纸是否相符，有无破坏原状土质结构或发生较大扰动现象。对土质不符合要求和超挖部位采用换填处理。

（3）平衡、对称、限时

平衡、对称：深基坑土方开挖由中间向两侧对称抽槽开挖，两侧开挖高度保持一致，以中心向两侧每台阶放坡(坡率为 1∶1.5)，保证基坑两侧围护结构均匀受力。

限时：根据施工槽段划分每层槽段开挖土方量为 700m^3，按机械设备配备每小时最大开挖量 60m^3，每层槽段开挖时间不超过 12h，8h 后可以保证每层开挖槽段钢支撑架设完成。

3）开挖及出土方法

考虑钢支撑安装后土方开挖及运输机械的通道，从每层开挖面的中部预先拉槽，槽的高度以上一层钢支撑底部下 4.5m 控制，槽底宽度按 5m 控制，两侧预留 5～6m 宽的平台。

（1）冠梁、钢筋混凝土支撑基槽土方开挖

本层土方开挖采用 1m^2 挖土机，开挖过程中先由机械采用掏槽、放坡的开挖方法开挖至冠梁、钢筋混凝土支撑底部标高上 20cm。剩余部分人工清底至设计标高。浇筑混凝土垫层，绑扎钢筋，浇筑完成钢筋混凝土支撑。施工过程中将雨水及地表径流水汇至基槽内临时集水坑，再排水至基坑两侧的集水坑中，最后用水泵抽水排水至市政排水系统。

冠梁纵向施工 30m 为一段，钢筋混凝土支撑约为 3 根。

（2）第一层至第六层土方开挖

待冠梁及第一道混凝土支撑完成并达到设计强度后，将在混凝土支撑基槽顶部拼装、铺设走道板(钢板、工字钢组成)，作为挖机工作平台及土方运输通道。采用挖机接力的方式开挖土方，挖至钢支撑底部标高，进行钢管支撑的安装和预应力施加。后续进行土方开挖，放坡开挖，做出下一台阶挖机操作平台，形成挖机接力流水作业开挖。

后一段土方的开挖必须在前一段支撑安装完成后方可进行。该层挖土每段约 6m，支撑安装约为 2 根。随即在 8h 内完成该段的支撑安装并施加预应力。

第三层起土方开挖每小段控制在 3m，支撑安装约为 1 根。

(3) 最底层土方开挖

底层土方开挖仍采用挖机与人工开挖结合的方法，机械挖土至设计标高上 300mm，以保证浇筑的底板达到设计标高，剩余土体采用人工开挖，到设计基底标高后施工综合接地，综合接地验收合格后立即组织基底混凝土垫层施工，确保基底及时封闭。

(4) 开挖注意事项

① 基坑底部预留 0.3m 的保护层，采用人工开挖、修平，并经相关单位验槽合格后进行接地网施工，接地网报监理工程师检验合格后进行混凝土垫层施工，以保证基坑底土层不被扰动。距桩壁 0.5m 处改由人工修挖，以免对桩身的稳定性产生破坏。

② 基坑土方开挖时，随挖随撑，减少基坑暴露时间。

③ 基坑土方开挖后，及时按设计施作网喷支护、预应力锚索、锚杆施工，按规定时限与设计标准施加支撑预应力。

④ 基坑土方开挖完成一块，清理平整一块；清理平整一块，垫层施工一块。

⑤ 基坑土方开挖过程中，加强施工监控量测，随时掌握土体压力、支撑结构受力及地下水位变化等情况，做到信息化指导施工。

⑥ 在每层土方施工中，在横断面跨中纵向拉坡开中槽，护坡桩两侧各留 5~6m 宽平台，充分利用其土体抗力保证围护结构的稳定，同时利用此平台及时进行封堵围护结构的渗漏水，在钢支撑架设完成后，采用机械由中槽向两边横向挖土，人工配合清理桩间土直至围护结构。

⑦ 在挖土过程中，机械臂斗严禁碰撞支撑及混凝土角撑，挖土机械禁止直接停在支撑上作业。

⑧ 基坑开挖至 6m 以下，安排专人 24h 对基坑进行巡视，确保基坑开挖过程中的任何不利因素均能在第一时间得到妥善处理。

4) 基槽(坑)开挖深度的控制

为了控制基槽开挖深度，在即将挖到槽底设计标高时，用水准仪在槽壁上测设一些水平的小木桩，使木桩的上表面到槽底设计标高为一固定值(如 0.5m)，用以控制挖槽深度。为了施工时使用方便，一般在槽壁各拐角处和槽壁每隔 3~4m 处均测设一水平桩；必要时，可沿水平桩的上表面拉上白线绳，作为清理槽底和打基础垫层时掌握标高的依据。水平桩高程测设的允许误差为±10mm。

5) 基坑开挖安全技术措施

① 根据现场实际情况，合理布置施工场地，落实一个可供 5 辆土方车停车的待车场地，进行车辆进入施工现场的调配。

② 各阶段挖土前均做好思想统一，对施工人员交底清楚，施工时严格遵循“阶梯式”开

挖施工顺序，“从上到下，分层、分块，留土护坡，阶梯流水开挖，垫层及时浇筑”的总原则。

③ 基坑开挖避免在雨季开挖。若工期所限，必须在雨停止后进行，需跳挖并加强支撑，工作面不宜过大，需逐段、逐片地完成。

④ 土方开挖和主体结构施工平行作业，土方开挖超前主体结构一个施工段，严禁在坑底横向挖掘，以免人为造成塌方。

⑤ 作业前需严格检查坑内外、坑边有无危险因素，对施工作业人员做好有针对性的安全技术交底，执行二级交底和教育制度。

⑥ 对所有进入现场的设备做一次检修，保证开工期间机械正常运转。

⑦ 备齐合格支撑及构配件，严防安装支撑时，因缺少支撑构配件而延误支撑时间，同时准备一定数量的支撑备用。

⑧ 备足排除基坑积水的排水设备。为保证基坑开挖而不浸水，必须事先备好设备，以防开挖土坡被暗藏积水冲坍，乃至冲断基坑横向支撑，从而造成地下墙大幅度变形和地面大量沉陷的严重后果。

⑨ 基坑四周用钢管设置1.2m高防护栏进行围护，并挂密目网防护，防护栏杆涂刷黑黄色醒目警示，确保施工安全。

⑩ 土方开挖边坡上部不准堆放弃土和材料设备等，堆放重物距土坡安全距离不得小于4m，临时材料不得小于2m，机械不得小于0.8m。

⑪ 夜间挖土方时，应尽量安排在地形平坦、施工干扰较少和运输道路畅通的地段，施工场地应有足够的照明。

⑫ 在土方开挖的同时，严格按照设计的钢支撑结构跟进支撑。严格把好支撑材料的质量关，以保证基坑质量和安全。

⑬ 基坑开挖场内弃土车辆严格按照安排的路线行驶，车辆进出有序，保证基坑开挖中连续高效出土，加快开挖速度，减少地层扰动，确保水平位移量在规定指标内。

⑭ 基坑开挖过程中，每个基坑内设置两处应急逃生通道爬梯，随着基坑开挖范围的变化，应急爬梯位置随之移动。

⑮ 做好地下管线的监控和保护。

⑯ 基坑开挖与支护时，考虑后期主体结构施工人员需要上下，设置一个Z字形扶梯，根据施工进度随时调整其相应位置。

⑰ 机械需要在基坑内上下，采用16t龙门吊进行上下吊装，如果超过龙门吊的额定起重重量，则临时租用大型吊车进行吊运。

2.1.2 基坑支护

基坑支护是指为保护地下主体结构施工和基坑周边环境的安全，对基坑采用的临时性支挡、加固、保护与地下水控制的措施。支护结构是指支挡或加固基坑侧壁的承受荷载的结构。

2.1.2.1 基坑支护应满足的功能要求

基坑支护应保证基坑周边建(构)筑物、地下管线、道路的安全和正常使用，保证主体地下结构的施工空间。

2.1.2.2 支挡式结构的施工方法

支挡式结构是以挡土构件和锚杆或支撑为主要构件，或以挡土构件为主要构件的支护结构。支挡式结构的形式有锚拉式结构、支撑式结构、悬臂式结构、双排桩、逆作法。这里主要介绍排桩施工。

1）排桩

排桩是指由沿基坑侧壁排列设置的支护桩及冠梁所组成的支挡式结构部件或悬臂式支挡结构。其中，冠梁是设置在挡土构件顶部的钢筋混凝土连梁。

2）排桩的桩型

排桩的桩型与成桩工艺应根据桩所穿过土层的性质、地下水条件及基坑周边环境要求等选择，有混凝土灌注桩、型钢桩、钢管桩、钢板桩、型钢水泥土搅拌桩等。

3）混凝土灌注桩排桩

① 采用混凝土灌注桩时，支护桩的桩身混凝土强度等级、钢筋配置和混凝土保护层厚度应符合下列规定：桩身混凝土强度等级不宜低于 C25；支护桩的纵向受力钢筋宜选用 HRB400、HRB355 级钢筋；箍筋可采用螺旋式箍筋，箍筋直径不应小于纵向受力钢筋最大直径的 1/4，且不应小于 6mm；箍筋间距宜取 100~200mm，且不应大于 400mm 及桩的直径；沿桩身配置的加强箍筋应满足钢筋笼起吊安装要求，宜选用 HPB300、HRB335 级钢筋，其间距宜取 1000~2000mm；纵向受力钢筋的保护层厚度不应小于 35mm，采用水下灌注混凝土施工工艺时，不应小于 50mm。

② 支护桩顶部应设置混凝土冠梁。冠梁的宽度不宜小于桩径，高度不宜小于桩径的 0.6 倍。

③ 排桩的桩间土应采取防护措施。桩间土防护措施宜采用内置钢筋网或钢丝网的喷射混凝土面层。喷射混凝土面层的厚度不宜小于 50mm，混凝土强度等级不宜低于 C20，混凝土面层内所配置钢筋网的纵、横向间距不宜大于 200mm。

④ 排桩墙宜采用间隔成桩的施工顺序。对于混凝土灌注桩，应在混凝土终凝后再进行相邻桩的成孔施工。混凝土灌注桩排桩墙的基本工艺流程：混凝土灌注桩施工→桩机移位→桩养护→破桩→冠梁施工。

⑤ 冠梁施工时，应将桩顶部的浮浆、低强度混凝土及破碎部分清除。冠梁混凝土浇筑采用土模时，土面应修理整平。

⑥ 采用混凝土灌注桩时，其质量检测应符合下列规定：应采用低应变动测法检测桩身的完整性，检测桩数不宜少于总桩数的 20%，且不得少于 5 根；当根据低应变动测法判定桩身完整性为Ⅲ类或Ⅳ类时，应采用钻芯法进行验证，并应扩大低应变动测法检测的数量。

2.1.2.3 土钉墙支护结构的施工方法

1）土钉

土钉是指设置在基坑侧壁土体内的承受拉力与剪力的杆件。例如，成孔后植入钢筋杆体并通过孔内注浆在杆体周围形成固结体的钢筋土钉，将设有出浆孔的钢管直接击入基坑侧壁土中并在钢管内注浆的钢管土钉。

2）土钉墙

土钉墙是指由随基坑开挖而分层设置的、纵横向密布的土钉群、喷射混凝土面层及原位土体所组成的支护结构。

3）复合土钉墙

复合土钉墙是指由土钉墙与预应力锚杆、微型桩、旋喷桩、搅拌桩中的一种或多种所组成的复合型支护结构。

4）土钉墙的材料要求

土钉钢筋宜采用 HRB400、HRB335 级钢筋，钢筋直径应根据土钉抗拔承载力的设计要求确定，且宜取 16~32mm。土钉水平间距和竖向间距宜为 1~2m；当基坑较深、土的抗剪强度较低时，土钉间距应取小值。土钉倾角宜为 5°~20°；应沿土钉全长设置对中定位支架，其间距宜取 1.5~2.5m；土钉钢筋保护层的厚度不宜小于 20mm。当土钉墙高度不大于 12m 时，喷射混凝土面层的构造应符合下列规定：喷射混凝土面层的厚度宜取 80~100mm；喷射混凝土设计强度等级不宜低于 C20；喷射混凝土面层应配置钢筋网和通长的加强钢筋，钢筋网宜采用 HPB300 级钢筋，钢筋直径宜取 6~10mm，钢筋网间距宜取 150~250mm。

5）土钉墙的施工过程

基坑开挖与修坡→定位放线→钻孔→安设土钉→注浆→铺钢筋网→喷射面层混凝土→土钉现场测试→施工检测。

6）土钉墙的施工方法

① 基坑开挖和修坡。基坑要按设计要求严格分层分段开挖，在完成上一层作业面土钉且喷射混凝土面层达到设计要求时，才可进行下一层土层的开挖。坡面经机械开挖后要采用小型机械或人工进行切削修坡，以使坡度与坡面的平整度达到设计要求。

② 钢筋土钉成孔时应符合下列要求：

a. 土钉成孔范围内存在地下管线等设施时，应在查明其位置并避开后，再进行成孔作业。

b. 应根据土层的性状选择成孔方法，选择的成孔方法应能保证孔壁的稳定性，并减小对孔壁的扰动。

c. 当成孔遇不明障碍物时，应停止成孔作业，在查明障碍物的情况并采取针对性措施后方可继续成孔。

d. 对易塌孔的松散土层宜采用机械成孔工艺；成孔困难时，可采用注入水泥浆等方法进行护壁。

③ 钢筋土钉杆体的制作、安装应符合下列要求：

a. 钢筋使用前，应调直并清除污锈。

b. 当钢筋需要连接时，宜采用搭接焊、帮条焊；焊接应采用双面焊，双面焊的搭接长度或帮条长度不应小于主筋直径的 5 倍，焊缝高度不应小于主筋直径的 0.3 倍。

c. 对中支架的断面尺寸应符合土钉杆体保护层厚度要求，对中支架可选用直径为 6~8mm 的钢筋焊制。

d. 土钉成孔后应及时插入土钉杆体，遇塌孔、缩径时，应在处理后再插入土钉杆体。

④ 钢筋土钉注浆时应符合下列要求：

a. 注浆材料可选用水泥浆或水泥砂浆。水泥浆的水胶比宜取 0.5~0.55；水泥砂浆的水胶比宜取 0.40~0.45，灰砂比宜取 0.5~1.0。拌和用砂宜选用中粗砂，按质量计的含泥量不得大于 3%。

b. 水泥浆或水泥砂浆应拌和均匀，一次拌和的水泥浆或水泥砂浆应在初凝前使用。

c. 注浆前应将孔内残留的虚土清除干净。

d. 注浆时，宜采用将注浆管与土钉杆体绑扎，同时插入孔内并由孔底注浆的方式。注浆管端部至孔底的距离不宜大于 200mm。注浆及拔管时，注浆管口应始终埋入注浆液面内，应在新鲜浆液从孔口溢出后停止注浆；注浆后，当浆液液面下降时，应进行补浆。

⑤ 喷射混凝土面层施工应符合下列规定：

a. 喷射作业应分段依次进行，同一分段内喷射顺序应自下而上均匀喷射，一次喷射厚度宜为 30~80mm。

b. 喷射混凝土时，喷头与土钉墙墙面应保持垂直，其距离宜为 0.6~1.0m。

c. 喷射混凝土终凝 2h 后应及时喷水养护。

d. 钢筋与坡面的间隙应大于 20mm。

e. 钢筋网可采用绑扎固定；钢筋连接宜采用搭接焊，焊缝长度不应小于钢筋直径的 10 倍。

f. 采用双层钢筋网时，第二层钢筋网应在第一层钢筋网被喷射混凝土覆盖后铺设。

7）土钉墙的质量检测

① 应对土钉的抗拔承载力进行检测，抗拔试验可采用逐级加荷法；土钉的检测数量不宜少于土钉总数的 1%，且同一土层中的土钉检测数量不应少于 3 根；试验最大荷载不应小于土钉轴向拉力标准值的 1.1 倍；检测土钉应按随机抽样的原则选取，并应在土钉固结体强度达到设计强度的 70%后进行试验。

② 土钉墙面层喷射混凝土应进行现场试块强度试验，每 500m^2喷射混凝土面积试验数量不应少于一组，每组试块不应少于 3 个。

③ 应对土钉墙的喷射混凝土面层厚度进行检测，每 500m^2喷射混凝土面积检测数量不应少于一组，每组的检测点不应少于 3 个；全部检测点的面层厚度平均值不应小于厚度设计值，最小厚度不应小于厚度设计值的 80%。

2.1.3 深基坑降排水施工

2.1.3.1 降水井施工

1）施工工艺流程图

降水井施工工艺流程如图 2.2 所示。

2）主要施工工序及技术要点

（1）定井位

根据设计方案提供的井位图、地下管线分布图的位置，施放降水井位，并做明显标记确认。若遇特殊情况（如地下障碍、地面或空中障碍）需调整井位，及时通知监理人员在现场调整。在保证降水效果的情况下，对井位和井间距做适当的调整。

(2) 人工挖探孔并回填素土

为保证施工安全，定井位后应挖探坑查明井位处有无地下管线、地下障碍物，挖探坑的平面尺寸能保证人工作业条件即可，深度以挖到地层原状土为准。探孔完毕确认无地下管线后，用素土回填探孔至自然地面。

(3) 钻机就位、调整

钻机就位时调整钻机的平整度和钻塔的垂直度，对位后用机台木垫实，以保证钻机安装平稳。安放带管靴的套管和钻杆、钻头和冲击器，连接空压机并进行试运转。

(4) 钻孔、排渣处理

为防止偏孔，开孔时采取慢速冲击。冲钻过程中采用匀速慢进，遇阻力大时潜孔锤向上提升。边钻进边排渣，直至达到设计孔深。

(5) 提钻杆、清孔

钻孔达到设计孔深后，提钻杆，加大风量清孔。

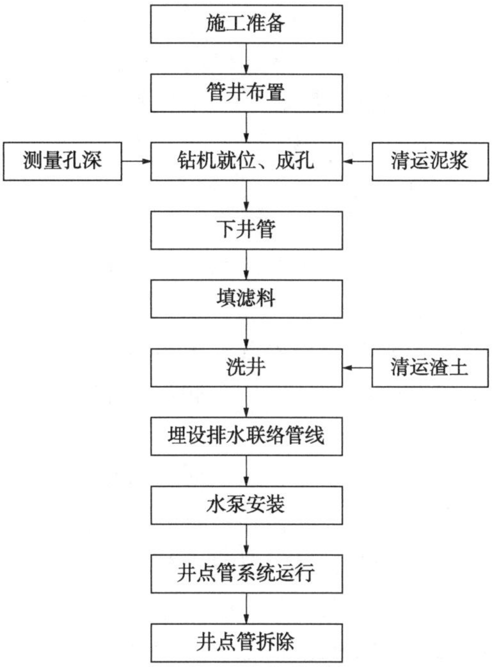

图 2.2 降水井施工工艺流程图

(6) 下管

下管前检查井管是否已按设计要求包缠尼龙纱网，井管确保在井孔居中不歪斜，钢管之间应进行有效连接，可采用丝扣连接或销式连接。

(7) 填滤料

井管下入后立即填入砾料。砾料沿井管外四周均匀填入，宜保持连续，将稀泥浆挤出井孔。填砾料时，应不断测填入高度，当填入量与理论计算量不一致时，及时查找原因；填料高度严格按设计要求执行。不得用装载机或手推车直接填料，应用铁锹填料，以防不均匀或冲击井壁，如遇封堵可用水冲。填砾完成后在洗井过程中，如砾料下沉量过大，应补填至井口下 500mm 处，其上用黏土封填。砾料为 $\phi3\sim15$mm 干净砾料。边填料边起拔套管，套管起拔时应避免孔内井管被一起拔出。

(8) 洗井

采用反循环钻机施工的降水井，可采用下泵抽水洗井，用潜水泵反复进行抽洗，直至水清砂净，上下含水层水串通，否则改用空压机由上而下分段洗井。洗井过程中应观测水位及出水量变化情况。

(9) 水泵安装、试抽水

潜水泵吊放于距井底 1.5m 处。安装并接通电源，单井单控电路，检查水位继电制动抽水装置和漏电保护系统，并进行试抽水。

(10) 管井井点系统的运行

管井井点系统在运行过程中，应经常对电动机、传动机械、电流、电压等进行检查，并对管井内水位和流量进行观测和记录。

（11）井管拔除

井管使用完毕后，滤水井管可拔除，拔除的方法是在井口周围挖深300mm，用钢丝绳将管口套紧，然后用人工拔杆借助倒链或绞磨将井管徐徐拔除，孔洞用砂粒填实，上部500mm用黏土填实。

3）降水井施工常见问题与处理措施

（1）地下水位降不下去

井泵的排水能力有余，但井的实际出水量很少，地下水位降不下去。

① 产生原因。

a. 洗井质量不良，砂滤层含泥量过高，孔壁泥皮在洗井过程中尚未破坏掉，孔壁附近土层在钻孔时遗留下的泥浆没有除净，结果使地下水向井内渗透的道路不畅，严重影响单井集水能力。

b. 水文地质资料与实际情况不符，井点滤管实际埋设位置不在透水性好的含水层中。

c. 井深、井径和垂直度不符合要求，井内沉淀物过多，井孔堵塞。

② 预防措施及处理方法。

a. 在井点管四周灌砂滤层后应立即洗井，一般在抽筒清理孔内泥浆后，用活塞洗井，或用泥浆泵冲清水与拉活塞相结合洗井，借以破坏深井孔壁泥皮，并把附近土层内遗留下来的泥浆吸出，然后立即单井试抽，使附近土层内未吸净的泥浆依靠地下水不断向井内流动而清洗出来。

b. 需要疏干的含水层均应设置滤管，滤网和砂滤料规格应根据含水层土的颗粒分析选定。

c. 在井孔内安装或调换水泵前，应测量井孔的实际深度和井底沉淀物的厚度。如果井深不足或沉淀物过厚，须对井孔进行冲洗，排除沉渣。

（2）地下水位降深不足

地下水位降深不足，观测孔水位未降低到设计要求。

① 产生原因。

a. 基坑局部地段的井点根数不足。

b. 井泵型号选用不对，井点排水能力太低。

c. 单井排水能力未能充分发挥。

d. 水文地质资料不确切，基坑实际涌水量超过计算涌水量。

② 预防措施与处理方法。

a. 按照实际水文地质资料计算降水范围总涌水量、管井单位降水能力、抽水时所需过滤部分总长度、井点根数、间距及单井出水量。复核井点过滤部分长度、井点进出水量及特定点降深要求。

b. 选择井泵时应考虑到满足不同降水阶段的涌水量和降深要求。

c. 改善和提高单井排水能力，根据含水层条件设置必要长度的滤水管，增大滤层厚度。

d. 在降水深度不够的部分增设井点根数。

e. 在单井最大集水能力的许可范围内，更换排水能力较大的井泵。

f. 洗井不合格时应重新洗井，以提高单井滤管的集水能力。

2.1.3.2 排水管线及电缆敷设施工

1）排水管线敷设施工

排水管线根据现场实际情况及市政部门要求敷设。

2）施工方法及技术要求

（1）施工准备

根据降水设计图纸的位置并参照结构控制点进行测量放线，用雷达探测仪探测挖沟范围内有无地下管线，若有地下管线应及时进行调整。

（2）管沟开挖

管沟底部的开挖宽度应考虑除管道结构宽度外的增加工作面宽度，挖出的土应堆放在施工围挡内，除留出回填土外要及时清运出场。

3）电缆铺设及配电安装

① 各降水井的电缆铺设要求穿塑料管加以保护并排列整齐。电缆应留有适量的长度，但不能将太多剩余电缆盘绞在沟槽内或井管上。

② 电缆铺设如遇过路口或穿基坑，必须穿厚度为2mm以上的钢管加以保护，保护钢管内径大于电缆外径的1.5~2倍以上为宜。

③ 配电系统所用的开关柜、配电箱必须垫高、固定，并按施工用电规范要求设防雨、防护围栏，在围栏上挂警示标志。

④ 配电系统设有三级保护装置。电力开关柜中设有过流、短路、过热保护的自动开关。动力配电箱中设有过流、漏电保护的自动开关。

2.1.3.3 基坑排水与防护

1）基坑排水方案

基坑四周开挖一道30cm×40cm（深×宽）矩形排水沟以拦截地表水，截水沟与施工场地四周排水系统连接起来。

建立基坑内的临时排水系统。基坑内沿基坑两侧纵向挖两条临时排水土沟，每隔30m设1座集水井，用潜水泵将集水井内的水抽到基坑外排水沟排除。

2）基坑防护

① 基坑四周用钢管设置1.2m防护栏杆，并挂密目网防护。

② 基坑四周设置明显警示标志，防护栏杆立杆涂刷黑黄相间油漆，夜间挂警示红灯。

③ 工人上下基坑应预先用脚手钢管搭设稳固安全的阶梯，避免上下时发生坠落。楼梯出口和出土道路路口设置警示牌。

2.2 接地网与垫层施工

2.2.1 接地网施工

2.2.1.1 接地网施工流程

基坑开挖至基底→测量定位→垂直接地体钻孔→垂直接地体施工→水平接地体沟槽开

挖→水平接地体施工→测试隐蔽验收→沟槽黏土夯填。

2.2.1.2 接地网施工工艺

1）施工工艺

各段底板垫层施工前，先按设计要求放出接地网线，并定出垂直接地体点位，进行接地网沟槽开挖、钻孔，然后敷设水平和垂直接地铜排，并焊接成整体，引出铜排先预留并在底板钢筋施工时配合安装止水板和绝缘处理。接地网安装配合土建分段施工，接地网在每分段施工完成以后，要进行接地网的接地电阻测量，如果接地网实测电阻大于 1.0Ω，要通过调节接地体或添加降阻剂等方法来降低接地电阻，直到达到设计要求的电阻值≤0.5Ω。接地网的施工要严格依据设计要求进行。

2）接地干线施工

① 接地体、接地引出线及所有接地体交叉处均采用放热焊接法连接。

② 接地引出线在结构底板混凝土中部加焊铜板作为止水板，止水板与引出线间必须满焊，止水板周围采用防水混凝土密切填实。

③ 接地引出线在底板钢筋网孔中心穿过(引出线与钢筋不接触)，在钢筋高度上下不小于 150mm 高度范围内和引出底板的部分用绝缘热缩套管按其工艺要求包裹，加热使绝缘热缩套管与铜排紧密地结合在一起，土建施工时严禁损伤绝缘热缩套管，以保证结构钢筋和引出线之间的绝缘要求。

④ 接地引出线引出点(引出车站结构底板)位置：引出点应位于电缆夹层内电缆井附近或强/弱电设备用房内，避开轨底风道、结构墙及轨道等，引出点位置需经相关专业确认。

⑤ 接地引出线应采取防止发生机械损伤和化学腐蚀的措施。

⑥ 车站的立柱预埋钢板，选取立柱中一主钢筋与其进行焊接。预埋钢板焊接时接缝处应满焊，焊接后应对该焊缝进行防腐处理。预埋钢板外表面应外露于立柱表面，并高出车站结构底板；钢板所在立柱上应做出明显标记，以便将来的连接。

⑦ 综合接地装置共设四组接地引出线，其中两组为强电设备接地引出线，一组为弱电设备接地引出线，一组为备用。每组接地引出线为三根，其中一根为备用。

2.2.1.3 降阻剂施放

敷设完接地体的沟槽、孔洞中填充降阻剂或素土，使填充料与接地体充分接触，并夯实。降阻剂浆料调制严格按厂家产品说明书要求进行。

1）垂直接地体

首先开挖沟槽，用钻孔机钻出洞孔。其次用深井泵或底部带有活门的管筒抽干孔洞内积水(防止浆液稀释)，敷设垂直接地体并按要求与水平接地体焊接。最后将浆料从管口压入，直至充满整个管体及降阻剂填充区，并保证垂直接地体位于降阻剂填充区中心部位。

2）水平接地体

仅对接地网周边水平接地体施放降阻剂。将接地体放入槽内并按设计焊接，搭接部分不得小于规程要求。为保证金属接地极处于浆料之中，用小石块对不同部位支撑，以便于浆液包裹住金属。将拌好的浆料灌入放置金属的沟槽内尽量均匀包裹，待初凝后用细土回填，逐层洒水夯实。

3）水平接地体与垂直接地体相结合

水平接地体铜排间焊接完后，会同有关单位进行隐蔽工程的验收，验收合格后才进行下一道工序。隐蔽工程验收合格后，将降阻剂灌入沟内，待降阻剂硬化后填土分层夯实，但注意回填土内不应夹有石块、建筑垃圾或有较强腐蚀性的土壤。

2.2.1.4 施工要点

1）地网安装

接地网设置在车站防水混凝土底板垫层下，其埋设深度不小于0.6m，接地网安装与土建施工紧密配合，并在底板混凝土施工前进行，水平接地体采用开挖方式敷设，垂直接地体采用钻孔方式敷设，在引出线铜排穿过底板混凝土处配合土建施工安装止水板。

2）地网检测

接地网分段进行敷设，在每段接地网敷设完毕和全部接地网安装接通后，会同业主、设计、监理等进行接地电阻检测和隐蔽工程验收，接地网敷设后接地电阻≤0.5Ω。

3）分项工程验收

整理施工过程中有关的技术文件和检测记录，绘制竣工图纸，为单位工程验收提供完整的资料，办理相关的验收移交手续。

2.2.2 垫层施工

垫层是钢筋混凝土基础与地基土的中间层，作用是使其表面平整以便于在上面绑扎钢筋，也起到保护基础的作用；都是素混凝土的，无须加钢筋。

2.2.2.1 灰土垫层施工

1）概况及材料要求

灰土垫层是将基础底面下要求范围内的软弱土层挖去，用一定比例的石灰与土，充分拌和，分层回填和压夯实而成。灰土垫层具有一定的强度、水稳定性和抗渗性，施工工艺简单、取材方便、造价较低，因此是一种应用较为广泛、经济和实用的地基加固方法，适用于加固深1~4m厚的软弱土、湿陷性黄土、杂填土等，还可用作结构的辅助防渗层。

灰土地基采用石灰与土料的拌和料经压实而成。灰土地基对材料的主要要求如下：

（1）土料

采用就地挖出的黏土及塑性指数大于4的粉土，不含有机杂质，土料应过筛，其颗粒不应大于15mm。严禁采用冻土、膨胀土、盐渍土等活动性较强的土料。

（2）石灰

应用Ⅲ级以上的块灰，含氧化钙70%以上，使用前1~2d消解并过筛，其颗粒直径不大于5mm。

灰土的配合比采用体积比，除设计有特殊要求外，一般为2∶8或3∶7。基础垫层灰土必须过标准斗，严格控制配合比。拌和时必须均匀一致，至少翻拌两次，拌和好的灰土颜色应一致。

2）施工准备

（1）技术准备

① 收集场地工程地质资料和水文地质资料。

② 编制施工方案，经审批后进行技术交底。

③ 施工前应合理确定填料含水量控制范围、铺土厚度和夯打遍数等参数。重要灰土工程的参数应通过压实试验确定。

（2）机具准备

主要机械设备为蛙式打夯机、手扶式振动压路机、机动翻斗车等。主要工具为铁锹、铁耙、筛子、量斗、水桶、喷壶、手推胶轮车等。

（3）作业条件

① 基土已整平或回填完毕，密实度符合设计要求，并办理隐检手续。

② 上下水管道及地下埋设物已施工完成，门框等已安装，并办理中间交接验收手续。

③ 根据设计对垫层厚度、干密度要求及现场土料情况、施工条件进行了必要的压实试验，已选定土料，确定了土料含水量控制范围、铺土厚度、夯实或碾压遍数等参数。

④ 在室内墙面已弹好控制地面垫层标高和排水坡度的水平基准线或标志。

⑤ 施工机具设备已备齐，经维修试用，可满足施工要求，水、电已接通。

3）工艺流程

灰土垫层施工的工艺流程如图 2.3 所示。

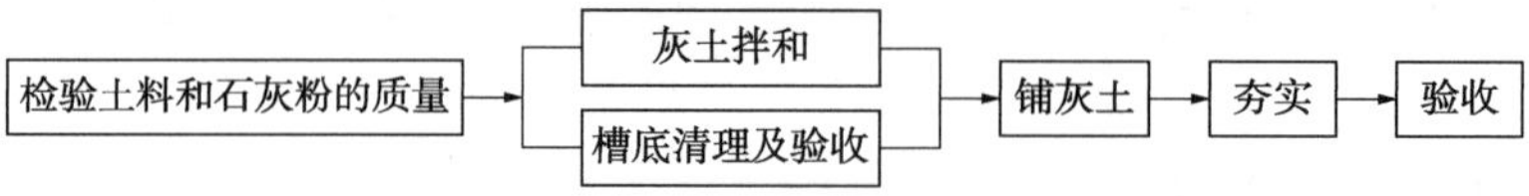

图 2.3　灰土垫层施工的工艺流程

4）施工要点

① 对基槽(坑)应先验槽，消除松土，并打两遍底夯，要求平整干净，若有积水、淤泥应晾干；若局部有软弱土层或孔洞，应及时挖除后用灰土分层回填夯实。

② 土应分层摊铺并夯实。灰土每层最大虚铺厚度可根据不同夯实机具按照表 2.1 选用。每层灰土的夯压遍数应根据设计要求的灰土干密度在现场试验确定，一般不少于 3 遍。

表 2.1　灰土最大虚铺厚度

夯实机具种类	质量/t	虚铺厚度/mm	说明
石夯、木夯	0.04～0.08	200～250	人力送夯，落距 400～500mm，每夯搭接半夯，夯实后厚 80～100mm
轻型夯实机械	0.12～0.4	200～250	蛙式打夯机或柴油打夯机，夯实后厚 100～150mm
压路机	6～10	200～300	双轮

③ 垫层接缝。灰土分段施工时，不得在地面受荷重较大的部位接缝。上下两层灰土的接缝距离不得小于 500mm。当灰土垫层标高不同时，应做成阶梯形。接槎时应将槎子垂直切齐。

④ 雨期施工。灰土应连续进行，尽快完成，施工中应有防雨排水措施。刚打完的或尚

未夯实的灰土，如遭受雨淋浸泡，应将积水及松软灰土除去，并补填夯实；受浸湿的灰土，应晾干后再夯打密实。

⑤ 冬期施工。不得在基土受冻的状态下铺设灰土，土料不得含有冻块，应覆盖保温；当日拌和灰土，应当日铺垫夯完，夯完灰土的表面应用塑料膜或草袋覆盖保温。气温在-10℃以下不宜施工。

⑥ 质量控制。灰土应逐层检验，用贯入仪检验，以达到控制压实系数所对应的贯入度为合格，或用环刀取样检验灰土干密度。检验点数，对大面积每 50~100m^2应不少于 1 个，房间每间不少于 1 个。

5）施工注意事项

① 灰土垫层铺设，基土必须平整、坚实，并打底夯，局部松软土层或淤泥质土，应予挖除，填以灰土夯实；同时，避免受雨水浸泡，以防局部沉陷造成垫层破裂或下陷。

② 灰土施工使用块灰必须充分熟化，按要求过筛，以免颗粒过大，熟化时体积膨胀将垫层胀裂，造成返工。

③ 灰土施工时，每层都应测定夯实后土的干密度，检验其压实系数和压实范围，符合设计要求后才能继续作业，避免出现干密度达不到设计要求的质量事故。

④ 室内地坪回填土必须注意找好标高，使表面平整、密实度均匀一致，以避免出现表面平整偏差过大、密度不匀，致使垫层过厚或过薄，造成开裂、空鼓返工。

⑤ 管道下部应注意按要求分层填土夯实，避免漏夯或夯填不实，造成管道下方空虚、垫层破坏、管道折断，引起渗漏塌陷事故。

⑥ 灰土铺设、粉化石灰和石灰过筛，操作人员应戴口罩、风镜、手套、套袖等劳保防护用品，并站在上风头处作业。

⑦ 夯填灰土前，应先检查打夯机电线绝缘是否良好，接地线、开关是否符合要求；使用打夯机应由两人操作，其中一人负责移动胶皮电线。

⑧ 操作夯机人员，必须戴胶皮手套，两台打夯机在同一作业面夯实，前后距离不得小于 5m；夯打时严禁夯击电线，以防触电。施工结束后，应检查灰土地基的承载力。

2.2.2.2 砂和砂石垫层施工

1）概述及材料要求

砂和砂石垫层系采用砂或砂砾石（碎石）混合物，经分层夯实，作为地基的持力层，提高基础下部地基强度，并通过垫层的压力扩散作用，降低地基的压应力，减小变形量。砂垫层还可起到排水作用，地基土中孔隙水可通过垫层快速地排出，能加速下部土层的沉降和固结。

砂、石宜用颗粒级配良好、质地坚硬的中砂、粗砂、砾砂、卵石或碎石、石屑，也可用细砂，但应同时掺入一定数量的卵石或碎石。人工级配的砂石垫层，应将砂石拌和均匀。砂砾中石子含量应在 50%内，石子最大粒径不宜大于 50mm。砂、石子中都不得含有草根、垃圾等杂物，含泥量不应超过 5%；用作排水垫层时，含泥量不得超过 3%。

2）施工准备

（1）机具设备

木夯、蛙式打夯机或柴油打夯机、推土机、压路机、手拉车、标准斗、平头铁锹、喷水用胶皮管、2m 靠尺、小线或细铅丝、钢尺或木折尺等。

（2）作业条件

① 砂石地基铺筑前应验槽，包括轴线尺寸、水平标高、地质情况，若有孔洞、沟、井、墓穴等，应在未做地基前处理完毕并办理隐检手续。

② 设置控制铺筑厚度的标志，如水平标准木桩或标高桩，或在固定的建筑物墙上、槽和沟的边坡上弹上水平标高线。

③ 在地下水位高于基坑(槽)底面的工程中施工时，应采取排水或降低地下水位的措施，使基坑(槽)保持无水状态。

④ 敷设垫层前，应将基底表面浮土、淤泥、杂物清除干净，两侧应设一定坡度，防止振捣时塌方。

3）工艺流程

砂和砂石垫层施工的工艺流程：检验砂石质量→铺筑砂石→洒水→夯实或碾压→找平验收。

4）施工要点

① 大面积软弱土层的基坑开挖，宜采用全面开挖形式，机械化施工方便，整体效果也很好。

② 开挖时，四边要放坡。开挖后要求坑底浮土清除干净，低于地基的坑穴、暗沟、暗塘、古墓等要用砂石进行换填处理，并要求夯实。如果地下水位较高，应做相应的降水处理。

③ 同一基坑内，根据地基软土层厚度的差异，考虑经济实用的因素，可以分段换填，但不宜分段太多，以不超过 2 段为佳；各段间互相落差不宜大于 0. 5m，分段处不宜突降，宜做成斜坡形；施工时，每层错开 0. 5 ~ 1m，以免沉降量不均匀。

④ 房屋如有高低差或地基有高低差分段处，应请设计院进行刚度加固设计处理，以免高低差接缝处房屋不均匀沉降开裂。

⑤ 所填砂石材料要求级配良好，砂以中粗为宜，卵石或碎石的最大粒径不应大于 50mm，砂石比以 1∶1 为宜，不得含有有机物，砂石含泥量不宜超过 3%。

⑥ 基坑开挖后应及时验槽，不应暴露过久，不宜浸水和多次践踏坑底，验槽后应及时铺垫砂石。

⑦ 砂石垫层的第一层虚铺厚度，采用平振式振动器或夯式打夯机时，一般为 200 ~ 250mm，采用压路机振动碾压激振，虚铺可达 600 ~ 1100mm 厚。垫层最优含水量控制在 10%左右，如不足，应适当洒水，以保持最佳含水量。在同一幢建筑下，应尽量保持垫层厚度相同，如基坑底平面有高低差分段，除防止该处垫层厚度突变外，施工时应按先深后浅的顺序从低段开始回填；碾压、振实后，上部再整体回填、碾压。在垫层较深部位施工时，应注意控制该部位的压实系数，以避免或减少由于地基处理厚度不同所引起的差异变形。

⑧ 虚铺砂石材料时，按设计宽度进行，如周外边临空，则该边应多宽出 0. 5m，再在外边采用优质土同厚度铺平，与砂石垫层同时压实，防止砂石垫层周边不稳塌陷。必要时可用适当宽度的混凝土实心砌块做挡土墙。

⑨ 如采用自重10~12t、激振力20t的压路机施工，要以规定的行进路线行进，其行进速度不宜超过1.7km/h，其轮距搭接不小于50cm。边缘和转角处，应用小型机械或人工补夯密实。如虚铺厚度不大(600mm左右)，则第一层头两遍应采用无激振平碾，后四遍可激振，但应适当调低激振力，以免扰动下卧软弱土层；如局部已扰动，应挖开处理后再回填压实。待第二层振动碾压时，再采用正常的激振力充分压实，每层压实结果经检查合格后，方可进行下一层摊铺。

⑩ 当进行每层碾压时，要求不断地进行整平工作，以保证压实厚度的均匀性、可靠性，完成压实后的垫层表面应平整密实，无坑洼、无隆起、无裂缝、无松散、无弹簧土现象、无明显轮迹。

2.2.2.3 粉煤灰垫层施工

1）概述及材料要求

粉煤灰地基是以粉煤灰为垫层，经压实而成的地基。粉煤灰可用于道路、堆场和小型建筑、构筑物等的地基换填。

① 粉煤灰作为建筑物基础时应符合有关放射性安全标准的要求。

② 大量填筑时应考虑对地下水和土壤的环境影响。

③ 可用电厂排放的硅铝型低钙粉煤灰，含SiO_2、Al_2O_3、Fe_2O_3，总量越高越好，含SO_2宜小于0.4%，以免对地下金属管道等产生腐蚀。

④ 颗粒粒径宜为0.001~2.00mm。

⑤ 粉煤灰中严禁混入植物、生活垃圾及其他有机杂质。

⑥ 粉煤灰进场，其含水量应控制在31%±4%范围内。

2）施工准备

（1）技术准备

① 收集场地工程地质资料和水文地质资料。

② 施工前应合理确定粉煤灰含水量控制范围、铺土厚度和夯打遍数等参数。

（2）机具准备

平碾、平板振动器、振动碾或羊足碾、木夯、铁夯、石夯、蛙式打夯机或柴油打夯机、推土机、压路机(6~10t)、手推车、筛子、标准斗、靠尺、耙子、铁锹、胶皮管、小线和钢尺等。

（3）作业条件

① 基坑(槽)内换填前，应先进行钎探并按要求处理完基层，办理验槽隐检手续。

② 当地下水位高于基坑(槽)底时，应采取排水或降水措施，使地下水位保持在基底以下500mm左右，并在3d之内不得被水浸泡。

③ 基础外侧换填前，必须对基础、地下室墙和地下防水层、保护层进行检查，发现损坏应及时修补，并办理隐检手续。现浇的混凝土基础墙、地梁等均应达到规定的强度，施工中不得损坏混凝土。

3）工艺流程

粉煤灰垫层施工的工艺流程如图2.4所示。

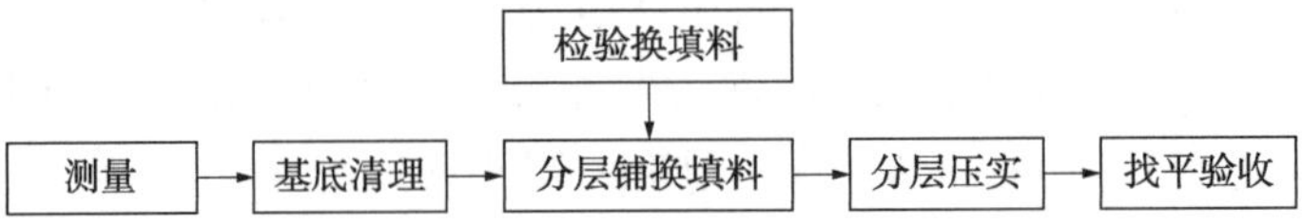

图 2.4　粉煤灰垫层施工的工艺流程

4）施工要点

① 敷设前应先验槽，清除地基表面垃圾杂物。

② 粉煤灰垫层应分层敷设与碾压，铺设厚度：用机械夯为 200~300mm，夯完后厚度为 150~200mm；用压路机为 300~400mm，压实后为 250mm 左右。对于小面积基坑(槽)垫层，可用人工分层摊铺，用平板振动器或蛙式打夯机进行振(夯)实，每次振(夯)板应重叠1/3~1/2 板，往复压实，由两侧或四侧向中间进行，夯实遍数不少于 3 次。大面积垫层应采用推土机摊铺，先用推土机预压两次，然后用 8t 压路机碾压，施工时压轮重叠 1/3~1/2 轮宽，往复碾压，一般碾压 4~6 次。

③ 粉煤灰敷设含水量应控制在最佳含水量 31%±4%范围内。

④ 每层铺完经检测合格后，应及时铺筑上层，以防干燥、松散、起尘、污染环境，并应严禁车辆在其上行驶。

⑤ 全部粉煤灰垫层敷设完并经验收合格后，应及时进行混凝土垫层浇筑，以防日晒、雨淋破坏。

⑥ 夯实或碾压时，若出现“橡皮土”现象，应暂停压实，可采取将垫层开槽、翻松、晾晒或换灰等办法处理。

⑦ 在软弱地基上填筑粉煤灰垫层时，应先敷设 200mm 的中砂、粗砂或高炉干渣，以免下卧软土层表面受到扰动，同时有利于下卧软土层的排水固结，并切断毛细水的上升。

⑧ 冬期施工，最低气温不得低于 0℃，以免粉煤灰含水冻胀。

2.3　钢筋、模板与脚手架工程施工

2.3.1　钢筋工程施工

2.3.1.1　原材要求

车站主体结构所使用的Ⅰ级和Ⅱ级钢筋应符合现行国家标准的规定。

进场时应按炉罐批号及直径分批检验，一批检验不大于 60t。检验内容包括外观检查及力学性能试验，合格后方可使用。

严禁带有颗粒状或鳞片状老化锈蚀的钢筋进场，进场钢筋应分类、分批堆放，严禁混乱堆放。

2.3.1.2　钢筋加工

① 钢筋加工的形状、尺寸必须符合设计要求；钢筋表面应洁净，无损伤、油渍和锈蚀。

② 钢筋级别、钢号和直径须符合设计要求，需代换钢筋时，必须经设计人员、监理认可。

③ 钢筋的弯钩或弯折应符合下列规定：

Ⅰ级钢筋末端需作180°弯钩，其圆弧弯曲直径D不应小于钢筋直径d的2.5倍，平直部分长度不应小于钢筋直径d的3倍。

Ⅱ级钢筋末端需作90°弯折，其弯曲直径D不应小于钢筋直径d的4倍，平直部分长度按设计要求确定。

箍筋的末端应作弯钩，弯钩形式应符合设计要求。当设计无具体要求时，对Ⅰ级钢筋，其弯钩的弯曲直径应大于受力钢筋直径，且不小于箍筋直径的2.5倍，弯钩平直部分的长度不应小于箍筋直径的10倍。

钢筋弯成型应在常温下进行，严禁热弯曲，产生颈缩现象，也不允许用锤击或尖角弯折。

钢筋加工完成后应分批堆放，在运输、储存过程中应保留标牌。

钢筋堆放及加工场地防雨、排水设施达到防洪要求，避免水浸现象发生。

2.3.1.3 钢筋绑扎

钢筋按结构要求，分层、分批进行绑扎，所有钢筋焊接接头均应按规范错开，对于多层钢筋，应在层间设置足够的撑筋，以保证钢筋骨架的整体，防止浇筑混凝土时钢筋骨架错位和变形。

钢筋施工时应对防杂散电流的钢筋焊接成网状闭合回路，节段施工处对其进行标识，所有防杂散电流的钢筋焊接不得漏焊和没焊。钢筋施工时，应对预埋件的安装位置、稳固程度做切实可行的保证措施。

主筋之间或双向受力钢筋交叉点应全部绑扎，箍筋拐角处与主筋交叉点应全部绑扎，平直部分与主筋交叉点可间隔绑扎，绑扎方向呈“八”字形。

柱、墙立筋与水平主筋交叉点必须绑扎牢固。

钢筋绑扎必须牢固稳定，不得变形松脱和开焊。变形缝处主筋和分布筋均不得触及止水带和填缝板。

钢筋绑扎时，用无纺布或移动式板护住侧墙柔性防水层，防止破坏防水板。

钢筋施工完毕后，对每个结构迎水面预留出设计所需保护厚度，以满足结构的设计受力和防水要求。

2.3.1.4 钢筋连接

针对主体结构钢筋种类繁多、位置复杂的特点，结合施工顺序，钢筋接头采用不同的方式。

1）绑扎接头

当受力钢筋直径小于22mm，并且采用焊接接头易损坏防水层时，可采用绑扎接头，搭接部分长度35d，绑扎接头在中间和两端共绑扎三处，并必须单独绑扎后再和交叉钢筋绑扎。各受力钢筋的绑扎接头位置应相互错开，从任一绑扎接头中心到1.3倍搭接长度的区段范围内，有绑扎接头的受力钢筋截面面积，占受力钢筋总截面面积的百分率，受拉区不超过 25%，受压区不超过 50%。

2）焊接接头

对直径大于 22mm 的受力钢筋首先考虑采用焊接接头。针对车站实际情况，可采用闪光对焊、电渣压力焊、搭接焊等。

（1）闪光对焊

在方便施工前提下优先考虑采用闪光对焊接头，施工中注意以下事项：

① 对焊前应清除钢筋端头约 150mm 范围内的铁锈，污泥等。

② 钢筋端头有弯曲，应予调直或切除。

③ 焊接场地应有防风、防雨措施，以免接头区骤然冷却，发生脆裂。

④ 焊完趁热将焊缝周围毛刺打掉，以免钢筋绑扎破坏侧墙柔性防水层。

（2）电渣压力焊

主体结构中竖向或斜向(倾斜度在 4∶1 的范围内)钢筋的接头首先考虑采取电渣压力焊，并在电压不稳、雨季或防火要求高的场合应慎用。

（3）搭接焊

主体结构纵向施工缝尽量优先考虑采用搭接焊，采用搭接时，对钢筋进行预弯，保证两钢筋的轴线在同一直线上，单面搭接焊缝长为 $10d$(Ⅱ级钢)。

当受力钢筋采用焊接接头时，设置在同一构件内的焊接接头应相互错开，在任一焊接接头中心至长度为直径 $35d$ 且不小于 500mm 的区段内同一根钢筋不得有两个接头，在该区段内受拉区接头数不应超过 50%。当采用闪光对焊时，在钢筋直径的 45 倍区段范围内焊接接头截面面积不超过 25%。

3）机械连接

当采用搭接焊无法甩筋或采用焊接无作业空间时，可采用机械连接，比如可以采取镦粗直螺纹钢筋接头。采用镦粗直螺纹钢筋接头时，按下述三步骤进行施作：

① 套筒进场时，必须同时提供有效的型式检验报告。

② 钢筋端部镦粗，在镦粗前应检查钢筋端头是否平直，以免影响镦粗效果。

③ 切削直螺纹，用连接套筒进行试接，如合格，用塑料套筒保护螺纹。

4)钢筋接头质量检验

① 闪光对焊：每 200 个同类型接头按批抽查 10%(不少于 10 个)做外观检查，并取两组试件做拉伸、冷弯试验。

② 电渣压力焊：对每个接头进行外观检查，每 300 个同类型接头取一组试件做拉伸试验。

③ 搭接焊：对每个接头进行外观检查，每 300 个同类型接头取一组试件做拉伸试验。

5）预埋件及预留孔洞的处理

钢筋绑扎过程中，根据设计图纸布设各种预埋管路、预埋铁件及预留孔洞，并对其位置进行复测，以确保定位准确性，而后采取有效措施(焊连、支撑、加固等)将其牢固定位，以防止其在混凝土浇筑过程中变形移位。混凝土浇筑前，对图复查，以防遗漏。

6）防迷流工程

车站结构钢筋的防迷流处理，严格按设计图纸的要求进行。做好车站主体结构的钢筋防迷流焊接处理，以及车站与区间隧道的防迷流接口处理，以形成符合设计要求的防迷流体系。

车站混凝土结构施作完成，按有关规范对车站防迷流体系进行测试。混凝土浇筑前，对防迷流工程进行专项检查，合格后，再进入下道工序。

2.3.2 模板工程施工

2.3.2.1 结构模板工程施工方法

车站主体结构顶板、夹层板、底板底梁、顶梁采用九合竹胶板，边墙采用组合钢模板，碗扣式脚手架支撑、楼梯、站台墙板等结构采用常规模板工程施工技术。

2.3.2.2 操作要点及有关技术要求

根据车站结构形式及施工工艺，用于车站主体结构的模板采用20mm厚竹胶板做模板。其中侧墙采用两道斜撑支撑模板；中板、顶板竹胶板模板采用现场拼装模板，碗扣式脚手架支托楞木组成模板支撑系统；梁及侧墙、板采用定做的异形模板。顶板及侧(隔)墙用杉、松方木作纵横檩围托模板，靠支架背撑，并设置斜撑加固。隔墙、临时支撑柱加设拉杆固定。

采用ϕ48mm×3.5mm钢管做支架。支架采用满堂架设，立杆横距750mm，纵距750mm，步距800mm，加设纵横剪刀撑。立杆顶端Y形伸出长度不超过500mm，杆底设扫地杆。

1）一般要求

按设计要求保证各构件形状尺寸和相互位置准确。

脚手架要牢固可靠并具有足够的承载力、刚度和稳定性，能可靠地承受新生浇筑混凝土的自重和侧压力及施工荷载，特别是悬挑构件，易支撑不牢，整体跑模。

模板的接缝不应漏浆，相邻两模板的高低差点不得超过2mm。

模板与混凝土接触面应涂隔离剂，但严禁隔离剂沾污钢筋表面，使钢筋与混凝土握裹不牢。

在搭设中不得随意改变构架结构设计，减少杆件设置和拉杆距离做调整；确实需要对构架做调整改变时，应提交技术人员解决。

进场前需对进场材料进行外观检查，进场材料分批堆放整齐并设标识牌，各项指标均须符合国家有关标准要求。钢管杆件包括：立杆、纵向平杆、横向平杆、剪刀撑、扫地杆、小横杆。扣件包括：直角扣件(十字扣)、旋转扣件(转机)、对接扣件(一字扣)。钢管采用外径48mm，壁厚3.5mm的焊接钢管。钢管材质使用力学性能适中的Q235钢，其材料应符合《碳素结构钢》(GB/T 700—2006)的相应规定。

扣件应采用《可锻铸铁件》(GB/T 9440—2010)的规定，机械性能不低于K73-8的可锻铸铁制造。扣件的附件采用材料应符合《碳素结构钢》(GB/T 700—2006)Q235钢的规定，螺纹钢应符合《普通螺纹》系列标准的规定。铸铁不得有裂纹，气孔不宜有疏松、砂眼或其他影响使用性能的铸造缺陷，并应将影响外观质量的黏砂、浇冒口残余、披缝、毛刺、氧化皮等清除干净。

扣件与钢管的黏合面必须严格整形，应保证与钢管扣紧时接触良好，扣件活动部分应能灵活转动，旋转扣件的两旋转面，间隙应小于 1mm，当扣件夹紧时，开口处的最小距离应不小于 5mm。

2）安装要求

模板与支架在施工过程中必须设置防倾覆的临时固定措施。

当梁、板跨度大于 4m 时，中间起拱。

在进行上层结构施工时，下层混凝土必须具有足够的承载力并且上层支架临时支撑柱对准下层支架临时支撑柱，在临时支撑柱下面还要铺设木质垫板。

在浇筑混凝土前，必须对模板内杂物进行一次清理。

梁、柱接头处模板和悬式模板接合必须牢固、严密。

固定在模板上的预埋件，预埋洞必须牢固且不得遗漏。

上足人手，加快施工速度。

3）施工要求

立杆按测量放样的点位精密布阵，纵横水平杆必须按步长布设，做到横平竖直，从各个方向看都要做到立杆成线，水平杆成面。钢管进场时要逐根检查，不得弯曲变形。扣件在每个节点都要上足上紧，保证每个扣件的抗滑力达到 8kN。支架完成后要经过项目部验收。

立杆顶端 Y 形伸出长度不超过 500mm，杆底设底座。立杆下端设置扫地杆，避免下端失稳。横向剪刀撑每 4m 设置 1 排，纵向剪刀撑每 6m 设置 1 排，并设上下两道水平剪刀撑，在浇筑两头间隔设置单向斜撑。

每次立模前先检查防水层、预埋件及其防水设施是否达到设计要求，钢筋是否经过检查验收，确认后再立模。模架、模板应安装牢固，檩骨要撑紧或用拉杆拉紧，浇筑中不得位移。

每次架立模型都必须用经纬仪放样，各部尺寸应符合设计要求。

变形的模型构件不得使用，斜撑一端带可调螺杆，支撑在地锚上。

临时支撑柱、隔墙先行立模浇筑，除用拉杆固定外，应用支架水平杆顶撑于两侧围护结构上，并在每道横檩加斜撑。侧墙模型每道横檩上加设斜撑，斜撑与竖直面夹角≥45°。

模型立好后，经自检合格后，填写全部施工检查表并通知项目部值班工程师和监理进行验收。

4）安全要求

进入施工现场人员必须戴好安全帽，高处作业人员必须佩戴安全带并应系牢，不得单人进行装设较重杆配件和其他易发生失衡、脱手、碰撞、滑跌等不安全作业。

经医生检查认为不适宜高处作业人员不得进行高处作业。

工作前应先检查使用的工具是否牢固，扳手等工具必须用绳链系挂在身上，钉子必须放在工具袋内，以免掉落伤人。工作时要思想集中，防止钉子扎脚和从空中滑落。工人在架上作业时，应注意自我安全保护和他人的安全，避免发生碰撞、闪失和落物，严禁在作业中戏闹和坐在不安全处休息。

安装与拆除 5m 以上模板，应搭脚手架，并设防护栏，防止上、下在同一垂直面操作。

高处、复杂结构模板的安装与拆除，事先应有切实的安全措施。

遇有大风时，应暂停高处作业，雨后应先清扫施工现场，路干时再进行工作。

两人抬运模板时要互相配合，协同工作，传递模板、工具应用运输工具或绳子系牢，升降时不得乱抛。组合模板装拆时，上、下应有人接应，模板及配件应随装拆随运送，严禁从高处掷下。高处拆模时，应有专人指挥，并在下面标出工作区，用绳子和红漆加以围挡，暂停人员过往。

不得在脚手架上堆放大批模板等材料。

通道中间的斜撑，栏杆应设在1.8m高以上。

支模过程中，如遇中途停歇，应将支撑、搭头、柱头板等钉牢，拆模间歇时，应将已活动的模板、牵杠、支撑等运走或妥善堆放，防止因踏空、扶空而坠落。

模板上有预留洞时，应在安装后将洞口盖好，混凝土板上的预留洞应在模板拆除后将洞口盖好。

拆除模板一般用长撬棍，人禁止站在正在拆除的模板上，在拆除时要防止模板突然掉落伤人。

在组合模板上架设电线和使用电动工具，应用36V低压电源或采取其他有效的安全措施。

高处作业要搭设脚手架或操作平台，上、下要使用梯子，不许站在墙上工作，不准站在大梁底模上行走，操作人员严禁穿硬底鞋及有跟鞋作业。

装拆模板时，作业人员要站立在安全地点进行操作，防止上、下在同一垂直面工作，操作员要主动避让吊物，增强自我保护和相互保护的安全意识。

拆模必须一次性拆清，不得留下无撑模板，拆下的模板要及时清理，堆放整齐。

将要拆除的模板作方台底模时，不得一次将顶撑全部拆除，应分批拆顶撑，然后按顺序拆下格栅、底模，以免发生钢模在自重作用下，一次性大面积掉落。

在模板或扣件垂直运输时，吊点必须符合绑扎要求，以防坠落伤人，模板顶撑排必须符合施工前荷载要求。拆模时，临时脚手架必须牢固，不得用拆下的模板作脚手板，脚手板搁置必须牢固平整，不得有空头板，以防踏空坠落。混凝土板上的预留孔，应预设钢筋网架，以免操作人员从中坠落。

5）挡头模板的施工

挡头模板需要承受一定的混凝土挤压力，采用结构纵向钢筋作为拉杆加固挡头板，钢筋与模板体连接采用楔形螺杆或锚支结构支顶。

6）模板的拆除

所有模板的拆除必须在不损坏混凝土成品的情况下进行。

拆模时间：侧墙、临时支撑柱、隔墙在混凝土达到设计强度70%后；顶板在混凝土达到设计强度100%后。在顶板结构未达到设计强度前，以下各层的模板、脚手架不得拆除。

拆模时严禁破坏已浇筑结构棱角。拆除的模板要及时清除表面的浆液、杂物并涂刷一层隔离剂，堆放整齐，以备下次使用。

拆模时间根据当时气温而定，模板拆除选用责任心强的工人施工，防止对混凝土结构造成损害，拆模后对模板拼缝部位混凝土外观进行检查和处理。其他结构的拆模时间遵循规范要求，拆模后继续进行混凝土结构养护直至达到防水混凝土结构养护规范要求，同时对拆除的模板进行整修并涂刷脱模剂。

2.3.3 脚手架工程施工

2.3.3.1 技术准备

1）投点放线

用经纬仪引测边墙或柱轴线，并以该轴线为起点，引出其他各条轴线，然后根据施工图用墨线弹出模板的内边线和中心线，用于模板的安装和校正。

2）标高测量

根据模板实际的要求用水平仪把水平标高直接引测到模板安装位置。在无法直接引测时，采取间接引测的方法，用水准仪将水平标高先引测到过渡引测点，作为上层结构构件模板的基准点，来测量和复核其标高位置。

3）找平

模板承垫底部预先找平，以保证模板位置正确，防止模板根部漏浆。找平方法是沿模板内线用 1∶3 水泥砂浆抹找平层。另外，在侧墙、柱部位，继续往上安装模板前，要设置模板承垫条，并用仪器校正，使其平直。

2.3.3.2 材料准备

模板用扣件与钢筋龙骨相连，要求模板在浇筑混凝土一侧平直、无翘曲，每次使用前模板面涂刷脱模剂，拆模后清除表面浮渣，保持清洁和堆码整齐。螺杆根据要求分类加工好。

2.3.3.3 脚手架支撑

1）脚手架施工

钢管排架支撑采用 ϕ48mm 钢管搭设。

① 第一道扫地杆距地面 20cm。

② 脚手架架设应考虑拆模方便，柱模及倒角模必须增加倒用次数。

③ 脚手架立杆长度应与该位置板或梁模到下层板的净距对应，同时其位置应综合考虑临时支撑柱、侧墙模板、梁的固定，因而其位置可做适当调整。

④ 脚手架水平杆标高应根据侧墙支撑及中、顶板及梁高进行调整，水平杆施工时须严格保证其标高，以保证板模及梁底模的尺寸、稳定性及控制混凝土浇筑时上述结构的模板变形。水平杆施工长度应考虑与侧墙模对撑长度对应。

⑤ 扣件规格必须与钢管外径相同。

⑥ 螺栓拧紧扭力矩不应小于 40N·m，且不应大于 65N·m。

⑦ 在主节点处固定横向水平杆、纵向水平杆、剪刀撑、横向斜撑等用的直角扣件、旋转扣件的中心点的相互距离不应大于 150mm；对接扣件开口应朝上或朝内。

⑧ 各杆件端头伸出扣件盖板边缘长度不应小于 100mm。

2）脚手架施工安全技术要求

① 脚手架应采用《低压流体输送用焊接钢管》(GB/T 3091—2015) 中规定的 3 号普通钢

管，其质量应符合《碳素结构钢》(GB/T 700—2006)中 Q235A 级钢的规定。

② 扣件式钢管脚手架应采用可锻铸铁制作的扣件，其材质应符合《钢管脚手架扣件》(GB 15831—2006)的规定。

③ 纵向水平杆宜设置在立杆内侧，纵向水平杆接长宜采用对接扣件连接。

④ 横向水平杆接长必须采用对接扣件连接。

⑤ 脚手板的设置应符合下列规定：冲压钢脚手板、木脚手板、竹串片脚手板等，应设置在三根横向水平杆上。但应将脚手板两端与其可靠固定，严防倾翻。脚手板的铺设可采用对接平铺，亦可采用搭接铺设。脚手板对接时，接头处必须设两根横向水平杆，脚手板外伸长应取 130~150mm，两块脚手板外伸长度的和不应大于 300mm；脚手板搭设时，接头必须支在横向水平杆上，搭设长度应大于 200mm，其伸出横向水平杆的长度不应小于 100mm。

⑥ 脚手架必须设置纵、横向扫地杆。纵向扫地杆采用直角扣件固定在距底座上皮不大于 200mm 处的立杆上。横向扫地杆亦应采用直角扣件固定在紧靠纵向扫地杆下方的立杆上。当立杆基础不在同一高度上时，必须将高处的纵向扫地杆向低处延长两跨与立杆固定，高低差不应大于 1m。靠边坡上方的立杆轴线到边坡的距离不应大于 500mm。

⑦ 模板支架的构造应符合下列规定：支架立杆应竖直设置，2m 高度的垂直允许偏差为 15mm。设在支架横杆端部的可调底座，其伸出长度设置为 25cm 左右；当其伸出长度超过 300mm 时，应采取可靠措施固定。当梁模板支架立杆采用单根立杆时，立杆应设在梁模板中心线处，其偏心距不应大于 25mm。

⑧ 满堂模板支架的支撑设置应符合下列规定：满堂模板支架四边与中间每隔四排支架立杆设置一道纵向剪刀撑，由底至顶连续设置。高于 4m 的模板支架，其两端与中间每隔 4 排立杆从顶层开始向下每隔 2 步设置一道水平剪刀撑。

⑨ 纵向水平杆。纵向水平杆设置在立杆内侧，长度不小于 2. 5m。纵向水平杆接长采用对接扣件连接或搭接连接。对接、搭接符合下列规定：

纵向水平杆的对接扣件应交错布置。两根相邻纵向水平杆的接头不宜设置在同步或同跨内；不同步或不同跨两个相邻接头在水平方向错开的距离不应小于 500mm；各接头中心至最近主节点的距离不宜大于纵距的 1/3。

搭接长度不小于 1m，等间距设置 3 个旋转扣件固定，端部扣件盖板边缘至搭接纵向水平杆杆端的距离不小于 100mm。

⑩ 横向水平杆。主节点处必须设置一根横向水平杆，用直角扣件扣接且严禁拆除。

⑪ 立杆。钢管脚手架立杆以结构底板和中板作为基座，钢管脚手架顶部采用顶托，底部采用底托，并采用长度为 2m、厚为 5cm 的木板作为脚手架立杆底端的支撑垫板。

支架必须设置纵、横向扫地杆。纵向扫地杆采用直角扣件固定在距底板面上不大于 200mm 处的立杆上。横向扫地杆采用直角扣件固定在紧靠纵向扫地杆下方的立杆上。在底板面不在同一高度上时，必须将高处的纵向扫地杆向低处延长两跨与立杆固定。

立杆接长接头必须采用对接扣件连接。对接扣件交错布置：两根相邻立杆的接头不应设置在同步内，同步内隔一根立杆的两个相隔接头在高度方向错开的距离不小于 500mm；各接头中心至主节点的距离不大于步距的 1/3。立杆竖直设置，2m 高度的垂直允许偏差为

15mm。严禁将外径 48mm 钢管与不同外径的钢管混合使用。

⑫ 剪刀撑设置。支架两端与中间每隔四排支架立杆设置一道 ϕ48mm 钢管剪刀撑，由底至顶连续设置。剪刀撑斜杆采用旋转扣件固定在与之相交的每一根水平杆或立杆上，旋转扣件中心线至主节点的距离不大于 150mm。

剪刀撑随立杆、纵向和横向水平杆等同步搭设，底部必须支承在底板混凝土面上，顶部通过支托支撑在内衬墙模板主楞上。

每道剪刀撑跨越立杆的根数宜按表 2.2 的规定确定。

表 2.2　剪刀撑跨越立杆的根数表

剪刀撑斜杆与地面的倾角 α	45°	50°	60°
剪刀撑跨越立杆的最多根数 n	7	6	5

每道剪刀撑宽度不应小于 4 跨，且不应小于 6m，斜杆与地面的倾角宜在 45°~60°之间。

高度在 24m 以下的脚手架，均必须在外侧立面的两端各设置一道剪刀撑，并应由底至顶连续设置；中间各道剪刀撑之间的净距不应大于 15m。剪刀撑斜杆的接长宜采用搭接。

⑬ 施工其他要求。支架搭设前将施工范围底板面杂物清除干净，并在底板面上测放出结构中心及结构尺寸控制线。

每搭完一步支架后，须校正步距、纵距、横距及立杆的垂直度。同时，第一步支架搭设完毕后在立杆上测放出标高控制点，初步控制立杆搭设标高。

立杆底部底板混凝土面必须平整，若有不平整处将混凝土面凿平后再搭设立杆，确保立杆底部与混凝土面密切接触。

严格按照方案搭设支架，不得随意加大方木、横杆、立杆的间距。剪刀撑从底到顶设置，斜杆除两端用旋转扣件与支架扣紧外，在中部还必须有 4 个扣接点。搭设支架时，最上排横杆按规范要求起拱。扣件应清洗上油，保证无滑丝，保证立杆扣件的拧紧程度，并使用 40N · m 的扭力扳手抽查扣件的拧紧程度是否符合要求。

立杆间距误差不得超过±10cm。水平横杆竖向间距不得超过±10cm。在施工过程，派专人检查钢管架的结构情况和螺栓的松紧程度，发现问题，及时处理。

由于顶板较厚，中板以上荷载较大，为了确保结构安全，底层支架必须等顶层结构达到设计要求后才可进行拆除；拆除顺序先上层模板和支架，而后再拆除下层模板及支架。

3）支架检查与验收

（1）构配件检查与验收

新钢管或新扣件有生产许可证和产品质量合格证。新钢管表面应平直光滑，无裂缝、结疤、分层、错位、硬弯、毛刺、压痕和深的划道。旧钢管弯曲变形的允许偏差为：①立杆钢管弯曲：3m<l≤4m 时为≤12mm，4m<l≤6.5m 时为≤20mm；②水平杆、斜杆的钢管弯曲：l≤4m 时为≤12mm，l>4m 时为≤16mm。旧扣件有裂缝、变形的严禁使用，出现滑丝的螺栓必须更换。

（2）支架检查与验收

支架搭设达到设计高度后及停用超过一个月时对支架进行检查与验收。支架使用中，定期进行检查，检查中应满足下列要求：杆件的设置和连接符合要求；立杆无悬空；扣件螺栓无松动，采用扭力扳手进行拧紧检查，要求达到 40~65N·m；安全防护措施符合要求；无超载。

4）支架拆除施工

① 拆除脚手架的准备工作应符合下列规定：应全面检查脚手架的扣件连接、支撑体系等是否符合构造要求；应根据检查结果补充完善施工组织设计中的拆除顺序和措施，经主管部门批准后方可实施；做好拆除安全技术交底工作；及时清除脚手架上杂物及地面障碍物。

② 拆除脚手架时，应符合下列规定：拆除支架时必须由上而下逐层进行，严禁上下同时作业；当脚手架拆至下部最后一根长立杆的高度（约 6.5m）时，应先在适当位置搭设临时抛撑加固后，再拆除连墙件；脚手架采取分段、分立面拆除时，对不拆除的脚手架两端，设置横向斜撑加固。

③ 卸料时应符合下列规定：各构配件严禁抛掷至地面；运至地面的构配件应及时检查、整修与保养，并按品种、规格随时码堆存放。

2.4 防水混凝土施工

2.4.1 防水混凝土施工一般要求

① 根据设计要求，做好防水混凝土性能的选择与确定工作，这是保证混凝土质量的关键因素之一。本工程顶板混凝土结构采用掺加一定剂量的具有补偿收缩功能的外加剂，如 HLC 或 JM 系列材料。

② 商品混凝土的质量控制。本工程采用工厂拌和的商品混凝土，其拌和选材固定、计量准确、拌和时间达到规范要求。混凝土运输采用混凝土拌和车，运输中的坍落度损失在规范允许值内，运输时间满足规范要求，以保证混凝土连续灌注。做好对商品混凝土的质量检验，认真查验各种质量保证资料，按规范要求进行混凝土坍落度的现场检测和混凝土抗压、抗渗试件的现场取样，并控制好混凝土的入模温度。

③ 混凝土浇筑前，按规范要求对模板、钢筋、预埋件、预留孔洞、防水层、止水带等进行检查修整，特别注意对模板，尤其是挡头板进行检查，防止出现跑模现象。

④ 混凝土的浇筑采用泵送入模。按规范要求控制混凝土的自由倾落高度、浇筑层厚度、间歇时间、振捣方式，以确保混凝土质量。

2.4.2 混凝土浇筑

1）混凝土浇筑方法

车站主体结构混凝土浇筑均采用泵送。针对不同工程部位，采用适宜的浇筑顺序：底板、顶板下料由混凝土输送泵完成，混凝土连续水平分台阶、纵向分幅，由边墙分别向中线方向进行浇筑；中板采用分幅由两侧向中板浇筑；侧墙混凝土采用混凝土泵送至每个作业点面，为防止出泵时冲击过大造成混凝土离析，采用软输送管送至混凝土面。

2）混凝土浇筑注意事项

① 板体混凝土采用分层、分幅浇筑，层高不超过振捣器作业深度的 1.25 倍；幅宽 1.0~2.0m。

② 在浇筑过程中，应控制混凝土的均匀性和密实性。混凝土拌和物运至浇筑地点后，应立即浇筑入模。在浇筑过程中，如发现混凝土拌和物的均匀性和稠度发生变化，应及时处理。

③ 浇筑过程中，应注意防止混凝土的分层离析。混凝土自由倾落高度不大于 2m。

④ 每节段及节段内分层施工缝在混凝土浇筑前必须凿毛及清洗干净，并浇筑一层 2cm 厚与混凝土同配和比的水泥砂浆；如若不能实施，则采用涂抹混凝土界面处理剂的方法处理，以提高混凝土接缝处的黏结力。

⑤ 浇筑混凝土时，应经常观察模板、支架、钢筋、预埋件和预留孔洞的情况，当发现有变形、移位时，应立即停止浇筑，并应在已浇筑的混凝土凝结前修整完好。

⑥ 侧墙水平施工缝以上 50cm 范围内，要注意捣固棒插入深度及混凝土下落速度，防止止水条受到损伤。

⑦ 混凝土浇筑应连续进行，如必须间歇时，其间歇时间宜缩短，并应在前层混凝土凝结前将次层混凝土浇筑完毕。

⑧ 针对结构混凝土大部分为抗渗混凝土，采用如下防裂抗渗措施：

结构混凝土采用“一个坡度，薄层浇筑，循序推进，一次到顶”浇筑方法来缩小混凝土暴露面；加大浇筑强度以缩短浇筑时间等措施防止产生浇筑冷缝，提高结构混凝土的防裂抗渗能力。

每节段底板及顶板一次浇筑混凝土量达 $500m^2$，组织两套浇筑设备及两个作业班组同时浇筑，强度达 $30m^3/h$；板体分幅为 2m，1h 即可完成一幅施工，可以保障连续的不间断施工。

防水混凝土施工缝处采用二次捣固工艺施工，即对浇筑后的混凝土在振动界限以前给予二次振捣，能够排除混凝土因泌水在粗骨料、水平钢筋下部生成的水分和空隙，提高混凝土和钢筋的握裹力，防止因混凝土沉落而出现的裂缝；同时又减小内部裂缝，增加混凝土密实度，从而提高抗裂及抗渗性。

为了避免顶板混凝土凝固初期产生收缩裂纹在顶板上缘保护层设置防裂钢丝网，同时在混凝土浇筑后终凝前进行“提浆、压实、抹光”工艺，能够保证结构外防水层黏结牢固。

2.4.3 混凝土养护

① 底板、中板、顶板混凝土采用湿麻袋覆盖浇水养护；侧墙混凝土采用不透水、气的保湿膜且定期洒水养护，用保湿膜把混凝土表面敞露的部分全部严密地覆盖起来，保证混凝土在不失水的情况下得到充足的养护。

② 覆盖浇水养护应在混凝土浇筑完毕后的 12h 内进行，炎夏时缩短至 2~3h 或混凝土终凝后立即盖麻袋浇水养护。

③ 覆盖浇水养护时间，对有抗渗要求的混凝土，不得少于 14d，一般混凝土，不得少于 7d。

④ 浇水次数应根据混凝土处于湿润的状态决定。

2.4.4 大体积混凝土技术措施

① 大体积混凝土指的是最小断面尺寸大于1m以上的混凝土结构。

② 选用低水化热或中水化热的水泥品种配制混凝土，如矿渣硅酸盐水泥、火山灰质硅酸盐水泥、粉煤灰水泥等。

③ 充分利用混凝土的后期强度，减少每立方米混凝土中水泥用量。

④ 尽量选用粒径较大、级配良好的粗骨料，掺加粉煤灰或相应减水剂，改善和易性，降低水灰比，以达到减少水泥用量，降低水化热的目的。

⑤ 降低混凝土入模温度：尽量避免炎热天气浇筑混凝土，同时在混凝土入模时，加强和改善入模时的通风，加速模内热量散发。

⑥ 通过在底、顶板设温度监测孔加强温度监测，实行信息化控制，随时控制混凝土内的温度变化，内外温差控制在20℃以内，基面温差和基底面温差控制在20℃以内，及时调整保温和养护措施，使温度梯度不致过大，以有效控制有害裂缝的出现。

⑦ 合理安排施工程序，控制混凝土浇筑过程中均匀上升，避免混凝土拌和物堆积产生过大高差。

⑧ 采取二次投料法、二次振捣法，浇筑后及时排除表面积水，加强早期养护。

2.5 防杂散电流腐蚀施工

在城市轨道交通中一般都采用直流牵引供电的方式，有牵引变电所通过接触网或接触轨为列车运行提供牵引动力供电，电流经过走行轨返回牵引变电所负极，在此过程中尽管走行轨对地是做了绝缘防护，但由于无法做到与大地之击的完全绝缘，轨道与隧道或道床之间的绝缘电阻并非理想情况下的无穷大。实际上，轨道存在着一定对大地的过渡电阻，而且轨道之间的衔接处可能存在有焊接缺陷，因而城市轨道交通回流系统中存在着很多的电流泄漏点，所以牵引电流并非全部经过走行轨回到牵引变电所负极，而是有部分的牵引电流会泄漏到隧道或道床上，流入电位和电阻率更低的大地结构，再经过土壤流回直流牵引变电所的负极，这部分沿预定路径之外路径流动的泄漏电流就是杂散电流，俗称迷流。

泄漏的杂散电流流入大地后在土壤中流动，杂散电流所流动的区域称为杂散电流区域，城市轨道交通系统中的杂散电流区域甚至可以达到几公里远以外的地方。此外，随着城市轨道交通系统投入运营时间的增长，受污染和气候等外在因素的影响，轨道对大地的过渡电阻会逐渐减小，轨道的对地绝缘水平下降，或是先期防护措施失效，杂散电流会呈现出增大的趋势。

2.5.1 杂散电流产生的原因与危害

2.5.1.1 城市轨道交通回流系统杂散电流的产生机理

城市轨道交通回流系统中杂散电流产生的原因较为复杂，但主要可以归结于电位梯度和电流泄漏两点原因。

1）电位梯度

如果城市轨道交通回流系统中的电场分布不均匀，到时金属结构表面在电场力的作用下的电位不均匀分布，在金属边面形成一定的电位梯度，而此时金属内部的自由电子在电位梯度的作用下，受到电场力的作用而发生有规则的定向移动，使得金属内部的阳离子与自由电子之间相互分离，而这部分分离后的阳离子和自由电子与周围的结构钢筋、埋地金属等发生氧化还原反应，对金属结构造成腐蚀。除此之外，部分牵引电流在电位梯度形成的电场的作用下，从轨道中泄漏出来流入大地或埋地金属结构上，也是杂散电流产生的一个重要原因。

2）电流泄漏

在城市轨道交通回流系统中，电流泄漏是杂散电流形成的主要原因，由于对地绝缘程度不高或接触不良等情况都可能引起牵引电流的泄漏。牵引电流泄漏到周围大地钢结构和埋地金属管线等金属构件中，流动的杂散电流使金属结构内部的自由电子发生定向移动，从而引发杂散电流腐蚀。

2.5.1.2　城市轨道交通回流系统杂散电流的危害

城市轨道交通回流系统中杂散电流的通路，在实质上可以等效为两个电池的串联电路，其中"轨道(阳极区)—隧道或道床—埋地金属结构(阴极区)"为电池Ⅰ，而"埋地金属结构(阳极区)—隧道或道床—轨道(阴极区)"为电池Ⅱ。

泄漏的杂散电流流入大地，从埋地金属结构上的某一部位流入，主要沿着埋地金属结构流动，沿着埋地金属结构流动一定的距离，在到达回流点附近后，经过埋地金属流回大地土壤，再流向钢轨，最终返回到牵引变电所负极母线，因而在回流点附近的埋地金属结构上形成的是阳极区。在杂散电流流入埋地金属结构的部位，埋地金属结构作为阴极而得到保护，但当杂散电流过大时，这部分埋地金属结构所在的阴极区就会发生过保护。而在杂散电流从埋地金属结构流回土壤的部位，埋地金属结构作为阳极，由于埋地金属结构上的阳极区总是固定不动，因而阳极区内埋地金属结构的阳离子流入大地，这样杂散电流就对回流系统附近的埋地金属结构产生了局部腐蚀，称为杂散电流腐蚀。杂散电流腐蚀实质上是一种具有阳极过程和阴极过程的电化学腐蚀，因而对作为阳极的埋地金属结构的腐蚀较为严重。

当城市轨道交通回流系统中埋地金属结构周围环境中介质为酸性介质，即介质 $pH<7$ 时，发生的氧化还原反应的类型是析氢腐蚀；而当城市轨道交通回流系统中埋地金属结构周围环境中介质为碱性介质，即介质 $pH\geqslant 7$ 时，发生的氧化还原反应的类型是吸氧腐蚀。两种不同情况下杂散电流发生化学腐蚀的反应方程式见式(2.1)~式(2.5)。

(1) 析氢腐蚀

阳极：

$$2Fe \rightleftharpoons 2Fe^{2+}+4e^- \tag{2.1}$$

阴极：

$$4H^+ +4e^- \rightleftharpoons 2H_2\uparrow\text{（无氧酸性环境）} \tag{2.2}$$

$$4H_2O+4e^- \rightleftharpoons 4OH^- +2H_2\uparrow\text{（无氧环境）} \tag{2.3}$$

（2）吸氧腐蚀

阳极：

$$2Fe \rightleftharpoons 2Fe^{2+}+4e^{-} \tag{2.4}$$

阴极：

$$O_2+2H_2O+4e^{-} \rightleftharpoons 4OH^{-}\text{（有氧碱性环境）} \tag{2.5}$$

结构钢和埋地金属管线等埋地金属结构自身作为反应物，在电位较低的阳极失去电子而被氧化，即发生了电解作用；同时金属或非金属离子在电位较高的阴极得到电子而被还原，即发生了电池作用。因而杂散电流腐蚀会对城市轨道交通系统中的轨道及附近的结构钢筋和埋地金属管线等埋地金属结构造成严重的电化学腐蚀。

杂散电流腐蚀的反应主要生成了 $Fe(OH)_2$，其中一部分 $Fe(OH)_2$ 被进一步氧化形成 $Fe(OH)_3$，化学反应方程式见式(2.6)和式(2.7)。

$$Fe^{2+}+2OH^{-} \longrightarrow Fe(OH)_2 \tag{2.6}$$

$$4Fe(OH)_2+O_2+2H_2O \longrightarrow 4Fe(OH)_3 \tag{2.7}$$

金属结构受杂散电流腐蚀而产生的 $Fe(OH)_2$ 和 $Fe(OH)_3$ 或在介质中，或在金属结构表面析出，紧接着发生脱水，分解形成红铁锈的主要成分 $Fe_2O_3 \cdot xH_2O$ 和黑铁锈的主要成分 Fe_3O_4。

$Fe_2O_3 \cdot xH_2O$ 和 Fe_3O_4 等腐蚀产物在结构钢和埋地金属管线等金属结构表面沉淀形成锈层，锈层膨胀会导致混凝土胀裂。如果杂散电流腐蚀长时间存在而得不到有效的控制，将会严重损坏城市轨道交通系统中的轨道及其附件和钢轨回流系统附近的结构钢和埋地金属管线等埋地金属结构，导致结构钢的强度降低，埋地管道穿孔，电气设备的使用寿命缩短以及混凝土结构被破坏，造成巨大的经济损失。

城市轨道交通回流系统中的杂散电流的另一大危害就是，会在不同程度上影响城市轨道交通系统中相关电气设备的正常运行。由于泄漏杂散电流流入大地，引起安装在区间的电气接地装置的轨道电位升高，影响某些电气设备的正常运行。杂散电流过大则可能造成排流柜被烧坏等严重后果，还可能会造成直流牵引变电所的框架泄漏保护装置动作，引发断路器跳闸，造成地铁范围内发生大面积的停电事故，导致城市轨道交通系统瘫痪，城市轨道交通秩序混乱，危及城市轨道交通系统运送乘客的生命财产安全。

杂散电流还会对附近的通信设备产生干扰，导致很多通信设备无法正常工作。此外，杂散电流还可能对人身安全构成威胁。轨道返回电流使轨道上产生了纵向压降，导致了轨道电位的存在。杂散电流增大将会引起轨道电位升高，导致轨道与大地之间的电位差增大。而当轨道与大地之间的电位差过大时，轨道附近的人员就会有触电的危险。因而欧洲标准 VCE0115 规定，轨道与结构钢之间的电位差不得超过 92V。

同时，由于杂散电流腐蚀具有的隐蔽性和突发性，建筑设施的安全和城市轨道交通系统的安全运营受到严重的威胁，甚至会产生灾难性的后果。

2.5.2 杂散电流腐蚀防护

2.5.2.1 现有杂散电流腐蚀防护方案

根据牵引回流系统的构成和杂散电流产生的机理，目前城市轨道交通工程主要采取以下措施进行杂散电流腐蚀防护。

1）限制杂散电流产生的措施

首先降低回流系统阻抗，保证畅通的牵引回流通路。通过采取尽量将钢轨焊接成长钢轨、在车站两端的上下行钢轨间设置均流电缆、确保牵引变电所设置负回流电缆的数量满足牵引供电计算的结果及其与钢轨的可靠连接等措施来限制杂散电流的产生。

其次增大钢轨泄漏过渡电阻，减少泄漏电流。采用绝缘法安装钢轨；保持城市轨道交通车站及隧道内清洁干燥，城市轨道交通主体结构的防水层必须具有良好的防水性能和电气绝缘性能；条件允许的情况下，尽可能增强道床结构与隧道/桥梁结构间的绝缘。

2）正线杂散电流腐蚀防护方法

利用正线整体道床内结构钢筋的可靠电气连接，形成杂散电流收集网，以降低整体道床内结构钢筋所受杂散电流腐蚀并减少杂散电流继续扩散；利用地下车站、区间隧道结构钢筋(除盾构区间隧道外)和U形槽每个结构段内部的可靠电气连接，形成杂散电流辅助监测网；在正线牵引变电所内设置排流柜，在运营过程中，根据监测系统对杂散电流腐蚀状况的监测结果判断是否投入运行。

3）特殊区段的杂散电流腐蚀防护措施

在盾构区间隧道采用隔离法防护，隔断盾构管片之间的电气连接，使得流过每片盾构管片内结构钢筋的杂散电流非常小，从而实现盾构管片内部结构钢筋的腐蚀钝化状态，达到防护目的。

对于过江(河)地铁隧道，加大钢轨对地的过渡电阻，将钢轨底部与底板间的间距加大；提高钢轨橡胶垫的绝缘强度；通过计算得出各供电分区区段满足道床结构钢筋处于钝化状态的收集网结构钢筋最小截面，将过江(河)区段道床钢筋截面适当增大。

4）相关设备及管线的防护方法

牵引变电所内的直流设备采用绝缘法安装，并设置框架泄漏保护装置；金属管线与钢轨不得有电气连接；进出城市轨道交通和进出隧道的金属管线均进行绝缘处理后方可引入或引出；穿越道床的金属管道表面加强绝缘层处理，尽量和道床垂直，并在穿越部位的两侧加装绝缘法兰；城市轨道交通内的设备安装时应尽量与安装处的结构钢筋绝缘，且应与接地系统连接。

2.5.2.2 杂散电流监测系统的使用

杂散电流腐蚀防护系统建立后，可以把杂散电流值限制在一定范围内。但随着运营年限的增加，绝缘材料会不断老化，钢轨的泄漏阻抗会逐渐变小，隧道防水性能也会逐渐变差，产生的杂散电流将逐年增加，因此就需要设置完备的杂散电流监测系统，实时监视杂散电流对整体道床结构钢筋和城市轨道交通主体结构钢筋的腐蚀情况，以便及时采取相应的维护措施。

杂散电流监测系统监测整体道床、隧道、车站、桥梁结构钢筋对周围混凝土介质的极化电位(极化电位不大于0.5V)，以此电位作为判断杂散电流对结构钢筋的腐蚀是否超标的依据。当测试到某段结构钢筋平均极化电位超过0.5V的标准时，对钢轨回路阻抗和钢轨泄漏阻抗的在线监测结果进行分析，分析引起杂散电流超标的原因：若是钢轨回流系统出现电气导通“断点”所引起，则应及时将“断点”处按设计要求标准进行连接；若是某处钢轨泄漏阻抗太小，则应检查钢轨是否积水、灰尘污染或安装的绝缘设备损坏，并及时清扫或对绝缘设备进行维护。

如果全线钢轨泄漏阻抗普遍降低，简单清扫或维护不能解决问题，那么就需投入设置在牵引变电所的排流柜，使杂散电流由收集网向牵引整流机组负极柜单向导通，保护结构钢筋免受杂散电流腐蚀。

2.5.2.3 治理杂散电流泄漏的措施

1）合理降低钢轨电位限制装置的动作次数

由于钢轨具有纵向电阻，因此电流从接触网到运行的车辆，再经钢轨回到变电所负母线，在钢轨上就产生了电位，同时钢轨与大地之间存在一定的阻抗，使得钢轨对大地之间产生了电压差。当钢轨电位高于人体耐受曲线时，乘客、运营维护人员和直流供电设备就会有安全隐患。城市轨道交通工程通过在变电所设置轨电位限制装置来对钢轨电位进行限制。轨电位限制装置通过一个接触器连接钢轨和大地，正常情况下接触器是断开的，当轨电位高于人体耐受曲线值（见表2.3）时，接触器就需要闭合，以确保人身和设备安全，但同时也给杂散电流提供了一条从钢轨到地的通路，从而导致杂散电流泄漏的加剧。

表2.3 人体耐受曲线

持续时间 t/s	人体耐受电压 $U_{b.max}$/V	持续时间 t/s	人体耐受电压 $U_{b.max}$/V
>300	120	0.5	190
300	150	0.4	205
1	160	0.3	220
0.9	165	0.2	245
0.8	170	0.1	285
0.7	175	0.05	325
0.6	180	0.02	370

传统的轨电位限制装置的动作值整定为三段，见表2.4。当电压为120~150V（不含150V），持续时间达到1s时，接触器合闸。当合闸时间达到5s，接触网自动分开，如果在15s内接触器合闸次数达到3次，那么接触器永久合闸。当电压为150~600V（不含600V）时，接触器直接永久合闸。当电压大于600V时由于晶闸管动作迅速，因此首先导通晶闸管来接通钢轨和地，在接触网完成合闸后，晶闸管再断开。

表2.4 传统的轨电位限制装置整定值

保护种类	参数	正线车站	车场	备注
Ⅰ段电压保护	U>	120V	60V	接触器合闸
	U>动作延时	1s	1s	
	U>>复归延时	5s	5s	
	U>防跳动作计数	3次	3次	
	U>防跳复归延时	15s	15s	

续表

保护种类	参数	正线车站	车场	备注
Ⅰ段电压保护	U>>	150V	120V	接触器 永久合闸
	U>>动作延时	0s	0s	
Ⅲ段电压保护	U>>动作延时	600V	600V	晶闸管接通
		0s	0s	

受人体耐受曲线限制，三段动作电压对应的整定时间均偏短，且列车在运行过程中加速和刹车、大双边供电、相邻车站轨电位限制装置的分合闸引起的操作过电压均会推高钢轨电位，导致现有运营的线路中轨电位限制装置均长期处于合闸位置，给杂散电流的泄漏提供了一条长期的通路。

为了解决轨电位限制装置长期合闸带来的杂散电流泄漏加剧问题，在满足人体耐受曲线要求的前提下，需要尽可能减少轨电位限制装置的动作次数。通过增加轨电位限制装置的整定动作值段数，按照人体耐受曲线尽量增加每一级动作电压对应的动作时间，来减少轨电位限制装置动作次数，见表 2. 5。实践证明，把轨电位限制装置的动作值整定段数增加到 6 段后，1 台轨电位限制装置的动作次数由几十次甚至上百次下降到了几次，甚至个别车站出现了不动作。

此外，轨电位限制装置的操作过电压也是引起装置动作的一个主要因素。根据现场实测，当轨电位限制装置合闸时，轨电位限制装置连通钢轨和大地，从轨电位限制装置流过的电流可以达到上百安，若在该电流过大时操作轨电位限制装置接触器分闸，则操作过电压可以达到 230V 以上，如此大的操作过电压，可以引起相邻几个牵引变电所的轨电位限制装置动作。因此，在表 2. 5 中增加了一个安全电流值，若流过轨电位限制装置的电流大于安全电流值，则不允许轨电位限制装置动作，由此消除了轨电位限制装置接触器操作过电压引起的轨电位短时抬升对相邻车站轨电位限制装置的影响。

表 2. 5　改进后的轨电位限制装置整定值

保护种类	参数	正线车站	车场	备注
电压保护	一段动作电压	120V	60V	接触器
	一段动作延时	20000ms	10000ms	合闸
	二段动作电压	150V	90V	接触器
	二段动作延时	1000ms	1000ms	合闸
	三段动作电压	160V	100V	接触器
	三段动作延时	800ms	800ms	合闸
	四段动作电压	170V	110V	接触器
	四段动作延时	500ms	500ms	合闸
	五段动作电压	190V	120V	接触器
	五段动作延时	0ms	0ms	合闸
	六段动作电压	600V	600V	晶闸管
	六段动作延时	0ms	0ms	接通
	自动复归延时	5s	5s	
	防跳动作计数	3 次	3 次	
	防跳复归延时	15s	15s	
	安全电流上限	100A	100A	
	安全电流下限	−100A	−100A	

2）减少车场对正线杂散电流泄漏的影响

城市轨道交通车场一般位于地面，经过出入线与正线连接。车场库外线路采用碎石道床，无法设置杂散电流收集网，库内线路较库外线路防护条件更差，加上车场建筑较多，并设有维修基地，生活及工作设备、管线较多，运营环境特殊，相对于正线，车场是防护杂散电流的薄弱环节。

通常会在出入段线和车场之间的钢轨绝缘节处设置从车场向正线方向的单向导通装置，这就为正线的杂散电流通过大地流入车场，再由车场通过钢轨经由单向导通装置流回正线提供了通路。根据实测，将车场与正线之间的单向导通装置断开，会极大地降低正线的轨电位，减少钢轨电位限制装置的合闸次数，从而可减少杂散电流的泄漏，但又会出现在列车出入车场时钢轨绝缘节两侧打火严重的问题。针对该问题，可采用响应式单向导通装置和定向回流导通装置。

响应式单向导通装置就是在出入段线两侧设置红外响应装置，正常情况下，响应式单向导通装置是完全断开的。当列车经过时，红外响应装置发射信号给响应式单向导通装置，响应式单向导通装置导通；在列车离开后，响应式单向导通装置重新断开。

定向回流装置则是通过在车场出入场线走行轨设置两个钢轨绝缘结，截断车场线路与正线线路之间的杂散电流走行轨回流路径。同时，在车场内合理设置回流分区，通过在车场出入场线和库前设置的钢轨绝缘结和定向回流导通装置，使车场回流电流就近回流至车场牵引变电所，从而减少车场杂散电流的泄漏。

2.6　车站附属工程施工

以地铁车站为例，地铁车站附属工程包括车站出入口、地铁车站中的风亭、风井、泵房、联络通道、冷却塔等，地铁车站后期的一些装饰、安装工程，地面上的绿化工程等。下面主要介绍地铁出入口、风亭、冷却塔和地铁车站装饰装修工程。

2.6.1　地铁通道出入口

2.6.1.1　地铁通道出入口概念

出入口这个词我们分解开后在新华字典上可以找到的解释为，出：从里面到外面；入：从外面到里面；口：出入通过的地方。因此出入口这个词我们从字面上可以理解为，联系内外的中介或者是自身具有空间的场所。出入口是空间体系至关重要的组成部分，它包含环境空间体系和建筑空间体系，它是从一个空间通向另外一个空间的中介。

对于出入口的空间概念我们可以从两个方面解释，一方面，是指联系两个空间所设置的通道或遮挡物，也就是我们通常所说的门；另一方面，是指建立在门的基础之上延伸的地段，它包括出入口的台阶、坡道、广场绿化以及基础设施等元素。

地铁通道出入口指的是出入口部分的空间和周边的环境，地铁通道出入口是地铁车站空间内部与地面环境之间的过渡和联系的空间，其中包括地面部分的建筑和道路等，地铁通道出入口有一定秩序的人造公共环境，因此，地铁通道出入口空间包括了地面建筑、出入口广场以及植物绿化等一系列元素。

2.6.1.2 地铁通道出入口功能性要求

1）交通枢纽功能

作为地下轨道交通系统的一部分，地铁通道出入口所承担的最首要任务就是将地面乘客引导至地铁车站之中，并将到达旅客指引至外部城市地面空间。这要求出入口的设计应充分考虑客流量的大小，并以此确定出入口的数量、位置及规模等参数。此外，通道出入口还应考虑与路面建筑的配合问题，尽可能与公交站点、过街天桥、地下通道等设施靠近，避免造成出口客流拥堵等问题。

2）安全疏散功能

作为主要的交通方式之一，地铁每天承担着城市交通极大部分客流，尤其在上下班高峰期，站内人员密度会非常大。在这种情况下，若遇火灾、地震等紧急事故发生，站内形势将极其难以控制。封闭的地下地铁车站环境在防灾上具有疏散困难、救援困难、排烟困难及外部灭火困难等特点，这也是地下空间内部灾害更难防范和抗御的重要因素。因此，地铁内部空间合理规划十分重要，地铁通道出入口在设计上应该满足安全时效范围内最大人流通过密度，其连接的外部空间也应具有足够空间进行人员疏散。

3）过渡功能

作为地下空间出入口的第二大功能，其承担着连接城市地上空间与地铁车站内部的纽带作用，地铁通道出入口在城市地上空间具有具体明显的建筑表现形式的同时，又通过楼梯、过道等设施引导乘客从宽敞明亮的地面进入地铁车站内部。因此，地铁通道出入口承担着地外地内空间转换的责任，需要处理好空间及旅客心理的过渡。

4）引导功能

地铁车站通道出入口的空间位置设计合理，内部结构简单明了，可以让人们轻松地按照预定设计方向和线路行走，顺利将乘客引导至地铁出入口。在设计时适当添加指示牌、景观小品、绿植等元素，可以更好地引导人们按照不同的路线行走。

5）景观功能

地铁车站通道的出入口作为乘客认识地铁线路的第一站，其景观设计好坏直接影响乘客对整个地铁的印象。在设计时，通道出入口应与城市的景观相结合，具有自己的特色，又需要和周围的环境相互协调。此外，通道出入口还要与当地的历史文化相结合，综合发挥地铁通道出入口在城市景观中的作用。

2.6.1.3 通道出入口施工

1）通道明挖段施工

（1）通道明挖段围护结构施工

钻孔桩均采用回旋钻机正循环钻孔，连续成桩的方法施工，钢筋笼在地面加工好，利用钻机吊入孔内，清孔后灌注水下混凝土成桩。钻孔桩工艺流程如图 2.5 所示。

① 测量放线定位：根据各出入口钻孔桩设计平面布置图，计算出每根桩的坐标，然后测量定出每根钻孔桩的准确位置。

② 保护管线：挖探沟，查明地下管线的位置，定出管线改移或保护方案，对管线进行

改移或悬吊支撑保护。

③ 施工定位导向墙：根据施工要求，桩位定位采用导向墙定位法，导向墙作为钻机走行轨道，并对钻孔桩进行导向及编号。

④ 钻孔：钻机钻孔，在孔口埋设钢护筒，以起到定位、保护孔口及维持水头的作用。开孔钻进速度应缓慢地进行，并反复校正钻头，如有偏斜及时纠正；若地质为黏性土，在钻孔时无须另外制备泥浆，仅向孔内加水，利用钻机钻孔时钻头搅拌泥浆，但需控制水的加入量，以达到钻孔时最佳泥浆黏度等性能指标。

⑤ 钢筋笼的制作和安装：钢筋的制作在就近的场地上进行，采用焊接制作，先用主筋与内加强箍点焊形成笼架，然后安装外箍筋，外箍筋也须与主筋焊牢。将制作好的钢筋笼用汽吊或钻机吊放入孔内。

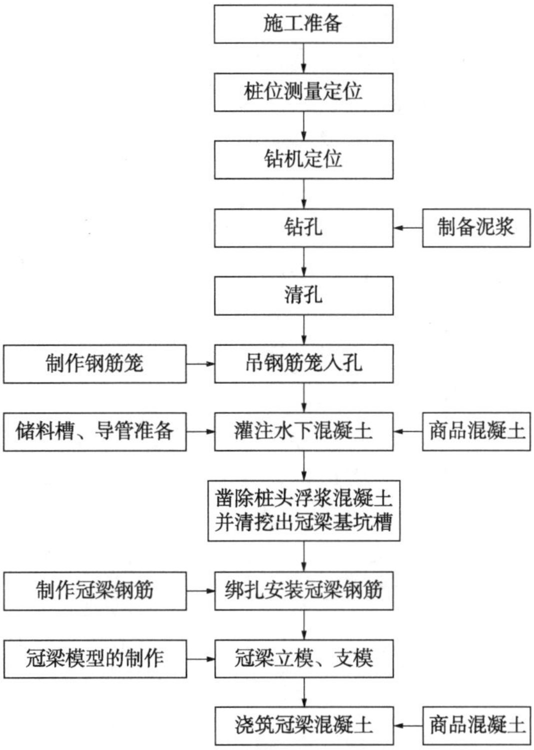

图 2.5 钻孔桩工艺流程

⑥ 灌注水下混凝土：

a. 施工准备：第一，用铁皮制作一个体积为 0.8m^3 以上的储料槽（漏斗）；第二，检查钢导管的强度，钢导管必须作水密和胀裂实验；第三，检查球塞是否能顺利通过钢导管，球塞直径比钢导管内径小 1~2cm；第四，钢导管和套管的提升采用钻机进行。

一切准备工作完成后，组织有关人员进行全面检查，水下混凝土的灌注工作一经开始必须连续不断地进行并不得中断。

b. 开始灌注前的准备工作：第一，仔细调整下料钢导管的高度，导管底至桩基底面的距离为导管内径加 10cm 左右，使球塞能顺利从管底排出。第二，悬吊于储料槽（漏斗）颈口处的球塞必须用绳子或铁丝缚牢，开始灌注前在漏斗内装满混凝土，漏斗的最下面与球塞接触的第一盘拌和物应为水泥砂浆，水泥砂浆不可有石子混入，以防石子卡球造成事故。第三，商品混凝土的准备量为能灌注整根桩的混凝土量。

c. 灌注混凝土：第一，开始灌注混凝土时，用快刀将绳子砍断或用钳子将铁丝剪断，同时开动振动器。当储料槽（漏斗）内混凝土开始下降时，立即向储料槽（漏斗）源源不断地输送混凝土。当球塞顺利地通过导管并确认已排出导管时，可将导管下降 20cm，使导管下混凝土尽快扩散和升高，可靠地埋住导管底。

第二，灌注混凝土过程应经常用测锤探测混凝土面的高度，推算钢导管埋入混凝土的高度。随灌随提升和拆除钢导管。灌注过程中要确保导管插入深度不小于 1m，但也不能过深。上提的原则是少提、勤提。

混凝土的灌注须高出设计高度 50cm，以保证桩顶混凝土质量。待混凝土浇筑完毕后，先拆除钢导管然后紧跟着拔出套管。

⑦ 冠梁的施工：人工清除冠梁位置及其外缘 50cm 范围内泥土，清除深度为冠梁底以下 5cm；凿除桩头超出设计高度内的混凝土及浮浆，调直桩头预埋钢筋，并在桩两侧作 5cm 厚，10cm 宽的砂浆垫层。冠梁钢筋在制作场地进行制作、配筋，然后运到施工现场进行安装、绑扎。冠梁混凝土模型采用 $\delta=2$cm 厚的胶合板，外背小方条和方木，内拉外撑的加固方法。冠梁混凝土的浇筑采用商品混凝土直接放入槽，插入式振捣器振捣。

（2）通道出入口明挖段土方开挖及结构施工方案

① 通道出入口明挖段土方开挖。土方尽量采用机械开挖，剩余土方采用人工开挖，卷扬机提升架配提升斗起吊出土，手推车运至基坑旁临时屯土场，随开挖架设钢支撑，并注意开挖过程中对钢支撑的保护。机械开挖至基底 0.2～0.3m 时，采用人工捡底，避免扰动基底而影响其稳定性。基坑开挖过程中做好排水，由于未做专门降水，采用超前挖设集水深井进行基坑超前降水，将基坑内积水引排至集水井中用抽水机抽排至基坑外，经沉淀合格后排放到城市地下排水管道中。钢支撑采用基坑外拼装，汽车吊车起吊整根安装。

② 通道出入口明挖段结构施工。通道出入口明挖段均为一层钢筋混凝土矩形框架结构，采用明挖顺作法施工。

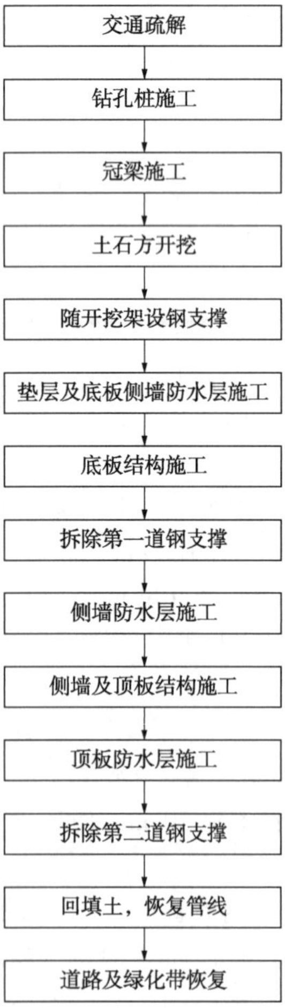

图 2.6　通道结构施工工艺流程

结构竖向分两部分施工，即结构底板为一施工部分，结构侧墙及顶板为另一施工部分。

通道结构施工工艺流程如图 2.6 所示。

通道结构采用 WDJ 多功能碗扣式支架满堂布置，大块组合模板，转角处采用特制加工的定型模板，通道结构模板施工均采用混凝土短撑支撑模板，不设穿墙拉杆以确保防水质量和通道防渗能力。

通道结构采用输送泵泵送商品混凝土灌注，侧墙灌注采用“门子板”措施，从灌注窗口捣固混凝土，顶板及底板外露面混凝土初凝后进行“提浆、压实、抹面、抛光”，以保证外露面质量。

（3）施工技术措施

底板垫层混凝土采用 150mm 厚 C15 商品混凝土。底板防水层施工要满足设计和规范要求，做防水层时要求垫层平顺、干燥、干净，并用 50mm 厚 C20 混凝土保护层对底板防水层进行保护。

结构钢筋在加工房内按设计加工成型，运至工地安装，钢筋的接长和搭接按有关规范进行。

结构混凝土采用缓凝、早强型混凝土，泵送混凝土灌注入模。结构混凝土灌注时采取分层对称平行灌注，以利于整个支撑体系受力平衡。

板面混凝土初凝后，进行“提浆、压实、抹光”处理，终凝后用湿麻袋覆盖，定时洒水养护 14d 以上。

按设计要求施作外防水层，特别是侧墙外防水层与顶板防水层的收口，根据设计采取措施保证其质量，防水层施作后及时施作保护层。

通道结构顶板达到设计强度并施作防水层、防水保护层后即可进行回填土施工，土方回填需按相关要求进行。随后进行路面和绿化带恢复。

2）通道出入口暗挖段施工方法和技术措施

（1）总体施工原则及工艺流程

通道出入口暗挖段为直培拱形复合衬砌结构。通道暗挖工法为弧形导坑法。开挖采用人工风镐配合架车装土方，洞内水平运输为无轨运输。二次衬砌混凝土采用运至工地的商品混凝土，输送泵泵送混凝土至台车模型内。二衬仰拱、拱墙分别灌注。

通道出入口暗挖段总体施工采取“管超前，严注浆，短开挖，强支护，勤量测，早封闭”的浅埋暗挖法施工原则。

① 管超前：通道穿越地层全为Ⅰ、Ⅱ类围岩，在掌子面未开挖前，沿通道拱部周边用风钻顶进 ϕ42mm、长 2.5m 或 3m 的超前小导管，高压风清孔后注浆，以加固掌子面前土体，防止开挖时掌子面坍塌。

② 严注浆：通道穿越的地层主要为素填土及砾质黏土层，拱顶覆土仅为 5m 左右，为改善、提高围岩的自稳能力，开挖前须施作超前小导管并注浆，以加固地层。

③ 短开挖：通道每循环开挖进尺控制在 1.0m，缩短开挖和支护的间隔时间。

④ 强支护：严格遵循设计和施工规范，采用格栅钢架、钢筋网、锁脚锚管、超前小导管及湿喷混凝土组成的联合支护方式及时进行初期支护，以控制围岩塑性变形量，防止塑性区增大。

⑤ 勤量测：通过对施工过程中地表下沉、拱顶下沉、周边收敛、钢格栅内力等量测分析判断通道的稳定性，确定支护的参数，量测测点要尽早埋设，对开挖、支护及支护后一段时间的量测数据进行绘图分析，判断支护后围岩变形收敛情况，将信息及时反馈给设计、监理工程师等，发现有异常变化时应及时修改支护参数和采取特殊的施工方法。

⑥ 早封闭：由于通道覆盖土薄，通道穿越地层是以砾质黏土层为主的岩层，岩层呈软塑至硬塑状，开挖后如不及时封闭，可能会引起开挖面坍塌。因此，开挖后，及时喷 4~5cm 厚混凝土封闭开挖面，缩短分部开挖的循环时间，尽快安设格栅钢架并喷混凝土封闭成环，有效改善支护及围岩受力状态，防止初支变形过大或底部隆起，引起严重坍方。

（2）施工流程

通道出入口暗挖段施工流程如图 2.7 所示。

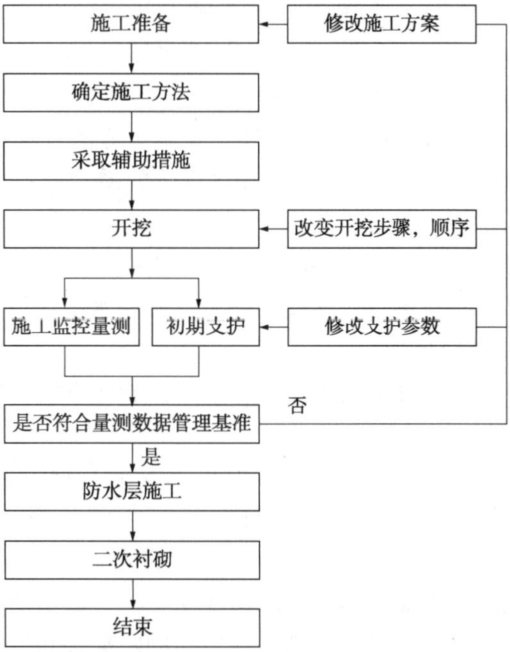

图 2.7 通道出入口暗挖段施工流程

（3）开挖及初期支护

① 上部开挖及支护。

a. 上部开挖。超前小导管预注浆对地层进行加固后，采用人工开挖并预留核心土，人工下翻碴至下台阶，每一循环进尺 0.5m，由测量人员控制中线水平，施工中需做到不欠挖，控制超挖，且开挖轮廓线要圆顺，以减小应力集中。

初喷：在开挖后立即进行，以便尽早封闭拱部暴露面，喷射混凝土厚 4~5cm。

格栅钢架：格栅钢架按要求制作，安设时清除浮土，拱脚夯实或垫木板，钢格栅纵向间距设计为 0.5m，纵向设 ϕ22mm 连接筋，其环向间距为 1m，交错布置。在喷混凝土后，沿钢架格栅拱脚各打入 2 根 ϕ42mm 长 2.5m 锁脚锚管。

挂网：采用 ϕ8mm 钢筋，网格 15cm×15cm，做成 1.5m×1m 的网片，铺设在格栅钢架背后位置，密贴围岩并与格栅钢架牢固连接。

喷射混凝土：采用 PZ-5-1 型潮喷机喷护，第一次喷射厚度 4~5cm，架立好格栅钢架后，从钢架腹部打入下一循环的超前管棚，封好管口，复喷混凝土至设计厚度(0.3m)。

拱脚锚管：在拱脚处设 2 根锁脚锚管，采用风钻直接顶入，用高压风清孔后，再压浆。

b. 超前小导管作业。

钻孔：小导管采用风钻钻孔打入，超前小导管选用 ϕ42mm×4mm 钢管加工而成，管身按梅花形布置，钻有直径 2.5mm 小孔，顶部切削成尖靴，尾部焊接垫圈，长度为 3.5m。超前小导管在起拱线以上沿拱部周边轮廓线设置，超前小导管从钢架腹部空间穿过，外插角在 7°~12°，尾部与钢架焊接成一体。

注浆：为保证注浆质量，注浆前孔口要严密封堵，采用双液注浆泵压注水泥-水玻璃浆液，压力控制在 0.3~0.5MPa，浆液配合比视地质情况及现场试验确定，保证浆液扩散互相咬接，以提高围岩的稳定性。

② 下部开挖及支护。下部开挖每一循环进尺视围岩的稳定性情况定为 1~1.5m，下部落后于上部 3~5m，仰拱随下部一起开挖。开挖时，沿通道下坡做一排水沟，作为通道施工临时排水设施。初期支护仰拱同下部边墙的初期支护同时施作，使支护尽早成环，尽早承担通道周边围岩应力。基底如是淤泥应打径向 3.5m 的小导管，并注浆加固。

(4) 暗挖通道初期支护施工方法及技术措施

初期支护质量的好坏直接关系到通道施工人员的安全和通道本身的安全，做好初期支护是极其重要的。

湿喷混凝土的施工方法如下：

① 喷射机械安装好后，先注水、通风、清除管道内杂物，同时用高压风吹扫岩面，清除岩面尘埃。

② 保证连续上料，严格按施工配合比配料，严格控制水灰比及坍落度，保证料流运送顺畅。

③ 操作顺序：喷射时先开液态速凝剂泵，再开风，后送料，以凝结效果好，回弹量小，表面湿润光泽为准。

④ 喷射机的工作风压严格控制在 0.5~0.75MPa 范围内，从拱脚到边墙脚风压由高到低，拱部的风压为 0.4~0.65MPa，边墙的风压为 0.3~0.5MPa。

⑤ 严格控制喷嘴与岩面的距离和角度。喷嘴与岩面垂直，有钢筋时角度适当放偏，喷嘴与岩面距离控制在 0.6~1.2m 范围以内。

⑥ 喷射时自下而上，即先墙脚后墙顶，先拱脚后拱顶，避免死角，料束呈螺旋旋转轨迹运动，一圈压半圈，纵向按蛇形喷射，每次蛇形喷射长度为3~4m。

(5) 格栅钢架的施工工艺及技术

① 格栅钢架的制作。格栅钢架在钢筋加工棚设置的1∶1制作样台上，采用冷弯制作，格栅钢架分段制作，按单元拼焊后，运至现场安装。

加工做到尺寸准确，弧形圆顺；钢筋焊接(或搭接)长度满足设计要求，沿钢架两侧对称焊接成型时，确保钢架主筋中心与轴线重合，接头处相邻两节圆心重合，连接孔位准确。

格栅钢架加工后先试拼，检查有无扭曲现象，接头连接每榀可以互换，沿通道周边轮廓误差小于3cm。

格栅钢架各单元主筋、加强筋、连接角钢焊接成型，单元间用螺栓连接。

② 格栅钢架的安装。安装工作内容包括定位测量、安装前的准备和安设。

a. 定位测量：首先测定出线路中线，确定高程，然后再测定其横向位置。格栅钢架设于曲线时，安设方向为该点的法线方向；安设于直线上时，安设方向垂直于线路中线。

b. 安装前的准备工作：运至现场的单元钢架分单元堆码，安设前进行断面尺寸检查，及时处理欠挖部分，保证钢架正确安设，安设拱脚或墙脚前清除垫板下的松碴，将钢架置于原状围岩上。在软弱地段，采用拱脚下垫木板的方法。

c. 钢架安设：钢架与封闭混凝土之间紧贴，在安设过程中，当钢架与围岩间有较大间隙时安设混凝土垫块，或用水泥砂浆找平，两榀钢架间沿周边设ϕ22mm纵向连接筋，环形间距为100cm，交错布置，形成纵向连接体系，并及时打入锁脚锚管，安设水平临时支撑，喷混凝土，形成封闭环。

(6) 小导管注浆工艺及技术

导管注浆机具设备采用KBY-50/70双液调速注浆泵，输浆胶管ϕ25mm，储浆桶自制。

小导管注浆作业包括布管、清孔、封面、注浆四道工序。

① 布管：采用凿岩风钻直接将小导管顶入设计位置。小导管顶部呈尖锥状，尾部焊箍，管壁按梅花形布置小孔，间隔为20cm，尾部与钢架焊接，增加共同支护能力。

② 清孔：由于小导管采用风钻直接顶入，压浆前需用高压风清理小导管，确保其畅通。

③ 封面：注浆前，喷混凝土至设计厚度，封闭工作面，以防漏浆。

④ 注浆：采用水泥水玻璃浆液注浆，注浆压力为0.3~0.5MPa，在孔口设置止浆塞，浆液配合比由现场试验确定，注浆时先注无水孔，后注有水孔，从拱顶向下注，如遇窜浆或跑浆，则间隔一孔或几孔注浆。

(7) 通道支护关键技术及措施

暗挖通道穿越砾质黏土，均为可塑、硬塑~坚硬土质，岩性软，开挖暴露后遇水软化，易坍塌。同时通道结构为单线直墙拱形复合衬砌断面，围岩压力大易产生坍方，因此超前小导管注浆加固地层和初期支护及时成环，确保围岩稳定，防止坍塌，控制地表下沉是浅埋暗挖通道关键技术。

通道拱部穿越砾质黏土，设计采用ϕ42mm长3.5m普通小钢管，超前注浆加固地层，施工时要进行超前地质预测或预报，对岩层松散、地下水丰富地段，要适当地增加超前小导管数量，由单排掌子面全断面注浆，增大注浆压力，当压力上不去时，少量多次注浆，防止浆液扩散出设计范围以外。水泥-水玻璃浆液配合比经试验确定，须达到固结岩体，提高围岩的稳定能力的目的。

通道采用弧形导坑法分部开挖。因此分部开挖初期支护应及时成环。确保通道稳定成为施工中的关键，在施工中拟采用如下技术措施：

① 确定合理的开挖支护长度、循环进尺。根据地质条件及进度安排确定，结合本工程地质条件、设计要求及施工方法确定循环进尺为 1.0m 以内。

② 加强各工序间的衔接，加快各分部开挖和初期支护施工进度。

③ 处理好各接点，如拱脚防下沉、内移。

④ 勤量测各部开挖初期支护后围岩变形情况，及时修正初期支护中超前小导管、格栅钢架的间距，严格控制围岩变形收敛。

⑤ 压浆，喷护的各种机具处于良好运转状态，保证不间断地组织施工。

⑥ 组织熟练的操作施工人员施工，保证施工有序进行。

(8) 通道二次衬砌施工

暗挖通道结构断面繁多，按分部分段灌注混凝土的施工方案，先施工仰拱二衬，然后搭支架立模施工边墙和拱部二衬，混凝土采用商品混凝土，运至进料孔，从进料孔进料至输送泵内，泵送入二衬模型内。断面变化处二次衬砌采用端头模突变施作。

采用简易支架配小钢模灌注，每次灌注根据该断面的通道长度分段浇筑，根据开挖初支后监控量测的结果判定作二衬的时间。仰拱二次衬砌灌注采用 16cm×14cm 方木作背衬，100cm×30cm 钢模作模板。为避免仰拱灌注时发生浮模，采用竖向加固措施进行处理。

二次衬砌钢筋在 1∶1 的制作样台上，分单元分片制作成形，各单元间预留足够的搭接长度。钢筋运至施工现场安装时，将每片钢筋用纵向钢筋联结成一个整体，采用绑扎焊接进行连接，纵向钢筋应预留一定长度以便与下组衬砌钢筋的连接，并设加强连接筋，以方便边拱钢筋安装搭设作业台架。

通道二次衬砌混凝土全部采用商品混凝土。输送泵泵送混凝土灌注，插入捣固器捣固。

为防止二次衬砌与外防水层之间形成空隙，采用在二次衬砌背后注浆的施工措施进行处理。

(9) 通道运输组织

出土方法：白天将碴存于临时弃土坑，夜间用汽车外运到弃土场。

洞内出碴：上导坑用人工挖装土方，直接用架车运输至下导坑；下导坑采用人工直接装土至翻斗车上，外运至临时弃土坑内。

2.6.2 地铁风亭

2.6.2.1 地铁风亭的概念

风亭是地铁车站联系地下与地上的一个中介，是车站及区间隧道同外界进行空气交换的端口，是地铁通风空调系统不可缺少的部分。一般而言，风亭在单个区间或车站附近应设置的数目为 2~8 个，沿线的数目还会随实际情况相应增多，因此而带来的噪声污染、空气质量问题、与周边景观搭配等问题不得不引起设计者的重视。

地铁作为城市地上空间在地下的扩展与延伸，其车站内部及铺设线路多处于封闭的地下环境之中，缺乏与地上环境的交流。因列车运行、设备工作、乘客活动等产生的多余水蒸气、废气、有害气体、二氧化碳等不易扩散，极易产生安全隐患。因此，在实际设计规划中，风亭被广泛使用。风亭通过连接地铁车站及区间隧道地下空间和地面空间，保证站内外空气的流通，满足地下空间列车设备人员及防灾的需要，具有不可替代的作用。

2.6.2.2 地铁风亭施工

下面将结合工程实际，介绍地铁风亭的施工技术。

1）工程概况及地质情况

广州地铁 X 号线 Y 站位于广州市海珠区昌岗东路北侧地下，地面交通繁忙，地下管线密布，周围建筑密集，施工条件较差，特别是附属结构工程，必须视实际情况选择合适的施工方案。Y 站 A 端 1 号风亭位于车站主体东南角，3 个出风井位于昌岗东立交桥下，通过 5.2m 长的水平通风道跨过昌岗东路 1 条车道与车站主体连接，风道宽约 22m，高为 6.5m，风道底板埋深 11.8m，顶板埋深 5.3m。地质情况自上而下依次为：人工填土层、冲积—洪积土层(粉质黏土、可塑为主、局部硬塑)、残积土层(粉质黏土、呈可塑—硬塑—坚硬状，含细、中砂以及粗砂)、全风化泥质粉砂岩、强风化岩、中风化岩、微风化岩，水平风道主要位于中风化、微风化岩中。地下水初见水位埋深 1.5～4.5m，稳定水位平均埋深为 2.12m，大气降水为地下水的主要补给水源；基岩裂隙水的赋存和运动条件差，含水较少，渗透性差，呈弱透水性。

2）主要施工方案的技术分析

A 端 1 号风亭原施工方案为围护加支撑的明挖方案，该方案由于交通疏解的压力大，拟改为竖井加隧道的暗挖方案，现对两种不同的施工方案进行分析，择优采用。

（1）明挖施工

A 端 1 号风亭明挖施工方案，根据原施工方案，在风亭外边线布置围护挖孔桩，与车站主体形成密闭的空间，起挡土及挡水作用，挖孔桩工程完成后，开始开挖基坑土方，在开挖土方的同时安装钢支撑，以确保挖孔桩的稳定，基坑开挖至风亭底板后，使用顺作法施工风亭的钢筋混凝土结构工程。在风道上回填土，并恢复路面。

使用明挖施工的优点有：a. 技术成熟，围护加钢支撑的施工方法是地下工程最普遍的施工方法，工程队从设计到施工都有丰富的经验；b. 工期保证，由于明挖可以与车站主体工程同时施工，无须占用关键工期，所以在保证目标工期的前提下有较宽松的工期。

缺点有：a. 交通疏解的压力大，昌岗东路共有 6 条车道，车站主体工程施工已占用两条车道，如果 A1 风亭再占用 1 条车道，将对昌岗东路交通造成较大压力；b. 风亭出风井位于昌岗东立交桥底，净空只有 2.5m，挖孔桩钢筋笼安装难度较大。

（2）暗挖施工

暗挖施工是使用竖井法开挖通风井，用矿山法开挖水平通风道，用浇筑二衬混凝土的方法浇筑整个风亭的结构混凝土。竖井施工主要包括锁口圈施工、井体初支施工、井体二衬施工。因为竖井支护结构为初衬及二衬复合式结构，中间敷设柔性 PVC 防水层，所以初支施工采用倒挂井壁法，自上而下进行，边开挖边使用钢格栅加喷射混凝土衬砌井壁(每次开挖深度约为 60cm)，达设计井深后，封底，待通道施工完毕后，自下而上顺做二次衬砌。因为 A 端 1 号风井开挖断面较大，所以在中间设置临时中隔墙，分两部开挖竖井。

竖井施工中须注意：基坑南北两侧是昌岗东路的机动车道，路面交通十分繁忙，施工期间确保基坑的稳定至关重要。通道施工由于通道跨度达 22m，所以采用多部开挖法施工。多部开挖的工法是在风井施工完成后，沿风道的开挖轮廓施作双排大管棚超前注浆支护，而后进行跳段开挖施工，跳段方法为将水平方向分为 4 段(分别为 1、2、3、4 段)，每段分为上、下两部，先同时开挖 1 段及 3 段的上部，再开挖 1 段及 3 段的下部。1 段及 3 段开挖及初支完成后再进行 2 段及 4 段的施工。待初支全部封闭后，分段破除中隔壁，浇筑二衬底板，而后浇筑边墙和拱部二衬。

暗挖施工的优点有：a. 占地少，只占用风井部位的场地(刚好位于昌岗东立交桥底)，不必占用昌岗东路车道，能满足昌岗东路的交通要求；b. 地质条件较好，多为黏土及风化岩石，地下水少，对暗挖施工较为有利；c. 工期保证，暗挖施工同样可以与车站主体工程同时施工，无须占用关键工期，所以在保证目标工期的前提下同样有较宽松的工期。

缺点有：通道跨度大，并且覆盖层只有 5m，容易造成路面沉陷，针对这一点，使用双排大管棚支护及中间设置 3 道中隔壁支撑，可以从根本上解决路面沉降问题达到施工要求。

明挖施工方案与暗挖施工方案各有优缺点，结合两种施工方案所需总成本，本工程最终选择暗挖施工方案。

2.6.3 地铁冷却塔

目前，大部分中心城区的地铁车站均设置为地下车站形式，车站内部通风环境与室外环境相对隔绝，冷却塔主要通过间接消除车站余热，为乘客创造一个舒适的过渡性环境，从而成为地铁空调系统中重要的设备设施。

2.6.3.1 冷却塔的施工要求

① 冷却塔的设置位置应通风良好。由于冷却塔原理的需要，良好的通风条件是冷却塔设置的首选因素。

② 当由于周边规划协调需要，冷却塔采用下沉式布置，或用围墙、顶板等进行遮挡时，应确保进风侧有足够的进风面积，并避免排风侧的热、湿空气回流。

③ 冷却塔应远离厨房排风、制动电阻散热等高温或有害气体；根据冷却塔通风散热的特性，冷却塔口部与车站进风亭口部、出入口口部距离宜大于 10m；与排风亭口部、活塞风亭口部距离应不小于 5m。

④ 注意与周边环境的协调，避免飘水、噪声等对周围环境的影响。

⑤ 地上冷却塔，其造型、色彩、位置应符合城市规划、景观及环保要求。

⑥ 冷却塔与其他建筑物的距离应满足防火间距要求。

2.6.3.2 冷却塔的常规布置形式

冷却塔的设置从结合形式可分为独立设置形式、风亭结合设置形式或与其他设施结合设置形式。从设置位置可分为高位设置和低位设置 2 种方式。

1）独立设置形式

独立设置形式是指冷却塔在室外单独布置，当采用独立布置时，高位布置与低位布置都是较为常见的形式。其中，高位布置方式中，冷却塔的安装高度应设于所在区域地面以上；低位布置方式中冷却塔的安装高度低于地面，一般为半下沉和全下沉2种。

当采用高位布置方式时，具有以下特点：①冷却塔的排风口、进风口有高差，而且方向不同，气流组织好，散热效果好；②冷却塔的水管接口位于地面以上，连接管段一般不会高于系统开口点，管路布设简单且灵活。

当采用低位布置方式时，具有以下特点：①冷却塔的排风口、进风口无高差，而且方向基本相同，气流组织很难完全避免冷却塔排风的热、湿空气回流与进风短路的情况，尤其是在室外环境较恶劣的情况下，会影响散热效果，增加运行能耗。为保证散热效果，避免气流组织短路，需要控制进风风速，适当加大冷却塔进风侧与障碍物的距离，预留足够的进风空间。②冷却塔的水管接口位于地面以下，对连接管段要求较高，在考虑管路敷设路径时，应尽量避免中间段管路高于系统开口点。对于中间管路高于系统开口点的情况，需采取措施，防止停机时管网内冷却水泄漏而形成空气段，影响系统的正常运行。③低位布置由于采用了下沉式设置，对周围城市景观影响较小，可以采用立体绿化，使冷却塔基坑与周围环境紧密结合，更加易于与环境融为一体，将景观影响降到最低。

2）风亭、冷却塔结合设置形式

风亭、冷却塔作为地铁通风空调系统的地面设施，二者结合设置具有减少占地面积、管线连接简单、管理方便等优点，但前提是风亭必须为高风亭，同时，也应注意避免冷却塔对车站进风的污染。风亭和冷却塔结合的形式一般都为高位布置，其特点与冷却塔独立设置高位布置形式相同。

但由于风亭和冷却塔结合形式的体量如同一栋建筑物，庞大的体量会对景观和人的视觉、心理造成影响，因此，需要对其造型和立面进行设计。作为一栋建筑物，还要与其他建筑一样融入周边环境，并保持一定的退缩距离，不特立独行、不突兀。

3）冷却塔与其他设施结合设置形式

冷却塔在室外与其他设施结合设置，如周边的建筑物等，一般为高位布置。

此类布置形式中结合点的选择应注意以下问题：①避免周边环境对水系统的影响，应远离厨房排风、制动电阻散热等高温或有害气体；②防止水系统对周边环境的影响，避免飘水、噪声等对周围环境的影响。③此设置形式应避免出现体量过大、视觉观感较差的问题，尽量隐蔽设置，减少对周边景观的影响。同时，冷却塔与其他设施结合还需考虑施工时序、预留土建条件等其他因素的影响。

2.6.3.3 不同布置形式的施工规模

对于不同的布置形式，工程实施规模差别较大，相应的造价投资也存在较大区别，因此，在工程实际中，规模和造价也是选择布置形式的重要考量因素。

高位布置的冷却塔周围仅需考虑一定的检修和维护空间即可，且通风条件相较于低位下沉式布置冷却塔有明显优势，位置更为灵活，永久用地只兼作进风空间，必要时可按检修范围征地。如果能结合高风亭设置于顶部，可忽略其土建要求。

低位布置的冷却塔除需要考虑检修和维护空间外，还需要考虑进风空间，进风空间与下沉坑壁的间距不小于塔体进风口高度的 2 倍。另外，还需布置在建筑物最小频率风向的上风侧。可见，低位布置时永久用地需求较多，因此规模较大，且下沉基坑土建施工量较大，造价较高。

2.6.3.4 对环境的影响

1）与周边环境的结合

高位布置时，冷却塔设施露在地面之上，体量较大、高度较高，视觉冲击大，用地协调难度大，对景观影响较大。低位布置时，冷却塔设施隐藏在地面之下，对景观影响小，且易于景观隐蔽处理，但用地范围增大。

2）运行对周边环境的影响

冷却塔运行的排风、散热、噪声、飘水主要来自排风口，运行时，由于风机的转动和布水滴水等原因，易对环境产生噪声污染和大气污染。当高位布置时，排风口离地面高 5m 以上；当低位布置时，排风口位于地面之下，因此，影响范围及影响程度都比高位布置方式略大。

结合以上所述，冷却塔的高位布置方式在初投资、运营费用等方面均比低位布置更具优势，但对周边景观的影响较大，协调难度大，而低位布置方式对周边景观影响较小，易于实施。

2.6.4 地铁车站装饰装修工程

2.6.4.1 地铁车站装饰装修工程概述

1）地铁车站装饰装修工程基本内容

地铁车站装饰装修工程范围主要涉及车站公共区(含物业预留区)、设备区及地面附属建筑，装饰装修内容主要包括：

① 公共区(含物业预留区)和设备区：站厅层、站台层、出入口通道的公共区墙面、地面、顶面、柱面装饰装修，设备区的设备用房、管理用房、卫生间、走道的二次结构及装饰装修，另外还包含灯具、栏杆扶手、监控亭、座椅、垃圾桶等设施安装。

② 地面附属建筑：出入口、高低风亭、无障碍电梯、紧急疏散口和冷却塔等外立面装饰。

③ 其他：导向标志、广告商业设施、艺术品等。

地铁导向标志系统由站外导向标志系统和站内导向标志系统构成。站外部分，包括轨道交通车站导向标志、轨道交通标志、车站出入口站名标志、车站出入口标志、运营时间标志、公告栏等。站内部分，包括吊挂式导向标志、吊挂式定位标志、贴附式导向标志、贴附式定位标志、贴附式资讯标志、贴附式警示标志、柱立式导向标志、柱立式资讯标志、嵌入式资讯标志等。

地铁站广告系统由列车广告和车站广告构成。列车广告系统主要包括电视视频广告、固定式招贴和广告看板。车站广告系统主要包括公共区站厅、站台墙面灯箱，公共区通道墙面灯箱，轨行区灯箱，橱窗广告，LCD 广告，拉布灯箱，广告看板。

2）地铁车站装饰装修工程施工的相关特点

（1）工程施工的时间比较紧迫

对于地铁工程施工来讲，其中地铁车站就是施工过程当中非常重要的一部分，而且整个施工的过程也是非常复杂的。地铁车站主要是由几个部分构成的，即设备区、站台层、站厅层以及出口、入口这几个部分，这其中就包含了很多个系统以及专业方面的知识。而在整个工程施工环节中，其中关于地铁车站的装饰装修工程则是整个地铁施工工程的最后一个工序，这也就产生了工程施工的难度大，工期紧张的特点。那么，在详细的地铁施工过程中，在实施地铁车站装饰装修招标的时候，通常都会把一条线路上几个相邻站点划分为一个标段来进行招标。这其中的工作和土建、机电以及弱电招标施工等都是差不多会同时进行的，而且由于工程的开工时间都是不一样的，但是却要求完工的时间是同一时间，这也就加大了这一阶段性工程施工时间的紧迫性了。

（2）工程施工质量控制非常严格

由于地铁车站在进行装饰装修施工过程中，会受到一些自身的原因或者是被周围的环境所限制等多种因素影响，从而造成了整个工程的施工难度比较大。为此，在施工质量的控制方面也要比一般的工程要更加严格一些。为了更好地确保施工的设备技术的先进性、科学性，确保整个地铁车站的装饰装修效果、观感非常具有创新性，保证施工更加高效化，施工风格更新颖等，所以，在进行选择装修材料的时候，整个环节的管控是非常严格的。因为只有在确保施工质量过关、材料安全的基础上，才能够保证材料的耐用性和环保性。所以，这一个过程当中，可以看出，地铁车站装饰装修工程具备了施工质量控制非常严格的特征。

（3）装饰装修材料组织分配比较难

由于地铁车站在进行装饰装修施工过程中，所面临的环境比较特殊，而且施工交叉的项目也多，这就加大了工程施工材料的组织分配难度。在实际的地铁车站工程施工过程中，由于设备区都是在工程施工的前期就已经完成了，而轨道的运输施工区则又处在地下的位置，并没有设置成一个垂直的运输设备，所以，在进行施工材料的组织以及分配等方面都是要通过人工进行二次搬运的方式才能实现。这样一来，不但加大了工人的工作量，而且还加大了施工人员的工作难度，从而严重地影响了整个工程施工的工作效率，也增加了工作时间，加大了人工成本以及运输成本。

（4）设计变更过多

在进行地铁车站的施工过程中，由于各个专业交叉施工的现象比较多，为此，造成各种管线的施工非常困难，加上地铁车站有特殊性的装饰装修以及有一些比较复杂的影响因素，所以，施工设计图进行变更的事情都是非常普遍的。主要的原因就是在于施工图纸设计和实际地铁施工现场的情况有一些差异，有一些局部的工程不太符合，所以需要对设计图进行变更。再加上如今还有一些建设单位对于变更签证的做法都是通过合同的方式展开的，从而有了相应的制约性。

2.6.4.2 地铁站装修装饰工程中的典型绿色施工技术

1）节能与能源利用技术

在节能与能源利用方面，要加强节约能源的宣传教育工作，培养所有人员的节能意识，养成良好的节能习惯，尽可能降低人为因素造成的能源浪费。地铁站装修施工对照明要求比较高，照明时间比较长，因此要优先选用环保节能灯具，如发光二极管光源、高频无极灯以及高压钠灯等，不仅效果好，而且安全可靠、使用寿命长。在施工机具的选择上，优先使用节能环保型产品，如具有变频功能的机械设备。同时，设备功率要与负载相匹配，保证施工机具的节能、高效运转，做好工序衔接安排，避免大功率机械设备处于非正常运行状态。在安装机电设备时，尽可能选用效率高、耗能低的手持电动工具。另外，要做好机械设备的养护管理工作，使其始终处于高性能、低消耗的状态。

在制订施工方案时，优先采用能源消耗量低、资源浪费量少的施工工艺，提高各机械设备的使用效率和满载率，降低单位耗能；以施工班组、施工区域为单位进行耗能统计，定期进行能耗使用情况的综合对比和评价，按实际情况采取奖惩措施，减少装修材料的二次搬运耗能；做好材料进场计划，合理安排存储位置，保证现场平面布置紧凑合理，既能实现节能目标，又可以减少土地资源浪费。

2）节水与水资源保护技术

根据地铁站装修用水需求，科学设置临时水管和取水点，并在取水点处设置节约用水标牌，安装节水龙头，龙头下方设置存水桶，防止滴水浪费或用水外溅。在施工用水作业面，投入使用节水用具；当施工现场只有 1 个用水作业面时，可通过安装软管与取水点连接，减少取水距离；如果存在多个用水作业面，各作业面在取水运输时必须采取保护措施，可以使用封闭的取水容器，防止水外漏。采用节水施工工艺，例如，在拌料池拌料，减少水外渗；在加气块砌体墙面抹灰前，用喷雾器均匀喷水，这样既能提高抹灰质量，又能节约用水。在临时办公区和清洁区，要合理配置节水器具，采用节水型水龙头、低水量冲洗便池以及节水型加压花洒头等，严格控制施工区域及其他区域的用水量，建立用水台账，做好横向纵向对比评价工作，严格控制用水量的动态变化趋势。在装修期间，充分重视水资源的回收再利用工作，将施工废水经过一定处理后用于降尘、灌溉等方面。

3）节材与材料利用技术

在采购装修材料时，应充分利用本地资源，减少材料运输成本和能源消耗，优先选择符合绿色环保标准的原材料，摒弃污染严重的装饰材料，减少有毒有害物质的释放，同时要保证材料性能能够满足施工要求。在一些临时设施和安全防护设施施工时，尽可能采用定型化、标准化、可拆卸以及可重复利用的材料。例如，在墙面抹灰时使用商品砂浆；在贴面类材料施工前，不断深化装修设计图纸，按现场实际尺寸进行排版设计，减少非整块板材的使用数量；尽量采用自黏型片材，以减少各类黏结剂的使用量等。石材、瓷砖的排版方案要合理，根据空间尺寸选择合适的规格，满足功能性和美观性需求，将小块材料安排在不明显的区域，按最终的排版图纸算料，在工厂加工下料，现场装配施工，减少装修材料的浪费和建筑垃圾的产生。

材料进场时，按相关标准进行质量检测，并合理安排材料的存储位置和环境，尽可能放置在方便使用的地方，减少二次搬运产生的损耗，保证材料存储环境适宜，防止存储不当导致性能损失。制定限额领料制度，定期检查材料消耗情况，分析实际消耗量与计算消耗量之间的差异，有针对性地提出提高材料利用率的技术措施。建立可回收利用物资清单，通过内部消化的方法实现建筑垃圾的减量化和资源化；对于不能内部消化的，可以采用其他方式处理，如将材料包装箱回收送到废品收购站。

4）环境保护施工技术

（1）大气污染控制技术

在地铁站装修工程中，大气污染是环境污染的主要表现形式，需要做好粉尘控制和废气控制。装修施工过程中，会用到很多粉末状材料，如水泥、石膏粉和腻子粉等，还涉及一些会释放有害物质的材料，如乳胶漆、油漆等。在选择这些材料时，要严格控制采购质量，且必须符合相关标准要求。同时，在粉尘性松散材料搬运过程中，要采取有效的覆盖措施，禁止野蛮作业造成粉尘污染，防止出现不必要的粉尘飞扬；在密封环境中储存，同样要采取遮盖措施，降低扬尘产生的可能性。领料时，要注意轻拿轻放，并有效控制搬运次数，加强装修施工过程中的粉尘污染控制。

在加工区域或施工区域，可以设置临时性的移动式小型喷雾降尘机进行降尘控制；切割石材时选用带喷水雾功能的小型石材切割机，有效收集石材粉尘和固体颗粒；打磨腻子时，使用自带粉尘吸收装置的无尘打磨机，将粉尘颗粒吸到收纳装置，缓解粉尘飘扬污染环境的问题；石膏板安装时，根据尺寸需求使用裁切刀裁切，不能使用锯台直接切割；吊顶打吊杆时，使用吊顶神器打孔更加方便快捷，而且能够减少粉尘污染。

除了扬尘控制，地铁站装修过程中还可能存在废气污染，包括机械设备释放的废气以及焚烧产生的废气。消耗柴油、汽油的机械设备应采用无铅汽油和优质柴油，禁止燃烧油毡、沥青、废油棉纱以及木材余料等物质，减少有毒有害气体的产生。

（2）噪声污染控制技术

在装修施工中，噪声污染也比较突出，需要加强源头控制和传播过程控制。尽可能采用噪声较低的绿色施工机械设备，并加强养护管理，使其处于良好的运行状态。同时，不断优化施工工艺，减少电锯、电钻等使用频率和持续时间，避免频繁敲打撞击产生高分贝噪声。在场内运输时，可以使用手拉运输工具；在木工作业时，保证空气压缩机具有完整的降噪防护罩，对一些震动较大的设备，可以设置隔振装置，达到减震降噪的目的。另外，应严格按照噪声限值标准，对施工现场实施噪声动态监测，当进行噪声较大的施工作业时，适当提高监测频率。根据相关规定，还要减少夜间作业时间。在降低源头噪声的同时，可以通过设置一些围护措施，利用隔声、吸声等原理，削弱噪声的传递，如设置隔音防护棚等，有效控制噪声扩散范围。

（3）废弃物污染控制技术

地铁站装修会产生大量的废弃物，如果不能采取有效的处置措施，将会遗留大量的建筑垃圾。对于这些废弃物，要做好回收分类处理，将各种废水、废液收集起来，经过沉淀过滤及其他方法处理后，实现水资源再利用；对于一些无法分解的油污，可以回收后送至专业单位统一处理。尽可能采用减量化施工技术减少废弃物的产生，并通过内部消化实现二次利用，减少垃圾外运成本。

在施工作业面，设置固体废弃物堆放容器，并及时存放到现场设置的封闭堆放场所；工序交接前，必须做到工完场清，施工现场要达到无垃圾状态。回收的固体废弃物安排专人负责分类管理，瓷砖块、混凝土块等非金属块体或颗粒可以用于填筑、找平等方面，木材粉末可以回收用作绿植基层肥料，铁质废弃物可重新回炉加工二次利用。

2.7 深圳市轨道交通 11 号线工程车站主体施工案例

2.7.1 车站概述

深圳市城市轨道交通 11 号线全长 51.5km，其中地下线长 39.3km，占线路总长的 76.3%；高架线长 10.9km，占线路总长的 21.2%；过渡段长 1.3km，占线路总长的 2.5%；全线共设车站 18 座，其中地下车站 14 座(车公庙站、后海站、南山站、前海湾站、宝安站、碧海站、福永站、后亭站、松岗站、碧头站；7 号线农林站，9 号线香梅站，7、9 号线车公庙站)，高架车站 4 座(桥头站、塘尾站、马鞍山站、沙井站)。

车站采用的工法有明挖顺筑法、盖挖顺筑法、盖挖逆筑法；围护结构采用钻孔灌注桩、旋喷桩、地下连续墙等。

车站防水采用结构自防水+全外包防水。根据结构的分段及每段结构施工的顺序，相应地进行外包防水的施工。深圳地铁 11 号线各车站结构形式详见表 2.6。

表 2.6 深圳地铁 11 号线各车站结构形式表

工程名称	长度/m	结构形式	备注
车公庙站	347	lm 旋挖桩、旋喷桩+两层双柱三跨	福~车区间 2 台盾构吊出 车~红区间 2 台盾构吊出
后海站	498	lm 厚地下连续墙+三层双柱三跨	红~后区间 2 台盾构吊出 后~南区间 2 台盾构始发
南山站	310	1m 厚地下连续墙+两层双柱三跨	后~南区间 2 台盾构吊出； 南~前区间 2 台 ϕ6980 盾构机吊出
前海湾站	306	1.2m 钻孔桩、旋喷桩+两层双柱三跨	南~前区间 ϕ6980 盾构机始发； 前宝区间盾构始发
宝安站	296	0.8m 厚地下连续墙+两层单柱双跨	前~宝区间盾构始发； 宝~碧区间右线盾构吊出
碧海站	276.3	0.8m 厚地下连续墙+两层框架	宝~碧区间盾构始发
后亭站	287	lm 厚连续墙+两层二跨	沙~后盾构区间始发 后~松盾构区间始发
松岗站	493	0.8m 厚地下连续墙+两层双柱三跨，局部三层	后~松区间 2 盾构吊出 松~碧区间 2 盾构始发
碧头站	425.9	0.8m 厚地下连续墙+两层单柱双跨	松~碧区间盾构吊出

2.7.2 明挖车站施工方案

1）基坑支护施工

① 地下连续墙支护可适用于多种地质条件(但当连续墙进入硬岩时，需根据基坑深度、支撑体系、岩石风化程度，并参照工程类比予以确定)，并可与内衬共同组成复合墙或叠合墙以承受其荷载。如后海站、南山站、宝安站、碧海站、后亭站、松岗站、碧头站等。

② 采用灌注桩作支护结构时，宜优先采用咬合或组合排桩的布置形式，以发挥灌注桩既挡土又截水的双重功能。如 11 号线车公庙站、前海湾站等。

2）基坑开挖

在围护结构施工完成后进行土方开挖，按“竖向分层、纵向分段、逐层开挖、逐层支护”的方式进行施工。采用反铲挖掘机分台阶接力开挖，每层开挖到钢管支撑下 500mm 后停止开挖，及时架设钢管支撑并施加预加力后再进行下一层的开挖。石方开挖采用液压锤破碎为主，分层控制爆破为辅，挖掘机装碴，挖掘机接力提升至地面装车外运为主，吊机垂直提升为辅，同时要按设计要求边开挖边支撑，直至基底。

3）主体结构施工

主体结构基础开挖到标高后，立即对基坑封闭，进行主体结构施工，钢筋在现场加工、人工绑扎，为保证钢筋混凝土质量，采用钢模板及竹胶叠合模板。其中矩形柱采用组合钢模板；预埋件部位采用钢、木模板相结合，以利埋件的固定和穿出；为便于设置和固定止水带和填缝板，变形缝处的端头模板采用木模板。模板支架采用碗扣式钢管支架，车站主体结构混凝土工程采用商品混凝土，混凝土采用运输车运输，混凝土输送泵泵送浇筑混凝土，浇筑时底板混凝土从一端向另一端推进分段连续浇筑完成，侧墙分层分块，框架分层分段从下往上施工。

4）出入口施工

附属结构施工安排在主体结构施工完成后，回填基槽并恢复原交通道路，方可进行出入口的围护结构施工。出入口基础开挖主要采用明挖施工。

5）明挖基础降排水措施

为确保车站主体基坑的安全，在基坑内采用大口井降水。基坑开挖前半个月必须进行场地降水，创造基坑无水开挖的施工条件，车站主体结构施工期间应连续不断地进行基坑内降水和排水。应将基坑内地下水位降至基坑开挖面以下 1.0m，并持续到车站主体回填完毕。

在每层开挖的基坑周边布置排水明沟，并每隔 30m 设一集水井，以便将基坑内的集水排除。在基坑顶面根据地势做好截水、排水系统，避免地表水流入坑内。

6）施工监控测量

在基坑开挖和主体结构施工过程中，对基坑岩土性状、支护结构的受力状况变化、周围环境条件的变化进行现场动态监测与控制，按照设计文件规定的监控项目、对象、内容、仪器仪表、测点布置、量测频率等制订现场监控计划并组织实施，及时反馈信息，以达到科学指导施工，确保基坑施工安全、稳定。做好监测记录并提供基坑工程监测报告，作为基坑工程中间验收资料。

2.7.3 盖挖车站施工方案

本工程松岗站与6号线十字换乘段采用盖挖逆筑法施工。其盖挖顶板为车站的顶板，利用围护结构连续墙、中间立柱桩和顶板作为盖挖系统，在盖挖系统的保护下，逐层向下开挖土方、施工楼板、内衬墙直到结构底层。

围护结构：同明挖法施工。

基坑开挖：采用挖掘机放坡开挖，渣土从顶板、中板预留孔洞垂直提升，自卸汽车远运外弃。

主体结构施工：主体结构按照从上而下的顺序，先采用钻孔灌注桩施工抗拔桩、结构柱，然后按照顶板→负一层板→负一层侧墙→负二层板→负二层侧墙→底板→负三层侧墙的顺序施工。顶板、中板及底板模板采用土模，泵送商品混凝土浇筑；侧墙采用大块组合钢模板立模，泵送商品混凝土浇筑。

第3章 区间隧道施工技术

3.1 明挖法施工技术

当隧道埋深较浅时，可将上覆一定范围内的覆土及隧道内的岩体逐层分块挖除，并逐次分段施作隧道衬砌结构，然后回填土。这种施工方法称为“明挖法”。采用明挖法修建的隧道(或区段)称为“明洞”。

明挖法的优点是施工技术简单、快速、经济及主体结构受力条件较好等，在没有地面交通和环境等条件限制时，应是首选方法。但其缺点也是明显的，如阻断交通时间较长，噪声与震动较大等。

3.1.1 明挖法的分类

按照对边坡维护方式的不同，明挖法可分为放坡明挖法、悬臂支护明挖法和围护结构加支撑明挖法。应当注意的是，当采用悬臂支护明挖法或围护结构加支撑明挖法时，工程的重点和难点就转化为深基坑的维护问题。

3.1.1.1 放坡明挖法

放坡明挖法是根据隧道侧向土体边坡的稳定能力，由上向下分层放坡开挖隧道所在位置及其上方土体至设计隧道基底高程后，再由下向上顺隧道衬砌结构和防水层，最后施作结构外填土并恢复地表状态的施工方法。

放坡明挖法主要适用于埋置特浅、边坡土体稳定性较好，且地表没有过多的限制条件的隧道工程中。放坡明挖法虽然开挖土方量较大且易受地表和地下水的影响，但可以使用大型土方机械，施工速度快，质量也易得到保证，作业场所环境条件好，施工安全度高。边坡局部稳定性较差时，可采用喷射混凝土进行坡面防护或采用锚杆加固边坡土体。

3.1.1.2 悬臂支护明挖法

悬臂支护明挖法是将基坑围护结构插入基底高程以下一定深度，然后在围护结构的保护下开挖基坑内的土体至设计隧道基底高程后，再由下向上顺作隧道主体结构和防水层，最后施作结构并回填土以恢复地表状态的施工方法。

悬臂支护明挖法常用的围护结构有打入木桩、钢桩、钢筋混凝土预制桩、就地挖孔或钻孔灌注钢筋混凝土桩、钻孔灌注钢筋混凝土连续墙等，以上各种措施也可联合采用。悬臂支护明挖法主要适用于埋置较浅、边坡土体稳定性较差，且地表有一定的限制性要求的隧道工程中。

悬臂围护结构处于悬臂受力状态，靠围护结构插入地基以下一定深度部分的抗倾覆能力和围护结构的抗弯刚度来平衡其基底以上部分所受外侧土压力。其优点是，由于围护结构的保护，开挖土方量小，且基坑内无支撑，便于基坑内土体开挖和主体结构施工的机械化作业，也易保证工程质量。其缺点是围护结构施工较复杂，工程造价较高。

3.1.1.3　围护结构加支撑明挖法

当基坑深度较大，开挖时除采用地下连续墙等围护结构外，还常采用支撑加强围护结构，以抵抗较大的侧压力。支撑分为水平支撑、斜支撑，也可采用锚杆加固围护结构。支撑的设置应考虑施工工艺的要求，支撑的强度、刚度、间距、层数及层位等应根据力学分析计算确定。施工中，应经常检查支撑状态。必要时，对其应力进行监控。

1）斜支撑

当基坑横向宽度较大或形状不规则，不便使用水平支撑时，可采用斜支撑。

斜支撑的施工常采用中心挖槽法开挖基坑内土体至斜支撑基础底高程，浇筑基础，及时安装斜支撑，使支撑一端支承在围护结构上，另一端支承在已浇筑的基础上，并施加预应力，然后开挖其余土体。设有两道或多道斜支撑时，先安装外侧的长支撑，后安装内侧的支撑，并把所有斜支撑基础连为整体，形成结构底板。最后依次浇筑下层侧墙—中板—上层侧墙—顶板，并按要求的时序拆除支撑，完成结构体系转换。

采用斜支撑时，围护结构上部水平位移比较大，易引起基坑外地面及附近建筑下沉，对沉降要求严格的地段应十分慎重，因此基坑开挖深度也受到一定限制。并且斜支撑基础及结构底板需分批施工，工序交错复杂，施工难度大。

2）锚杆支护

锚杆是一种设在基坑外边坡土体内的支护，一般由锚头、拉杆和锚固体三个基本部分组成。

锚头锚固在围护结构上。锚固体在岩石中的为岩石锚杆，在土层中的为土层锚杆。开挖基坑时，作用在围护结构上的侧应力可由锚杆与岩土之间产生的作用力来平衡。锚杆是受拉杆件，可采用高强钢索，充分发挥其抗拉性能。由于锚杆设置在基坑外，可提供宽敞的施工空间，有利于机械开挖坑内土体及组织结构主体施工。锚杆易于施加预应力，从而更好地控制围护结构的水平位移，减小地面及建筑物的沉降量，并能适用于各种形状的围护结构。锚杆可设成单层或多层，开挖深度不受限制；在大面积的基坑中，应用锚杆的经济效益更为显著。

其缺点是工艺复杂，锚杆不易回收，造价较高。当围护结构四周建筑物有密集的深基础时，不宜采用。锚杆的蠕变会降低其承载力。在流沙地层中，若锚头预留孔口与锚杆套筒之间的空隙过大，易发生涌水涌沙，引起坑外地面和建筑物沉降。锚杆的施工方法是开挖至锚杆所需高程，钻孔插入钢索后注浆，注浆 7~10d 后对锚杆施加预应力。

3）水平支撑

常用的水平支撑形式有横撑和角撑，基坑拐角或断面变化处设角撑，其他一般用横撑。除环形围护结构采用环梁支撑外，其余是受轴向压力的直线型支撑。支撑可用木材、钢筋混凝土构件、钢管、型钢及型钢组合构件等，这样的支撑拆装方便，占据空间较小，回收率高，还可以做成工具式支撑，故在实际工程中应用较多。

采用水平支撑的优点是：墙体水平位移小，安全可靠，开挖深度不受限制，但其要求围护结构的平面形状比较规则，以矩形为最佳。开挖基坑宽度较大时，支撑应加设中间支柱来保持其稳定性。中间支柱应在开挖前按设计位置做好。

3.1.2 围护结构施工

地下铁道明挖基坑所采用的围护结构种类很多，其施工方法、工艺和使用的施工机械也各异，因此，应根据基坑深度、工程地质和水文地质条件、地面环境条件等，特别要考虑到在城市环境下施工这一特点，经综合比较后确定。

3.1.2.1 钻孔灌注桩围护结构

1）成孔方法

钻孔灌注桩一般采用机械成孔。地下铁道明挖基坑中所用的成孔机械多为螺旋钻机和冲击式钻机。正反循环钻机由于采用泥浆护壁成孔，噪声低，适于城区施工，在地下铁道基坑和高层建筑深基坑施工中得到广泛应用，但应注意泥浆处理问题，避免污染城市环境。

干法钻孔灌注桩施工工艺流程见图3.1，泥浆护壁钻孔灌注桩施工工艺流程见图3.2。

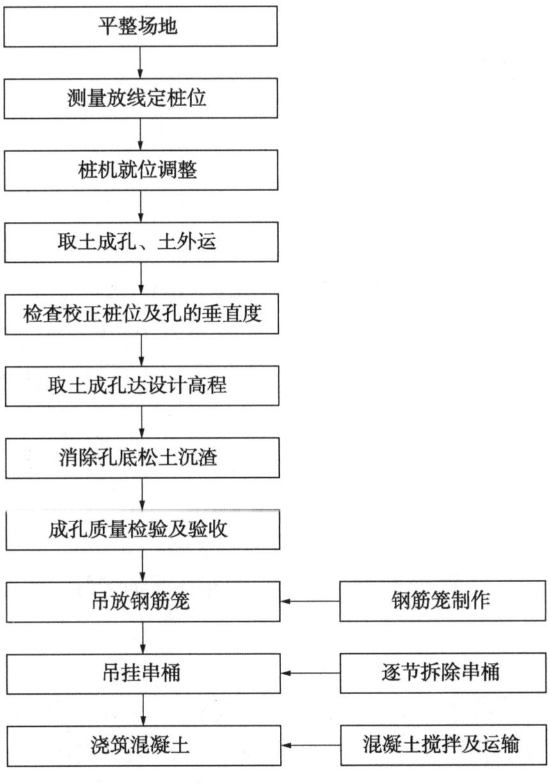

图3.1 干法钻孔灌注桩施工工艺流程

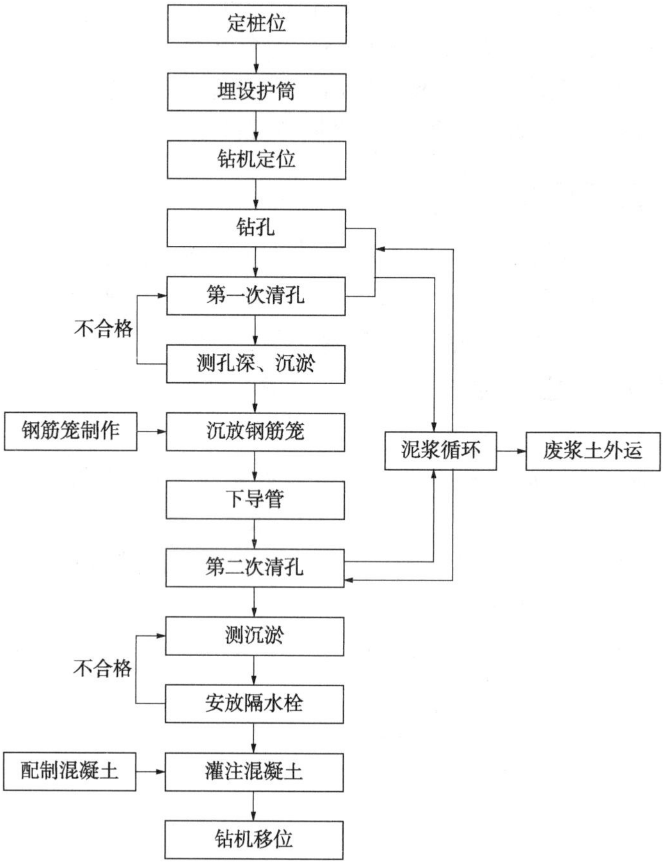

图 3.2　泥浆护壁钻孔灌注桩施工工艺流程

（1）螺旋钻机成孔

螺旋钻机分长螺旋钻机和短螺旋钻机两种。由于地质条件限制，长螺旋钻机应用较广，短螺旋钻机由于钻进中挤入钻杆叶片间的土，要把钻头提升到地面后反转甩出，所以需反复钻进和提升，孔壁扰动后易于坍塌，在黏性土中较为适用，其他软土地层则受到一定限制。

长螺旋钻机钻孔直径一般为 300~800mm，钻深可达 25m，而短螺旋钻机钻孔直径一般为 400~500mm，钻深可达 35m。

螺旋钻机一般只适宜干作业钻进，如在有水环境下钻进，其施工程序为：钻孔至孔底→随压浆随提升钻杆→吊放钢筋笼后灌注混凝土→形成钢筋混凝土桩。此种钻孔方法，因随提钻随压水泥(砂)浆护壁，解决了螺旋钻机水中钻进的问题。

（2）钢丝绳冲击钻机成孔

利用悬吊着的钻头的冲击力，将钻孔内的土或岩层冲碎，并采用泥浆护壁，通过捞碴将钻孔内的大部分泥土清出孔外。其操作要点为：钻孔前，先在孔口处埋设护筒，然后使钻机就位，并使钻头中心对准护筒中心；钻进过程中当深度在护筒底以下 3~4m 时，应低锤冲击，锤高控制在 0.4~0.6m，并及时加泥浆护壁，保持孔壁稳定；钻进中，每冲击 3~4m 掏一次碴，并及时加水保持孔内水位高度，防止坍孔，掏完碴后向孔内加护壁泥浆并保持正常浓度。这样反复冲孔、掏碴、注浆，直至设计深度。

(3) 正循环回转钻机成孔

这种成孔方式是在钻机驱动钻具回转钻进的同时，使冲洗液沿钻杆与孔壁之间的环形空间上升，从孔口返回沉淀池，形成正循环回转钻进。钻机的主要部件有：转盘、马达、卷扬机、钻架、钻杆、钻头和水管等。

(4) 反循环回转钻机成孔

反循环回转钻机成孔时，冲洗液流向从地面沿钻具与孔壁间的环形空间，或从采用专门管线以及双壁钻杆的外环间隙流向孔底，然后沿钻杆的中心孔上升返回地面，形成反循环排碴回转钻进。其主要设备与正循环钻进成孔基本相同，但一般不需要泥浆泵，按吸升泥浆和排碴方法不同，需配置吸泥泵与真空泵或空气吸泥机和水力吸泥机等。反循环钻孔，一般有气举法、泵举法和泵吸反循环法等，可根据具体情况选用。

2) 钻孔灌注桩混凝土配制与灌注

(1) 混凝土应满足要求

按设计配合比配制；坍落度为：水下混凝土 18~22cm，干作业混凝土 12~18cm；强度要达到设计要求，基坑开挖后桩身无蜂窝、麻面、断桩、夹泥等不良现象。

(2) 混凝土灌注的两种类型

① 干孔灌注：一般采用直接由孔口倾倒入孔方式。由于桩身较长，依靠混凝土的自重即可以将其振实。

② 水下混凝土灌注：通常采用导管灌注方式，混凝土通过导管连续灌入桩孔内。为方便混凝土灌注，导管顶部应放置漏斗。第一次灌注混凝土时，导管应事先在地面组装好，经检查合格后吊入桩孔，并在导管底部装隔水塞(如用橡皮球封堵)，但不要妨碍混凝土顺利排出。导管底距桩孔底高度不宜超过 500mm。

在灌注混凝土过程中，导管应保持埋入混凝土内 2~3m，并严格控制导管拆卸时间，一般不超过 15min，混凝土灌注要连续进行。在灌注混凝土的同时，应测量混凝土的上升高度，以便及时提升和拆卸导管。桩身混凝土达到设计强度后方可进行土方开挖。

3.1.2.2 挖孔灌注桩围护结构

挖孔灌注桩又称人工挖孔桩，因其具有应用灵活，无机械噪声和泥浆污染，易调整纠偏和控制精度，对施工场地和机具设备要求不高和造价低等优点，而被广泛用于基坑围护结构和建筑物基础。挖孔桩施工工艺流程见图 3.3。

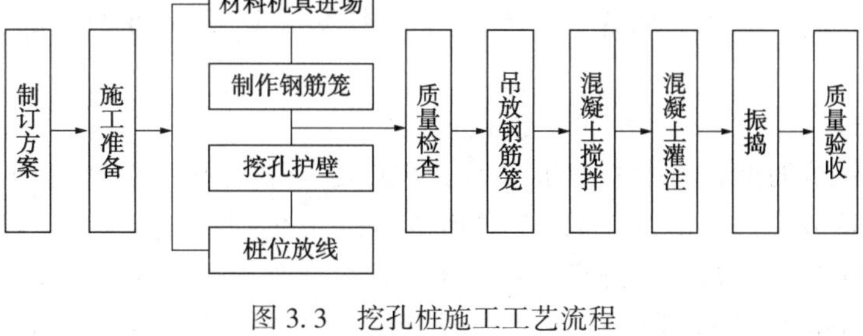

图 3.3 挖孔桩施工工艺流程

1）成孔方法和步骤

挖孔桩通常是由工人用手持式工具挖掘成孔，并用手摇或电动绞车和吊桶出土。每挖一节桩身土方后，随即立模灌注混凝土护壁，逐节交替地由上往下进行，直到设计标高。随着井身加深，应即时安装通风、照明、通信等设备。若挖至地下水位以下，一般可采用潜水泵排水，但为防止挖孔底部坍方，排水量不应超过60L/min。若水量过大，则应预先人工降水或进行注浆加固，然后再挖孔。

挖孔桩的最小直径为800mm，但为了工作方便以不小于1200mm为宜。为了防止挖孔坍塌，保证施工安全，每节桩身开挖长度宜控制在0.9~1.0m，在困难地质条件下，每一节的开挖长度尚应减少。混凝土护壁厚度为10~15cm，必要时可配置一定数量直径6~10mm的钢筋，混凝土强度等级为C20。特大直径的挖孔桩，其混凝土护壁的尺寸和构造应专门设计。混凝土护壁留在挖孔内成为桩身的一部分。

挖孔桩桩身混凝土的制备和灌注方法及技术要求与钻孔桩的相同。

2）挖孔桩的施工安全措施

挖孔桩施工，安全是头等重要的问题，除上面已提到的要求外，尚应注意以下事项：

① 要有足够的现场调查资料和现场管理经验，并严格按操作规程施工。

② 要加强地面观察，检查是否产生异常的沉陷现象。

③ 在孔口应设置围栏和工作平台。

④ 设置通风系统和瓦斯检测仪器。

⑤ 井下挖土工人应戴安全帽、保险吊带、防毒口罩，挖孔内还要设置救生吊梯。

挖孔灌注桩的使用范围还是有限制的，地层必须有一定的自稳能力，地下涌水量不能太大，挖孔深度不宜超过30m，但世界上挖孔深度也有超过100m的。

3.1.2.3　钻孔咬合桩(墙)围护结构

钻孔咬合桩(墙)是一种桩间相互咬合排列的基坑围护结构，其具有抗渗能力强、无需泥浆护壁、无振动、无噪声、对环境影响小、造价低等优点，适用于软土地层的深基坑。

1）工艺原理

钻孔咬合桩是采用钻孔机械成孔，套管护壁，灌注混凝土并拔除套管，桩与桩之间通过切割相互咬合排列的一种基坑围护结构形式。为便于切割，桩的排列方式一般设计为一个素混凝土桩(A桩)和一个钢筋混凝土桩(B桩)间隔布置，施工时先施工A桩，后施工B桩。A桩混凝土采用超缓凝型混凝土，要求必须在A桩混凝土初凝之前完成B桩的施工。B桩施工时，利用套管钻机的切割能力切割掉相邻A桩相交部分的混凝土，实现咬合。

2）成孔方法

首先使套管钻机的抱管器中心对准导墙孔位中心，然后利用正反扭动和加压将第一节套管压入土中，每节套管长度约7m，一次压入深度1.5~2.5m，再用抓斗从套管内取土，边抓土边继续下压套管，始终保持套管底口超前开挖面深度不小于2.5m。第一节套管入土后只剩下1.2~2.0m(便于接管)后，检测垂直度，如不合格需及时纠偏调整，如合格则安装第二节套管继续下压取土，如此循环，直到达到孔底设计标高。

3）施工过程

（1）吊放钢筋笼

如为钢筋混凝土桩，成孔检查合格后，即可吊放钢筋笼，此时应采取有效措施保证钢筋笼标高正确。

（2）灌注混凝土

如孔内有水，需采用水下混凝土灌注法施工；如孔内无水，则采用干孔灌注法施工，此时应加强振捣。

（3）拔管成桩

边灌混凝土边拔管，应注意套管底口始终要低于混凝土面不小于2.5m。

（4）纠偏

成孔过程中的纠偏方法有以下两种：

① 如果偏差不多或套管入土不深(小于5m)，可利用钻机上的顶升千斤顶和推拉千斤顶直接纠偏。

② 如入土5m以下发生较大偏移，则需用顶升千斤顶将套管提升至上一次检查合格处，然后调直套管，垂直度合格后再重新压下。顶升套管时，对于A桩，需边往套管内填砂或黏土边拔管；对于B桩则需往套管内填入与A桩相同的混凝土，否则有可能在桩间留下土夹层，影响围护结构的防水效果。

其他成桩方法也能形成咬合桩，但均需切割已硬化的混凝土，施工远比钻孔咬合桩麻烦。

3.1.2.4 SMW桩(墙)围护结构

SMW桩(墙)是利用搅拌机械就地切削土体，然后注入水泥系混合液搅拌形成均一的水泥土，最后按一定排列方式在其中插入型钢(如H钢)，形成一种劲性复合围护结构。由于桩间互相咬合，故止水性好，而且构造简单，施工速度快，型钢可回收重复使用，成本较低。

目前SMW桩(墙)的截面形式有：密插、三插二、二插一。可视土压力大小和抗渗性要求选定。SMW桩(墙)的施工工艺流程如图3.4所示。

1）施工方法

采用三轴或多轴型旋转搅拌钻孔，一边钻进一边由钻头处向外喷出水泥固化剂，经与地基土反复搅拌形成均一的水泥土混合体，并在其接硬前插入涂满“减摩剂”的型钢作为加劲材料，待水泥土硬化后便成为具有一定强度和刚度的基坑围护结构。SMW桩围护结构各桩间一般均采用重叠搭接施工。

2）水泥土配合比

用水泥作固化剂时，水泥与水反应生成水泥水化物，再与黏土矿物反应，逐渐生成不溶于水的稳定的结晶化合物，从而提高土的强度。因此，所用

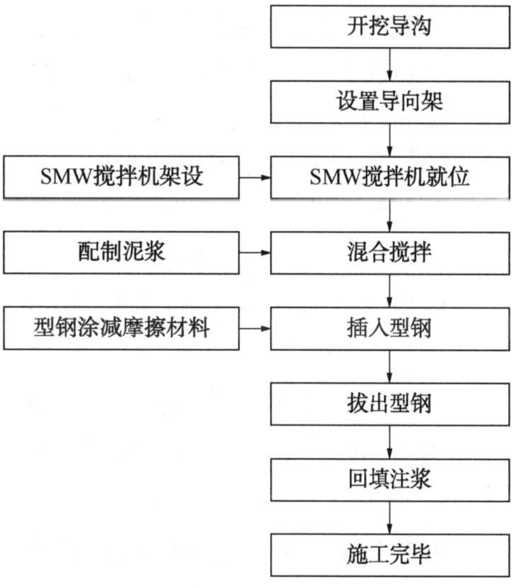

图3.4 SMW工法施工工艺流程

水泥和外加剂(如木质素磺酸钙、石膏、磷石膏、三乙醇胺等)的掺入量应根据强度要求通过现场试验确定。

3) 入土深度

SMW 桩(墙)的入土深度包括：水泥土搅拌桩的入土深度和型钢的入土深度。水泥土搅拌桩入土深度主要取决于防止基坑管涌和基底起鼓的要求，与一般基坑围护结构入土深度确定方法相似。型钢的入土深度主要由基坑的抗隆起稳定性和围护结构的强度和刚度要求，以及能否顺利拔出，保证回收等条件决定。根据试验，型钢涂了减摩剂后其上拔阻力减少95%，单位面积摩阻力约为30kPa。一般情况下，型钢的入土深度小于水泥土搅拌桩的入土深度。

由上述可知，SMW 桩(墙)围护结构主要适用于淤泥、淤泥质土、粉土和含水量较高的黏性土等地层。

3.1.2.5 土钉墙围护结构

土钉墙围护结构是在隧道新奥法原理的基础上发展起来的，故又称为深基坑的“喷锚网支护结构”。所谓土钉，就是置于基坑边坡土体中，以较密间距排列的细长金属杆。土钉依靠它与土体接触面上的黏结力或摩擦力，与其周围土体形成一个有自承能力的挡土墙体系，承受未置土钉土体施加的侧压力，以保持基坑边坡的整体稳定性。

土钉墙围护结构用于深基坑开挖的做法如下：从上到下分段开挖土方，每段高度一般为1~2m，随开挖随在开挖面上设置土钉，然后挂网喷混凝土。也可先挂网喷混凝土，后设置土钉，视土质而定。土钉可击入土体，但通常是先钻孔，然后插入土钉并沿全长注浆。

土钉与锚杆有相似之处，但作用机理不尽相同。除锚固段外，锚杆沿全长受到同样的拉力，并将该拉力通过锚座传给面部的挡土墙或桩，但土钉受力沿其长度是不均匀的，土钉支护中的喷混凝土面层不属主要受力构件。土钉间距小而数量多，锚杆间距大而数量少。土钉与灌浆锚杆相同之处较多，但土钉一般都较短，而灌浆锚杆则较长。

土钉墙施工方法如下：

① 钻设钉孔。采用钻机或人工钻设，孔径一般为100~150m。孔深根据地质情况一般为基坑深度的70%~100%，孔距为0.5~2m，倾斜度为13°~20°。

② 加工并安装钉杆。钉杆可采用螺纹钢筋，孔口处留有弯钩，以便与墙体网片焊接，钉杆与注浆管要绑扎牢固。为保证钉杆置于孔中心，每隔2m左右设置一支撑环，钉孔钻好后即可安装钉杆。

③ 注浆。钉杆安装完毕，即可进行注浆。浆液可采用水泥浆或水泥砂浆，其强度不低于20MPa，水灰比为0.4~0.5。根据需要可掺早强剂、微膨胀剂等外加剂，注浆压力保持在0.4~0.6MPa。

④ 水泥砂浆达到设计强度后，对土钉施加设计荷载10%~20%的预加应力。

⑤ 挂钢筋网，并将纵向加强筋与钢筋网和土钉之间焊接牢固。

⑥ 以上工作做好后，即可喷射混凝土。其强度不低于20MPa，厚度为7~10cm。

3.1.2.6 地下连续墙围护结构

在基坑较深、地质条件差、地下水位高时，一般需要采用地下连续墙作为基坑的围护结构。当条件适宜时，常常配合土层锚杆或横撑一并使用。

1）单元槽段划分

现浇钢筋混凝土壁式地下连续墙是以单元槽段进行挖掘的，其长度根据地质、地面环境、起重能力、混凝土和泥浆供应，以及槽段之间的接头位置等条件确定。一般槽段长度为6~8m，也有采用10m或更长的情况。但遇有下列情况之一者宜采用挖掘机的最小挖掘长度，并且一般为2~3m。

① 极软弱地层。

② 易液化砂土层。

③ 相邻建筑物侧压力较大。

④ 规定的最短作业时间必须完成一个单元槽段。

⑤ 坍塌可能性大的砾石层。

⑥ 拐角等形状复杂处。

⑦ 预计泥浆有急速漏失可能性时。

2）导墙施工

在地下连续墙施工中，导墙起着重要的多方面的作用，在地下连续墙施工前修筑。导墙一般有钢制、钢筋混凝土现浇或预制的。在采用现浇钢筋混凝土作导墙时，如果地表土层较好，具有足够的地基承载力，在导墙施工期间能保持侧壁垂直自立时，常采用Γ型导墙；如果地表土开挖后侧壁不能垂直自立，常采用L型导墙，导墙高度一般为1.5~2m。

导墙施工时，其内墙面应平行于地下连续墙轴线，误差不大于±10mm；内外导墙净距应为地下连续墙厚加50mm，净距误差不大于±5mm；导墙内侧面必须垂直，其顶面应水平，全长范围内高差不大于10mm，局部高差不大于5mm。

现浇钢筋混凝土导墙拆模后，应随即用方木将左右两片导墙支撑牢固，在导墙未达到设计强度前重型机械不得在旁边行走，以免导墙变形。

3）泥浆护壁

泥浆主要以固壁为主，并有携砂、冷却和润滑的作用。其主要成分为膨润土、掺和物和水。膨润土为颗粒极细、遇水膨胀并且黏性和可塑性都很大的黏性土。国内采用商品陶土粉加入适量纯碱而获得稳定性较好的膨润土。掺和物有加重剂、增黏剂、分散剂和堵漏剂等，其作用分别是调整泥浆密度、黏度、凝胶化倾向、失水量、钙离子含量、防止渗漏等。

地下连续墙施工用的泥浆，多采用搅拌方法制备。高速回转式搅拌机是常用的搅拌机械，它是通过高速回转(200~1000r/min)叶片，使泥浆产生激烈涡流，从而把泥浆搅拌均匀。

在地下连续墙施工中，泥浆与地下水、泥土和混凝土接触，因此，泥浆中的膨润土、掺和料等成分会有消耗，而且还会混入一些土碴和电解质离子等，使泥浆污染而质量恶化。被污染的泥浆，应根据具体情况进行处理，处理方法主要有机械处理和重力沉淀处理两种，两种方法联合使用效果较好。经处理后合乎标准要求的泥浆可重复使用，其土碴应废弃。

4）挖槽

在地下连续墙的施工中，挖槽施工占整个工作时间的一半左右，因此，提高挖槽效率是非常重要的。同时，挖槽土壁形状基本上决定了墙体外形，其精度又是保证地下连续墙质量的关键之一，特别是垂直度，必须保证设计要求。国内地下铁道设计规范中规定，连续墙墙面倾斜度不宜大于1/150，局部突出不宜大于100mm，且墙体不得侵入隧道净空。如果地下连续墙为单一墙、重合墙或复合墙结构，当埋深15m时，其倾斜值可达10cm，故应更严格掌握其垂直度，不然就有可能侵入隧道净空。为提高工效，保证工程质量，应根据地质条件和施工环境合理地选用挖槽机具。根据对地质条件的适应性，大致可以将用于地下连续墙施工的挖槽机械分为如下三类：

① 抓斗式挖槽机。利用抓斗自重切入土中挖掘土壤，提升抓斗将土带出，它适用于较松软的地层，标准贯入度不超过50。

② 切削式挖槽机。又可分为钻式和轮式，它们是利用钻头或铣轮切削地层，反循环排碴。钻式挖槽机应用范围较广，对于软土(标准贯入度3~5)、硬土(标准贯入度50~150)都能适用。轮式挖槽机配有硬化钨齿，适用于饱和单轴抗压强度<50MPa的岩石。

③ 冲击式钻机。通过各种形状钻头的冲击力破碎地层，并借助泥浆循环把渣土携带出槽。它不但适用一般软土层，而且对卵石、砾石、风化岩层亦可适用。这种钻机构造简单，价格低廉，但施工中噪声、振动较大，废弃泥浆也会污染环境。

在挖槽施工中，应严格按操作规程进行，并利用挖槽机上设置的测斜纠偏设备随时调整挖槽的垂直度，采取措施尽量避免槽壁壁面坍塌，以确保安全和工程质量。当挖至槽底后，应进行清槽，置换出槽底稠泥浆和清除槽底沉淀物，以保证墙体质量。

5）钢筋笼制作与吊装

（1）钢筋笼制作

钢筋笼应根据单元槽段按设计尺寸加工制作，最好做成一个整体。如需分段接长时，接头可用焊接或套筒冷挤压连接。钢筋笼下端的纵向主筋宜向内弯转，以防吊装时擦伤槽壁。为保证钢筋笼具有一定刚度，防止吊放时变形，一般还应设置纵向桁架和主筋平面内的水平和斜向拉条，并将闭合箍筋与主筋点焊成骨架。

钢筋笼制作时，应根据预先确定的导管位置，在上下贯通的导管周围增设箍筋进行加固。为使钢筋不致卡住导管，纵向主筋应放在内侧，横向筋放在外侧，纵向筋底端距槽20~30cm。

钢筋笼主筋保护层一般为7~8cm，水平筋端部距接头管和混凝土接头面应留有10~15cm间隙。为保证保护层厚度，一般在纵向主筋上，每隔3~4m设一排垫块，每排每个面不少于2块。垫块高度一般为50~60mm，用钢筋或扁钢制成。

地下连续墙与主体结构顶、底、楼板或梁相连接处，如采用预留锚固钢筋的形式，在制作钢筋笼时应一并考虑，并保证其质量。

（2）钢筋笼吊装

一般钢筋笼长度若小于15m，采用整体制作并吊装；若超过15m可分节制作并吊装。吊装时，先吊放一节入槽，穿入扁铁条架定，然后将上节钢筋与下节钢筋连接好后，继续沉至槽底，并将上节钢筋笼固定在导墙上，再进行混凝土灌注。

6）混凝土灌注

（1）混凝土配制

混凝土除满足设计强度外，还应考虑导管法在泥浆中灌注混凝土的特点，如和易性要好、流动性要大，以及缓凝对混凝土强度的影响等。因此，混凝土一般比设计强度提高

5MPa。一般采用32.5级或42.5级的普通硅酸盐或矿渣水泥；粗骨料宜采用卵石，一般粒径不大于40mm，并采用粗砂；水灰比不大于0.6；单位水泥用量不小于370kg/m^2；含砂率宜为40%~45%；坍落度宜为18~22cm，扩散度宜为34~38cm。

(2) 混凝土灌注

混凝土采用导管法灌注，导管直径一般为150~250mm，每节长2~3m，并配备1~1.5m的短管以调整长度。各节导管之间连接处应加橡胶垫圈密封，以便防止水进入导管。

导管水平布置间距一般在2.5~3m，距槽端不超过1.5m，距槽底一般为0.4m或1.5D（D为导管直径）。

导管底采用球胆或柱型混凝土塞，防止泥浆灌入管中。灌注混凝土时，将球胆或柱塞压出。混凝土灌注过程中，要时刻保持导管埋入混凝土中2~4m，最小不得小于1.5m，最大不超过6m。导管随灌注随提升，避免脱空现象或提升过晚而拔不出来。

混凝土应一次灌注完成，不得中断，并在6h内灌注完毕，以保证混凝土的均匀性；灌注过程中，要保持槽内混凝土面均匀上升，并使混凝土面上升速度不小于2m/h。各导管混凝土面高差要均匀一致，最大不超过0.3m。导管提升速度要和混凝土上升面相适应。混凝土灌注过程中，要随时测量混凝土面标高，测算混凝土面上升高度和导管下口与混凝土面的相对位置，并做好记录。混凝土灌注至距墙顶面3m时，可在槽内放水稀释泥浆，并适当减慢灌注速度，以减少混凝土排除泥浆阻力。当混凝土灌注至顶面时，应清除顶部浮碴。

3.1.3 土方工程施工

3.1.3.1 基坑土方开挖

1）基坑开挖应具备的条件

① 已拟定出开挖实施方案。

② 基坑内地下水位已降至开挖面以下0.5m。

③ 弃(存)土地点已经落实。

④ 地下管线已经改移或悬吊完毕。

⑤ 运输道路及行走路线已经确定并取得了有关部门同意和认可。

⑥ 现场拆迁已完成，场地清理干净，排除地面水并做好测量工作。

⑦ 施工机械、车辆已维修保养好。

2）基坑开挖常用的机械设备和车辆

一般采用的机械设备有推土机、挖掘机、铲运机和大型翻斗运输车等。

3）设置运输马道

为满足机械车辆出入基坑的需要，应设置马道，其坡度一般为1∶7。设置位置要因地制宜，通常300m左右设置一条，并尽量利用车站出入口和通风道处作为马道，以减少土方的开挖数量。

4）土方开挖

土方应分层开挖，每层开挖深度一般为4~6m，并在纵向设置一定的坡度。如果采用有围护结构的基坑，土方开挖尚需与横撑、锚(钉)杆的施工相配合，充分利用地层的时空效应，防止基坑产生纵向滑坡。为防止基底扰动和超挖，当机械挖至设计标高以上10~20cm

时，应采用人工清底。

3.1.3.2 基坑回填

基坑回填前，应选好土料(以砂性土为宜)，清理基底，做好质量控制的准备工作。

基坑应分层并从低处开始逐层回填并压实。基坑边坡与主体结构之间狭窄之处，应采用人工回填。地下管线处应从两侧用细土均匀回填。特殊部位处理好后，再采用机械进行大面积回填。为确保回填密实度，在回填过程中，应根据规定进行密实度检查，合格后方可回填上层土。

3.1.4 主体结构施工

3.1.4.1 钢筋工程

1）钢筋加工

地下铁道工程在城市施工，场地狭窄，因此钢筋一般采用工厂加工好后运至现场安装。区间隧道结构断面形式统一，所以可采用点焊钢筋骨架，以减少现场绑扎工作量，减轻劳动强度，保证工程质量。

工厂加工钢筋及骨架，均应按规范和设计要求进行。出厂前进行检查验收，合格后才能运往施工现场进行绑扎安装。

2）钢筋绑扎与安装

为保证钢筋绑扎质量，绑扎前要做好以下工作：

① 认真熟悉设计图纸，拟定施工方案，确定绑扎顺序，并做好技术交底。

② 核对并检查钢筋数量、类别、型号、直径等是否与设计相符。

③ 检查结构位置、标高和模板支立情况，无误后测设钢筋位置。

④ 清理模板内杂物并准备好绑扎铁丝和工具。

施工准备做好后，按规范和设计要求进行绑扎。若施工中采用套筒冷挤压、锥螺纹、电碴压力焊等施工技术连接钢筋，要按相应的规范规定施工，以确保工程质量。钢筋绑扎完毕应进行隐蔽工程验收，合格后方可进行下道工序。

3.1.4.2 模板工程

明挖地下铁道的车站和区间隧道多为钢筋混凝土框架结构，表面积大，模板用量多，所以做好模板设计工作是非常重要的。为保证钢筋混凝土质量，应尽量采用钢模板或胶质叠合板，有条件的地段，可采用模板台车。但在车站、通风道和车站出入口等处，由于预埋件较多，应考虑采用钢木模板的结合，以利预埋件的固定和穿出。

对于方形或矩形柱可采用组合钢模板，而圆形柱多采用对装成节的钢模板或玻璃钢模板；变形缝处的端头模板要便于设置和固定止水带和填缝板，因此应采用木模板。模板支架多采用钢管支架。如有围护结构，则边墙的外模板、支撑和穿孔螺栓均可取消。

1）模板的基本要求

① 模板应事先设计，并进行计算，保证模板及支架的强度、刚度和稳定性。

② 模板接缝严密不漏浆并涂隔离剂，以利拆模。

③ 模板必须保证各部位形状尺寸和相互间位置的正确性。

④ 模板要考虑多次周转使用及方便安装和拆除，对混凝土无损伤，并方便钢筋绑扎和混凝土灌注。

⑤ 结构顶板模板支立时应考虑 1~3cm 的沉降量。

2）模板台车

明挖法施工的区间隧道断面是定型的，而且结构长，因此应采用模板台车灌注混凝土，以实现模板拆装、运输机械化，加快施工进度，减轻劳动强度，保证工程质量。

模板台车是利用钢模板铰接折叠原理，采用设于台车上的机械手的推、拉、顶的作用来实现拆支模板，其施工程序和操作要点为：

① 支模板。台车载着模板运至安装地点后，分别伸出垂直、水平、斜拉千斤顶，将模板顶出并就位。

② 拆模板。台车运至拆模地点后，分别伸出垂直、水平、斜拉千斤顶与模板铰相连，分别收缩斜拉千斤顶和垂直、水平千斤顶，将模板拆下。

3.1.4.3 混凝土工程

地下铁道区间隧道结构的材料、配合比、搅拌、运输和混凝土灌注等均应符合防水混凝土工程的要求。地下铁道处于城市范围施工，其混凝土大多为商品混凝土，采用搅拌站集中生产，搅拌车运送，用泵车输送至灌注地点。区间隧道结构施工程序：底板、中边墙、顶板。因此，混凝土灌注也须按这一程序进行。

1）钢筋混凝土工程施工要点

① 结构底板、墙、顶(楼)板钢筋混凝土施工，均应以变形缝划分区段，间隔施工，并一次灌注完毕。

② 顶(楼)、底板以台阶分层进行灌注，墙及柱子分层水平灌注，并保证上下层覆盖时间不超过 2h。

③ 钢筋与模板间必须用砂浆或塑料垫块垫紧，以保证钢筋保护层厚度。

④ 混凝土如产生离析现象，应进行二次搅拌，均匀后方可灌注。混凝土灌注高度超过 2m 时应加串筒。

⑤ 混凝土采用高频振捣器振捣，并在底、顶(楼)板混凝土初凝之前用平板振捣器再进行一次振捣，以消除泌水，确保混凝土密实。

⑥ 在预埋件多和钢筋密集处需采用同强度等级的细石混凝土灌注，保证不漏振。

⑦ 变形缝止水带处，顶、底板应掀起止水带灌注其下混凝土，并认真振实，将止水带缓慢压在下层混凝土上后，再灌注其上混凝土。边墙处止水带应采用铁丝将其拉紧于边墙立筋上，防止混凝土灌注时将止水带压偏。

⑧ 施工缝尽量少留或不留。隧道底板与边墙施工缝留在底板表面以上 20~30cm 处，并尽可能做成凹形、凸形或台阶形。混凝土灌注之前要凿毛，清除浮渣和杂物，用水清洗并保持湿润。灌注混凝土时先铺放 20~30mm 厚的同强度等级砂浆，再正式灌注混凝土。

⑨ 在灌注墙、柱与板交界处应停歇 1~1.5h 后再继续灌注混凝土。

⑩ 在灌注混凝土过程中，要派专人观测模板、支架、钢筋、预埋件和预留孔洞处的情况。发现变形、移位等，应及时采取措施进行处理。

⑪ 加强混凝土养护，混凝土灌注终凝后及时采取措施，保持混凝土表面经常湿润。

2）混凝土工程中的收缩开裂问题

（1）混凝土收缩开裂的原因分析

混凝土产生裂缝的主要原因是不均匀收缩，而下列原因可能引起不均匀收缩：

① 混凝土中胶凝材料的水化作用。它将引起混凝土体积收缩，其值一般在$(40\sim60)\times10^{-6}$。这种收缩虽然是均匀的，但不同构件浇筑时间不同，水化作用有先后，相邻部分的相互牵制、约束就会产生附加应力，有可能使受拉部分形成裂缝。

② 水泥的水化热作用。混凝土在硬化过程中，水泥水化产生水化热，并通过边界将部分热量向四周传递(散热)，故混凝土中心部位的温度比其外层的高，散热速度则比外层慢，特别是拆模后，夜间混凝土表面温度可能骤降，使里外产生巨大温差。通过计算得出，如矩形框架这种混凝土结构，15~20℃的温差就会产生裂缝。在混凝土冷却期间裂缝就会进一步向内发展，当中心部位的温度也下降时，裂缝有可能会闭合。

在浇筑底板以上的侧墙时，因水化热作用，侧墙升温而膨胀，但受到底板的约束，侧墙中就会产生压应力，底板产生拉应力。冷却期情况正好相反，底板受压，侧墙受拉而将可能开裂。显然，混凝土体积越大，水泥水化热越高，拆模时间越短，温度梯度越大，收缩开裂也越严重。

③ 混凝土失水干缩作用。置于未饱和空气中的混凝土会因水分散失而引起体积缩小变形，其值在$(200\sim1000)\times10^{-6}$范围内。较之水化作用产生的体积收缩大 10 倍左右，但干缩作用是可逆的，吸水将产生膨胀，而且大体积混凝土内部不存在干缩问题，因此只要及时洒水养护就可以避免。

（2）控制混凝土收缩开裂的措施

引起混凝土不均匀收缩的原因很多，包括设计、施工、材料、养护等各个方面。因此，必须在各方面都严格控制才能使结构具有良好的抗裂性。

① 优化混凝土配合比。首先要选用水化热较低的水泥品种，如含火山灰、磨细矿渣的水泥。其次要控制水泥用量，增加粉煤灰比例，一般每立方米混凝土的水泥用量不宜超过 280kg，粉煤灰不低于胶凝材料的 30%。使用颗粒级配合适的粗骨料可以减少水泥用量。为了使钢筋周围的混凝土密实度符合要求，需要限制骨料的尺寸。

减少水灰比可以降低单位时间产生的水化热，控制混凝土坍落度在 100(车站结构)~120mm(区间隧道)内。当影响泵送或振捣时，可添加高效减水剂，改善其工作性能。

② 在混凝土施工中应注意以下方面：

缩短施工缝间距，分段长度宜控制在 16m 以内，底板、边墙、中板、顶板应分别浇筑，但应缩短浇筑间隔时间，以减少相邻混凝土块的温差和温度应力。设置后浇带时，其宽度宜在 1.4m 左右，并待相邻混凝土浇筑 30~40d 后再浇筑后浇带的混凝土(可能延长工期)。

严格控制混凝土入模温度，一般不应超过 30℃，特殊情况不宜高于 32℃，必要时可掺冰水拌和混凝土。

采用复合式结构时，围护结构表面应用喷混凝土找平，并堵漏修补，使内衬结构能在无渗漏条件下施工，同时亦可减少围护结构对内衬的约束。

延长拆模时间可避免混凝土外表面降温过快，减少中心部位与外层之间的温差。顶板新浇筑的混凝土可以覆盖一层隔热材料。混凝土浇筑后要及时养护。

3.2 矿山法施工技术

矿山法因其最早应用于坑道采矿而得名。因其采用钻眼爆破方式破岩，故隧道工程中也称其为钻爆法。它采用纵向分段，横向全断面或分部开挖，每一部分开挖成型后即对暴露围岩加以适当的支撑或支护，继而提供必要的永久性人工结构，以保持隧道长期稳定的施工方法。矿山法由于支撑或支护的结构和材料的不同，人们习惯性将采用钢、木构件作为临时支撑的施工方法叫作传统矿山法，日本隧道界则称之为背板法。

3.2.1 矿山法施工概述

早期的传统矿山法主要采用木构件作为临时支撑，施作后的临时木构支撑只是作为维护围岩稳定的临时措施。待隧道开挖成型后，再逐步地将其拆除，并代之以砌石或混凝土衬砌。由于木构支撑的耐久性差和对坑道的适应性差，尤其是支撑撤换工作既麻烦又不安全，且对围岩有进一步扰动，因此已很少采用。

后来，由于材料的改进和钢材产量的增加，传统矿山法发展为主要采用钢构件承受早期围岩压力，以维护围岩的临时稳定，然后在此基础上再施作内层衬砌，以承受后期围岩压力，并提供后期储备。钢构件支撑具有较好的耐久性，并对坑道形状有较好的适应性。施作后的钢构件支撑无需拆除和撤换，也更为安全。至今，这种方法仍然沿用。

3.2.1.1 矿山法的优缺点

1）优点

矿山法投入小，造价低，结构形式灵活多变，对地面建筑、道路和地下管线影响不大，拆迁占地少，扰民少，污染城市环境少，其作为一种维持坑道稳定的措施，是很直观和奏效的，也容易被施工人员理解和掌握。因此，直到现在，这种方法常被应用于不便采用锚喷支护的隧道中，或处理塌方等。传统矿山法的一些施工选择也得以继承和发展，曾经使用过的插板法和现在经常使用的超前管棚法及顶管法，可以说是传统矿山法改进和松弛荷载理论发展的极致。

2）缺点

由于衬砌的实际工作状态很难与设计工作状态达成一致，以及存在临时支撑难以撤换等一些问题，在一定程度上限制了矿山法的发展与应用。

3.2.1.2 矿山法施工的基本原则

矿山法施工的基本原则可以归纳为：少扰动，早支撑，慎撤换，快衬砌。

① 少扰动，是指在进行隧道开挖时，要尽量减少对围岩的扰动次数、扰动强度、扰动范围和扰动持续时间，这与新奥法施工的要求是一致的。采用钢支撑，可以增大一次开挖断面跨度，减少分部次数，从而减少对围岩的扰动次数。

② 早支撑，是指开挖后应及时施作临时构件支撑，使围岩不至于因变形松弛过度而产生坍塌失稳，并承受围岩变形产生的压力，即早期松弛荷载。定期检查支撑的工作状况，若发生变形严重或出现损坏征兆，应及时增设支撑予以加强。作用在临时支撑的早期松弛

荷载大小可比照设计永久衬砌的计算围岩的压力大小来确定。临时支撑的结构设计亦采用类似永久衬砌的设计方法，即结构力学方法。

③ 慎撤换，是指拆除临时支撑而代之以永久性混凝土衬砌时要慎重，即要防止撤换过程中围岩坍塌失稳。每次撤换的范围、顺序和时间要视围岩的稳定性及支撑的受力状况而定。若预计到不能拆除，则应就确定开挖断面大小及选择支撑材料予以研究解决。使用钢支撑作为临时支撑，可以避免拆除支撑的麻烦和危险。

④ 快衬砌，是指拆除临时支撑后要及时修筑永久性混凝土衬砌，并使之尽早承载参与工作。若使用的钢支撑，又不必拆除，或无临时支撑，亦应尽早施作永久性混凝土衬砌。

3.2.2 矿山法施工

3.2.2.1 矿山法施工的基本程序

矿山法是用木构件或钢构件作为临时支撑，抵抗围岩变形，承受围岩压力，获得坑道的临时稳定，待隧道开挖成型后，再逐步地将临时支撑撤换下来，而代之以永久性单层衬砌的施工方法。它是人们在长期的施工实践中逐步自然发展的一种传统的施工方法。矿山法的基本施工程序如图 3.5 所示。

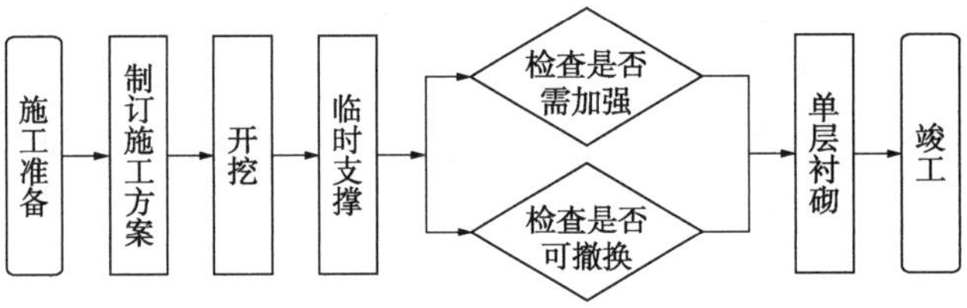

图 3.5　传统矿山法施工程序

3.2.2.2 矿山法施工技术

隧道施工技术也经历了漫长的发展，至今也得到了很大程度的完善，并且还根据不同地质条件而衍生出更加具有针对性的隧道开挖技术，主要包含台阶开挖法、全断面开挖法以及导坑开挖法等几种方式。

1）台阶开挖法

台阶开挖法主要是指由于隧道高度较高，并且施工团队又不具备大型凿岩台车的情况下，就需要将隧道分成上下两层进行钻爆，那么施工过程中就会形成台阶状。而正台阶工作面施工主要是位于上半部断面超前于下半部断面进行施工的情况，并且在开挖方式的选择上也会有所区别，主要是针对非松软的岩层进行施工，这样既可以确保施工效果，还能进一步确保施工过程中的安全性和高效性。通常来说，台阶法主要是以起拱线作为上下断面的分界线，从而进行施工。

施工要点主要有：

① 上台阶的开挖循环进尺控制在 2.5m 以内，下台阶的开挖可根据地质情况适当加大；

② 下部台阶必须在隧道拱部初期支护结构施工完成并已基本稳定，喷射混凝土达到设计强度的 70%以上时方可进行开挖；

③ 工序紧密衔接，初期支护及时封闭成环，台阶不宜拉得过长；

④ 及时施作钢架之间纵向连接钢筋，确保连接牢固；

⑤ 边墙单侧或双侧交错开挖，防止上部结构悬空；

⑥ 边墙挖好后，立即架设钢筋拱架，进行喷射混凝土施工。

2）全断面开挖法

全断面开挖法主要是根据隧道断面的具体设计，从而对隧道采取一次性全断面爆破的方式进行掘进。而这种技术被广泛应用于断面尺寸较小、高度小于5m并且洞内岩石较为均匀且坚硬的隧道施工中。同时，这一施工条件还具有与巷道掘进较为类似的炮孔布置以及相应的爆破参数要求。如果使用凿岩台车进行钻孔活动，那么在循环进尺中就可以达到4m。但是，如果在开挖过程中遇到较为发育的岩体节理裂隙或是断层破碎带，就需要采取其他支护工序达到配合施工的目的。

3）导坑开挖法

导坑开挖法是在隧道断面的局部或者是小断面的导坑中进行超前掘进，之后才会逐渐扩大开挖面，最终达到覆盖整个设计断面的程度。而这一施工技术主要应用在岩层松软破碎、跨度宽、涌水量较大的隧道中。除此之外，还会对导坑以及断面有一定的要求，从而更好地满足装运岩碴以及通风的需求。并且，对于不同的导坑位置，又会有不同的开挖手段。

3.2.2.3 区间复杂环境下矿山法施工技术应用

岩溶作为隧道工程施工中较为常见的一种问题，主要是因为所形成的地下溶洞会对之后开挖环节造成不利影响，同时岩溶地区表面还会存在一定程度的红黏土，该土所具有的膨胀性也会对施工产生不良影响。

1）红黏土以及溶洞段施工

对于不同区间的复杂地质环境来说，要想进一步确保开挖工作可以顺利完成，就需要对地层进行超前地质预报，以此来作为施工过程的第一道工序。除此之外，还需要结合施工的具体情况，采取各种方法来实现对现场施工环节的监控。除此之外，还需要在做好前期准备的基础上实施超前钻孔，以此来进一步发现存在的异常区域问题。

不仅如此，还需要在每次掘进或者爆破完成之后对洞内的工作面进行一定程度的地质素描，主要是通过素描的方式对相应区间的爆破开挖情况进行分析，从而更好地掌握该区间所具有的岩石特性、结构面产状、溶洞以及地下水的分布情况。除此之外，岩性、断层、贯穿性节理以及水等多方面的内容均有涉及。上述几项因素都是在施工爆破以及开挖过程中会直接影响到施工质量的因素。在具体施工过程中，如果遇到的地层围岩较为破碎，并且还存在地下水或是岩溶发育的情况，就需要进一步查明溶洞的情况，还可以通过爆破的方式来打超长炮孔，并结合之后钻探的结果，从而对岩溶的情况进行判断。而对于红黏土以及溶洞的研究来说，还需要根据现场条件来进一步分析施工技术的应用，并且采取相应的配合手段来处理不良地质可能带来的影响。

2）隧道下穿建筑物施工

对于不同的地铁隧道情况来说，在施工过程中还需要充分考虑地面周围的建筑分布情况。除此之外，还需要考虑车流量、地下铺设管线的情况。一般来说，爆破过程中对施工的安全性有所要求。并且，对于爆破过程中所产生的爆破地震效应、冲击波、有毒害气体、噪声以及围岩损伤情况都需要进一步分析，尤其是城市地下岩石爆破产生的有害效应还会对周围环境，包括地面建筑、周围管线、人群等产生不同程度的影响。因此，在施工中就需要充分考虑到现场的复杂建筑物，从而重点关注爆破施工对现存建筑可能产生的影响。

在具体施工时，需要根据不同区间段的地质条件以及水文条件对矿山法进行具体分析。如果隧道开挖时不需要爆破进行作业，就可以选择机械进行开挖。如果出入场线隧道上部大部分是土层时，还可以采取综掘机进行配合工作，从而利用台阶法进行分部开挖，以此来减少爆破作业的环节。

当然，在具体施工时还需要考虑以下几项因素，主要是开挖方法的选择、掏槽形式以及起爆方式的选择。除此之外，还需要根据建筑物的分布情况，采取相应的措施，减少施工对周围环境的影响，进一步确保工作人员的人身安全。

3.3 TBM 法施工技术

TBM 是在 1846 年由意大利人 Maus 发明的。1851 年，美国人查理士·威尔逊开发了一台 TBM，在花岗岩中试用，未获成功。1881 年波蒙特开发了压缩空气式 TBM，并成功应用于英吉利海峡隧道直径为 2.1m 的勘探导坑。

掘进机的技术名称在国内过去很不统一，各行业均冠以习惯称呼，铁道和交通部门称之为隧道掘进机，煤炭部门称之为巷道掘进机，水电部门又称为隧洞掘进机。1983 年国内国家标准《全断面岩石掘进机名词术语》(GB 4052—1983)统一将其称为全断面岩石掘进机(Full Face Rock Tunneling Boring Machine)简称掘进机或 TBM。

TBM 的定义是：一种靠旋转并推进刀盘，通过盘形滚刀破碎岩石而使隧洞全断面一次成形的机器。

TBM 施工是当今最先进的隧道施工方法，掘进速度快，机械化程度高，大大改善施工环境，劳动条件好，对环境影响较小，在水下隧道施工不影响水上通行，更利于保护生态环境，可以克服高寒、高海拔环境的影响，围岩扰动小，因此自 20 世纪 50 年代中期进行工业化生产以来日益受到人们的重视，已广泛应用于各国的能源、交通、城建、国防等部门的地下工程建设。在一些发达国家，不少施工企业都明确规定，3km 以上的隧道必须用掘进机施工。

3.3.1 TBM 介绍

3.3.1.1 TBM 构造

TBM 由破岩机构、推进机构、出碴机构、导向调向机构及吸尘、通风装置等几部分组成。

① 破岩机构。滚刀或削刀在强大轴推力的作用下旋转，切削与剪切破碎岩石。

② 推进机构。主支撑鞋顶撑洞壁以支承和推进机身。副支撑鞋控制振动与方向。

③ 出碴机构。破岩形成的片状石碴，由安装在刀盘上的铲碴斗铲起，铲斗旋转到顶部卸入集料斗，经皮带机装车运出洞外。

④ 导向及调向机构。导向机构是用来指示和校核掘进机推进的方向，使其保证符合设计的轴线和坡度的要求。

⑤ 通风及吸尘装置。掘进机工作时将产生大量的热量与粉尘，故对通风、降尘要求较高。一般在刀盘头部安装有吸尘设备和喷水装置，掘进时连续喷水降尘。机房内专设通风降温设备。

3.3.1.2 TBM破岩方式、原理及其与盾构机的区别

1）TBM破岩方式

TBM破岩方式主要有挤压式与切削式。

① 挤压式。主要是通过水平推进油缸使刀盘上的滚刀强行压入岩体，并在刀盘旋转推进过程中通过联合挤压与剪切作用破碎岩体。

滚刀类型：圆盘型、楔齿形、球齿型。

② 切削式。主要利用岩石抗弯、抗剪强度低（仅为抗压强度的5%～10%）的特点，靠铣削（即剪切）与弯断破碎岩体。

在两种破岩方式总的破岩体积中，大部分并不是由刀具直接切割下来的，而是由后进刀具剪切破碎的，先形成破碎沟或切削槽是先决条件。

2）TBM破岩原理

TBM破岩原理主要有圆盘型滚刀破岩原理、楔齿型与球齿型滚刀破岩原理、削刀破岩原理。

① 圆盘型滚刀破岩原理。圆盘型滚刀工作压力50～200kN，岩体表面在刀圈刀尖强集中力作用下破碎，并形成切入坑。随着滚刀滚动，在岩面上形成一条条的破碎沟，破碎沟之间岩石受滚刀侧刃挤压力的作用而剪切破碎。

② 楔齿型与球齿型滚刀破岩原理。最初由楔齿尖端在滚刀转动情况下产生切向张力破坏岩石的表面。然后由齿尖的楔入力继续引起剪切破坏。由于各齿环的齿节是不同的，因此加大了楔齿的破岩效果。球齿型滚刀的破岩原理与楔齿型滚刀相同，适用于硬岩掘进。

③ 削刀破岩原理。削刀在挤压力和切割力作用下，首先在刀尖处形成切碎区，随着刀具的回转运动形成剪力破碎区。削刀继续回转即在岩壁上留下环状切削槽，两槽之间的岩石在削刀侧向挤压力的作用下而剪切破坏。

3）TBM与盾构机的区别

关于地铁隧道盾构法施工的具体介绍详见3.5“盾构法施工技术”。

① 两者的掘进系统是类似的，都是采用刀盘机械破碎岩石或土体。

② 两者的走行系统也类似，都是在位于基础上的轨道上走行，不同的是盾构机轨道安装在管片上，而TBM一般安装在预制仰拱块上。

③ 反力提供机理不同，TBM依靠撑靴撑在隧道侧面上提供反力，盾构机依靠反力架及管片提供反力。

④ 衬砌施工方式不同，盾构机采用预制管片加壁后注浆，TBM采用管棚、超前导管、锚杆、喷混凝土为初支，常规方法施作二衬。

⑤ 工作的环境也不一样，TBM是硬岩掘进机，一般用在山岭隧道或大型引水工程，盾构机是软土类掘进机，主要是城市地铁及小型管道。

3.3.1.3 TBM 分类、选型及其他注意事项

1）TBM 分类

TBM 按适用范围分为开敞式、双护盾式和单护盾式。

① 开敞式 TBM：配置钢拱架安装器与喷锚等辅助设备。常用于硬岩，采取有效支护手段后也可应用于软岩隧道。

② 单护盾 TBM：常用于劣质地层。单护盾 TBM 推进时利用管片作支撑，其原理类似于盾构。与双护盾 TBM 相比，掘进与安装管片不能同时进行。

③ 双护盾 TBM：适用于各种地质，既能适应软岩，也能适应硬岩或软硬岩交互地层。

TBM 按直径大小分为微型、中型和巨型。

① 微型 TBM：ϕ0.25~3.00m。

② 中型 TBM：ϕ3.0~8.0m。

③ 巨型 TBM：大于 ϕ8.0m。

2）TBM 选型

TBM 掘进断面大可达 10m 以上，小仅为 1.8m。由于 TBM 与辅助施工技术日臻完善以及现代高科技成果(液压新技术、电子技术与材料科学技术等)的应用大大提高了 TBM 对各种困难条件的适应性，因此简单从开挖可能性来考虑 TBM 的适用范围是不全面的。

(1) 判定依据

① 隧道围岩的抗压强度、裂缝状态、涌水状态等岩性条件。

② 机械构造、TBM 直径等机械条件。

③ 隧道断面、长度、位置状况、地质条件等。

(2) TBM 选用流程

TBM 选用流程如图 3.6 所示。

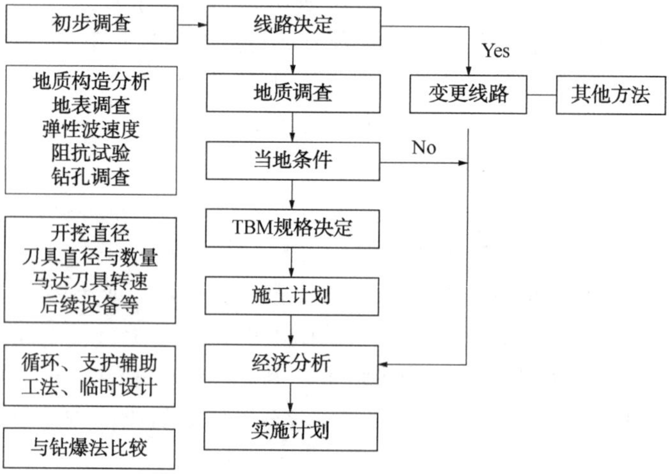

图 3.6 TBM 选用流程

实际工程中 TBM 选用原则：

① 整条隧道地质情况均差时采用单护盾 TBM；

② 良好地质条件中则采用开敞式 TBM；

③ 双护盾 TBM 常用于复杂地层的长隧道开挖，一般适用于中厚埋深、中高强度、地质稳定性基本良好的隧道，对各种不良地质与岩石强度变化有较好的适应性。

3）影响 TBM 选用的地质因素

① 岩石强度。开挖难易一般用抗压强度来判定。刀具消耗应根据岩石中石英粒范围、大小与抗拉强度等判断。

② 岩层裂隙。岩层节理、层理、片理对开挖效率影响极大。裂隙适度发育的岩层，即使抗压强度大也能进行较为有效的开挖。

③ 岩石硬度。一般地，对于岩石单轴抗压强度 R_c<100MPa 的岩层，其石英含量较多、粒径较大，刀具磨耗很大。

④ 破碎带等恶劣条件。在破碎带、风化带等难于自稳的困难条件下进行机械开挖，均需采取辅助施工方法配合施工。特别是在有涌水的条件下更为困难，拱顶崩塌、机体下沉、支承反力降低等问题时有发生。

4）影响 TBM 选用的机械因素

TBM 不仅受地质条件约束，还受到开挖直径、开挖机构的约束。在硬岩中开挖大直径隧道很是困难，日本实例的最大直径仅为 5m 左右。若开挖直径越大，刀头内周与外周的周差速越大，将对刀头产生种种不良影响。随着开挖直径的增大，需要增大推力，支撑靴也要增大，将导致运输困难与承载力问题。

5）开挖长度

TBM 进场需经历运输、组装等过程。根据其直径与形式、运输途径、组装基地状况等不同，需准备 1~2 个月。TBM 后续设备长 100~200m，为正规地进行掘进也需先筑一段长 200m 左右的隧道。隧道长度小于 1000m 时，其运行成本急剧增大，达 3000m 左右时的成本大致是一定的。国外在断面 10~30m^2、长 1000km 以上的隧道开挖，优先考虑采用 TBM 施工，最佳开挖长度为 3000km 以上，短隧道慎用。

6）工程所在地的道路设施

TBM 的运输与组装要求注意工程所在地的基础设施条件。搬运计划应考虑道路宽度、高度与重量等限制，根据组装条件充分调查运输时的分割方法(即最小分割尺寸与重量)。TBM 一般在工厂试组装、试运输后分割。分割重量约为 35t，断面 3.5m×3.5m 左右。TBM 施工电耗较高，约为同规模其他工法施工的双车道隧道的 1.5 倍，规划时应充分考虑。

7）TBM 适用范围

① 一般只适用于圆形断面隧道，只有铣削滚筒式掘进机可在软岩中掘进非圆形断面隧道。

② 开挖隧道直径 1.8~12m，以直径 3~6m 最为成熟。

③ 一次性连续开挖长度不宜短于 1km，也不宜长于 10km，以 3~8km 最佳。

④ 适用于中硬岩层，岩石单轴抗压强度为 20~250MPa，尤以 50~100MPa 最佳。

⑤ 地质条件对 TBM 掘进效率影响很大。在良好岩层中月进尺可达 500~600m，而在破碎岩层中只有 100m 左右，在塌陷、涌水、暗河地段甚至需停机处理。

⑥ 选用 TBM 开挖隧道应尽量避开复杂不良岩层。

总之，整条隧道地质情况均差时采用单护盾 TBM；良好地质条件中则采用开敞式 TBM；双护盾 TBM 常用于复杂地层的长隧道开挖，一般适用于中厚埋深、中高强度、质稳定性基本良好的隧道，对各种不良地质与岩石强度变化有较好适应性。

3.3.2 TBM 法的特点与施工

3.3.2.1 TBM 法的特点

1）TBM 法与钻爆法的区别

与钻爆法开挖隧道施工过程相比，使用 TBM 开挖隧道的特点在于施工过程是连续的，具有隧道工程“工厂化”的特点。

① 安全。TBM 开挖断面一般为圆形，承压稳定性好。由于用机械方法切削成型，没有爆破法的危险因素，减少了周围岩层松动、冒顶的可能性，因此也减少了支护的工作量。在土质或软弱地层施工，可采用护盾式掘进机，作业人员在司机房内或护盾内工作，大大提高了作业的安全性。

② 快速。根据现有使用效果看，在均质岩层中，掘进速度一般可达：软岩层 2m/h，中硬岩层 1m/h，硬岩层 0.5m/h。按一般的中硬岩石，TBM 每月掘进 600m 以上，如英法海峡隧道，英国端每月掘进 764m，法国端每月掘进 685m。一般认为，TBM 的掘进速度较钻爆法的掘进速度可提高 2~2.5 倍。

③ 经济。用机械方法开挖的断面平整，洞壁光滑，免去爆破应力，通常不需要临时支护(硬岩中)，或可用喷锚、钢圈梁、钢丝网等简易支护(软岩或中硬岩中)。而且，超挖量能控制在几厘米之内，能减少清理作业和混凝土用量(混凝土用量约节约 50%)，适合于喷射混凝土衬砌。因此，国外有人认为在作业条件适宜时，总成本可降低 20%~30%。但掘进机自身造价高，工程一次性购入成本高。

④ 省工与降低劳动强度。有人统计，一般 TBM 施工所需总人数为 40~45 人即能达到月进尺 200m，而用钻爆法施工欲达到月成洞 200m 则需 700 人(三班制)。更为重要的是用 TBM 施工可以大大减轻劳动强度。

⑤ 排碴容易。机械法破碎的土屑和岩碴多呈中块或粉状，粒度均匀，可由皮带运输机直接排出。如果采用适应于开挖量的转载运输机，则可利用 TBM 的换步时间，进行调车作业，尽量不因运输工序而影响掘进速度。

⑥ 由于集中控制操作，有实现远距离操作和自动化的可能性。

⑦ 一次投资大，尺寸重量大，机器较复杂(但对于岩层适宜的长隧道，由于 TBM 掘进速度高，总的工程成本就不高)。制造周期长，装运费时费事费钱，刀具的消耗和维修费用亦很昂贵。但也要看到随着冶金技术的发展，刀具消耗的问题也能够解决。如国外某 TBM (ϕ3.3m)，在瑞士开挖一条 1461m 长的公路隧道导洞，其岩石抗压强度为 100MPa(砾岩和砂岩)，只换过一把刀。

⑧ 对岩层变化的适应性差。就目前试用和使用情况来看，对中硬岩使用较为有效，对软岩和硬岩仍存在许多困难。如遇到破碎岩层及不均匀多变的岩层，掘进速度下降，甚至无法工作，如遇涌水、溶洞及漂石砾石等情况，多需改为其他方法开挖。

⑨ 开挖的隧洞断面局限于圆形，对于其他形状的断面，则需进行二次开挖。如要机器

本身来完成，则机器构造将更为复杂。

⑩ 作业率低。由于隧道施工工序多，要求施工组织严密、配合协调。如机器能否正常运转，电缆延伸、洞壁保护、水管路延长及机器方向调整等工序，一般约占整个作业时间的 50%。

⑪ 能耗大。纯机械破岩，不像钻爆法利用炸药的化学能，过分破碎石碴而耗费能量，粉状石碴难于再利用。

经过近一个世纪的努力，随着现代技术的发展，特别是近几十年来，TBM 不仅能在岩石整体性及磨蚀性强的条件下工作，也能在稳定条件差的地层中施工，从而被许多隧道作为主要施工方案进行比选。

3.3.2.2 TBM 法施工

TBM 施工流程为：开机前检查→掘进与出碴→支护→衬砌→辅助工艺。

辅助工艺包括：通风与除尘、施工供水、施工供电、洞线测量、劳动组合。

1）开机前检查

TBM 开机前应做如下检查：

① 主机的液压油、润滑油是否足够及清洁；

② 电压表是否正常，电流表指针是否在零位；

③ 各个位移开关置于“断开”位置；

④ 风、水、电系统是否正常，风筒、水管、电缆及轨道长度是否能够推进行程；

⑤ 主机及后配套是否有影响施工的部件正在进行检修；

⑥ 激光量测系统是否正常，TBM 位置是否修正；

⑦ 出碴矿车是否已到位；

⑧ 确认开机前所有工作全部正常；

⑨ 操作警报开关，通知所有人员主机将要启动。

2）掘进与出碴

TBM 掘进时是边掘进边出碴，掘进 1 或 2 个行程，其岩碴量恰好能装满一列出碴矿车。出碴矿车一般由内燃机车牵引，出碴矿车开出，刀盘停止旋转，TBM 换步，然后开始一个新行程的掘进。内燃机车每列矿车拉出岩碴，运至弃碴场，由翻碴机将矿车内岩碴倒出，弃碴场配有装载机向自卸汽车装碴，将岩碴二次倒运。TBM 掘进 1 或 2 个行程的破岩量与出碴矿车容量、数量、运距，翻碴机的生产率，弃碴场转运岩碴的装载机斗容量和自卸汽车吨位等都要经过计算匹配，并要考虑备用系数。内燃机车列车进洞要运进预制仰拱块或预制管片豆砾石车、风筒、水管、电缆、轨道、盘形滚刀、水泥等材料和设备，每列内燃机车都有载人车 1 节~2 节，供上下班职工或随时进出洞人员使用。

3）支护

（1）TBM 施工的支护结构形式

TBM 施工中针对复杂多变的地质、水文条件，采用不同的支护结构形式和构筑方法，是 TBM 快速掘进的重要一环。它不仅要求围岩稳定，而且具有能使 TBM 顺利掘进的功能。因此，TBM 的支护与单纯以确保围岩稳定为目的的通常的新奥法支护有许多不同之处。

另外，由于掌子面受 TBM 机体充塞，支护结构选择受到一定的限制，在前方掌子面特别破碎或坍塌地区，要采用辅助的加固方式。

在敞开式 TBM 施工中，大部分隧道采用喷混凝土、锚杆、钢支撑、仰拱块或几种组合的初期支护结构方式。如国内西康线秦岭隧道，工线 TBM 施工其初期支护采用底部预制仰拱块加钢拱或再加喷、锚的支护方式。

在实际施工中，到底采用何种支护方式，受地质条件、隧道用途、开挖直径和 TBM 结构形式的影响，由现场土木工程师根据现场具体情况研究决定。

（2）TBM 机上的支护设施

为了适应 TBM 掘进中支护上的要求，在机上不同部位安装相应的工作机构设施。如锚杆钻机、钢拱架安装器、喷射混凝土机和仰拱块安装吊机等。由于隧道内空间有限，TBM 机上预留尺寸小，要求这些机构结构紧凑，重量轻，易于操作，便于检修。

4）衬砌

衬砌是隧道施工的重要环节，涉及隧道能否安全运行的大问题。衬砌的结构类型和厚度，主要由水文地质条件和隧道用途所决定。

（1）TBM 施工中衬砌作业主要采用的两种模式

TBM 施工中衬砌作业主要采用两种模式，一种是常规的模板衬砌台车；另一种是预制管片衬砌。

选用何种方法主要由 TBM 的结构类型决定。采用敞开式机型，通常选用模板式衬砌台车。也就是说，TBM 掘进支护后，离开一定距离或整座隧道掘通后再进行模板台车衬砌。说明整座隧道的地质条件还是比较好的。但是如果遇到岩层比较破碎，大小断层不断，围岩不稳的情况，TBM 就得选用护盾式机型。即在护盾保护下，一边掘进，一边进行衬砌，以防止掘后坍塌。因此，采用常规的衬砌台车不能适应 TBM 的快速掘进，只能采用预制好的管片在洞内拼装。管片与洞壁之间的间隙，用豆砾石和水泥砂浆进行灌注，形成一条牢固结实的环形带。预制管片有钢制和钢筋混凝土管片。在大断面隧道和水工隧洞中较多采用钢筋混凝土制的管片。在这种情况下，预制钢筋混凝土管片衬砌都是作为永久衬砌。混凝土管片一般都是在洞外混凝土预制厂就地生产的，预制厂要交通方便并有足够养护、存放混凝土管片的场地。

（2）TBM 采用预制管片的特征

① 对大的地层压力和大量涌水进行相应处理。

② 在软弱破碎严重区段，TBM 支撑靴不起作用时，预制管片可作为护盾千斤顶的反作用支撑点，TBM 照样可以掘进。

③ 可在护盾内安装预制管片，既快速又安全。

④ 对剥落和崩塌等事故的适应性好。

⑤ 可即时获得支护效果，通常护盾机尾部设有预制管片安装机，它有灵活的移动和转角机构，实施快速准确的管片安装。须要指出，护盾机中的单护盾和双护盾，在管片安装与掘进同时性上是有差别的。单护盾 TBM 大多用于软岩和围岩破碎地段，它不能采用像敞开式 TBM 那样的支撑靴，机器上的千斤顶只能靠撑在盾尾上的预制管片才能前进。因此，用单护盾 TBM 施工，衬砌和掘进是不能同时作业的。而双护盾 TBM 综合了散开机和单护盾机的特点，除有护盾结构外，还带有支撑靴，可适应不同的地质条件，工作起来有两种不

同的作业方式。

(3) TBM 采用预制钢筋混凝土管片存在的问题

采用预制钢筋混凝土管片衬砌，目前存在的问题有：

① 管片间拼装接缝太多，接缝处的强度、密封尚是薄弱环节。

② 开挖后的围岩局部产生松动塌落，豆砾石充填及灌浆困难或不密实。

③ 管片在尾盾内拼装，开挖的围岩被隔绝，无法系统地进行施工地质描述和编录工作，也难进行收敛变形测量。

5) 辅助工艺

TBM 施工的辅助工艺主要包括：隧道施工中的通风与除尘，施工供水、供电，洞线测量，等等。

(1) 通风与除尘

地下施工中的通风与除尘是重要工序，影响到施工全过程的环境保护。一般采用洞外压入式通风方式，在洞口外附近(约 25m 左右)装有串联的轴流式风机。通风采用软风筒，风筒悬挂在洞顶，一般每节长 100m，风筒两端都有钢圈接口，新鲜空气由风机通过风筒直送至洞内 TBM 的机尾。机尾另装有风机、真空泵各 1 台，风机将洞外输送来的新鲜空气再次吹送到 TBM 各部位，真空泵有 2 个吸气筒，分别在刀盘后部和 TBM 机尾，真空泵吸气筒装有除尘装置。这样一套通风与除尘设备的运行，能保证 TBM 施工处于良好的空气环境中。

(2) 施工供水

TBM 施工洞内用水量不大，主要供 TBM 冷却、刀盘防尘、灌浆及喷混凝土等用水。一般可在洞口附近建一蓄水池和泵房，通过钢管供水入洞内，与在 TBM 尾部或后配套列车上装有输水胶管卷筒相连接，胶管的另一头接在 TBM 输水管路上，当 TBM 前进时胶管从卷筒上放开延伸。

(3) 施工供电

TBM 用电由 10kV 高压电缆进洞，通过后配套列车上变压器变为工作电压，高压电缆每盘长约 250m，电缆悬挂在洞壁一侧，电缆间由电缆接头箱连接，后配套列车上装电缆卷筒，随 TBM 掘进不断延伸。后配套列车上还安装柴油机驱动的应急发电机，当切断高压电源延长电缆时或临时停电时供洞内照明用电。

(4) 洞线测量

隧道的施工测量是由测量仪器将洞外平面控制和高程控制网引入洞内。开始洞口侧壁上安装一台激光导向仪，激光束与施工测量导线平行，激光导向仪随 TBM 进尺而不断沿洞侧壁前移。激光导向仪与 TBM 有效间距不超过 300m，激光束在 TBM 操纵室外荧光屏十字坐标上显示亮点，显示 TBM 前进位置的误差，使操作人员不断控制和调整掘进方向。

(5) 劳动组合

在一般正常情况下，TBM 施工实行 24h 三班制，两个大班(每班 9～10h)连续施工掘进，一个小班(4～6h)进行停机保养维修。劳动组合采取了专业的多工种制，根据作业要求，可分 20 多个工种，如 TBM 操作工、支护与衬砌工、刀盘清理及更换刀具工、保养维修工、轨道及管路工、内燃机车司机、出碴矿车工、扳道叉工、灌浆工、碴场倒碴工、装载机司机、自卸汽车司机、混凝土工、钢筋工、壮工等。

3.4 浅埋暗挖法施工技术

浅埋暗挖法是在距离地表较近的地下进行各种类型地下洞室暗挖施工的一种方法。继1984年王梦恕院士在军都山隧道黄土段试验成功的基础上，又于1986年在具有开拓性、风险性、复杂性的北京复兴门地铁折返线工程中应用，在拆迁少、不扰民、不破坏环境的前提下获得成功。同时，结合中国特点及水文地质系统，创造了小导管超前支护技术、“8”字形网构钢拱架设计、制造技术、正台阶环形开挖留核心土施工技术和变位进行反分析计算的方法，突出时空效应对防塌的重要作用，提出在软弱地层快速施工的理念。由此形成了浅埋暗挖法，创立了适用于软弱地层的地下工程设计、施工方法。

3.4.1 浅埋暗挖法的基本原理、应用范围及特点

3.4.1.1 浅埋暗挖法的基本原理

浅埋暗挖法沿用了新奥法的基本原理，创建了信息化量测反馈设计和施工的新理念。该法采用先柔后刚复合式衬砌和新型的支护结构体系，初期支护按承担全部基本荷载设计，二次模筑衬砌作为安全储备，初期支护和二次衬砌共同承担特殊荷载。

应用浅埋暗挖法设计和施工时，同时采用多种辅助工法，超前支护以改善加固围岩，调动部分围岩的自承能力；采用不同的开挖方法及时支护、封闭成环，使其与围岩共同作用形成联合支护体系。在施工过程中应用监控量测、信息反馈和优化设计，实现不塌方、少沉降和安全施工。

浅埋暗挖技术多用于第四纪软弱地层，由于围岩自承能力比较差，为避免对地面建筑物和地下构筑物造成破坏，需要严格控制地面沉降量。因此，初期支护要刚度大，支护要及时。初期支护必须从上向下施工，二次衬砌模筑必须通过变位量测，当结构基本稳定时，才能施工，而且必须从下往上施工，绝不允许先拱后墙施工。

3.4.1.2 浅埋暗挖法的应用范围及特点

1）浅埋暗挖法的应用范围

浅埋暗挖法适合于城市地区松散土介质围岩、隧道埋深小于或等于隧道直径，及要求以很小的地表沉降修筑的隧道。它的突出优势在于不影响城市交通、无污染、无噪声，而且适合于各种尺寸与断面形式的隧道洞室。由于浅埋暗挖法省去了许多爆破、拆迁、掘路等程序，所以现在施工时普遍使用。浅埋暗挖法的施工要点为18字方针：管超前、严注浆、短开挖、强支护、快封闭、勤量测。其主要的技术特点为：动态设计、动态施工的信息化；建立了一整套变位、应力监测系统；强调小导管超前支护在稳定工作面中的作用；研究、创新了劈裂注浆方法加固地层；发展了复合式衬砌技术，并开创性地设计和应用了钢筋网构拱架支护。由于该施工方法在有水条件的地层中可广泛运用，加之国内丰富的劳动力资源，因此在北京、广州、深圳、南京等地的地铁区间隧道修建中得到广泛应用。此外，该方法也广泛应用于地下构筑物、过街人行道和软弱围岩浅埋山岭隧道洞口段等工程的修筑。

浅埋暗挖法主要适用于不宜明挖施工的土质或软弱无胶结的砂、卵石等第四纪土层，修建覆跨比大于0.2的浅埋地下洞室。对于高水位的类似地层，采取堵水或降水、排水等措施后也可适用。尤其对于结构埋置浅、地面建筑物密集、交通运输繁忙、地下管线密布，及对地面沉降要求严格的都市地区，在修建地下铁道、地下停车场、热力与电力管线时更为适用。开挖面土体稳定是利用浅埋暗挖法的基本条件。

2）浅埋暗挖法的特点

浅埋暗挖法与其他方法相比具有显著优点。以城市地铁为例，浅埋暗挖法较明挖(盖挖)简单易行，无需多种专业设备，灵活方便，适用于多种地层、不同跨度、多种断面，尤其对于地铁区间隧道，浅埋暗挖法施工完全能满足工期要求。当然，浅埋暗挖法也存在缺点，如施工慢，喷射混凝土时粉尘多，劳动强度大，机械化程度不高，以及高水位地层结构防水比较困难等。

3.4.2 浅埋暗挖法施工

浅埋暗挖法地铁隧道的施工设计实际上是确定施工方法、支护手段和衬砌结构于一体的过程，这一点与地上建筑物的思路迥然不同。

地铁浅埋暗挖法是应用岩体力学原理，以维护和利用围岩的自稳能力为基点，将锚杆和喷射混凝土结合在一起作为主要支护手段，通过及时进行支护来控制围岩的变形与松弛，使围岩成为支护体系的组成部分，形成了以锚杆、喷射混凝土和围岩为一体的承载结构。针对城市地铁埋深浅的特点，还要经常借助于地层注浆、格栅、管棚等辅助加固措施。通过现场量测及时反馈“围岩—支护”复合体的受力与变形，为二次支护提供合理的施作时机。通过监控量测及时反馈的信息来指导隧道工程的设计与施工。

围岩支护的受力情况与支护结构强度及支护时机的关系：当围岩开挖暴露以后，需要通过支护来限制其变形，以达到新的平衡状态；如果支护迅速，且支护结构刚度大，则所需提供的支护抗力则愈大；如果允许围岩产生一定的变形，并使用柔性支护(锚喷衬砌即属于柔性支护)，则所需施加的支护抗力也随之减小；当围岩变形超过允许值，导致围岩破坏而形成松弛后，作用于支护结构上的围岩压力就会随围岩变形的发展而迅速增大。

3.4.2.1 浅埋暗挖法施工程序

浅埋暗挖法的施工程序主要有开挖作业、初期支护、二次衬砌、动态观测等，如图3.7所示。

开挖作业，对完全是土质的隧道采用机械或人工挖掘，对石质隧道多采用光面爆破和预裂爆破，并尽量采用大断面或较大断面开挖，以减少对围岩的扰动，尽量使隧道断面周边轮廓圆顺，避免棱角突变处应力集中。初期支护是根据“预设计”采用不同的支护类型和参数，及时喷射混凝土和实施锚杆的初期支护，以控制围岩的变形和松弛。在浅埋软弱围岩地段，应使断面尽早闭合，以有效地发挥支护体系的作用，保证隧道稳定。二次衬砌是在围岩与初期支护变形基本稳定后修筑，使围岩与支护结构形成一个整体，因而提高了支护体系的安全度。动态观测是通过施工中对围岩和支护结构的动态观察、量测来合理安排施工程序，进而“修正设计”及进行日常的施工管理。

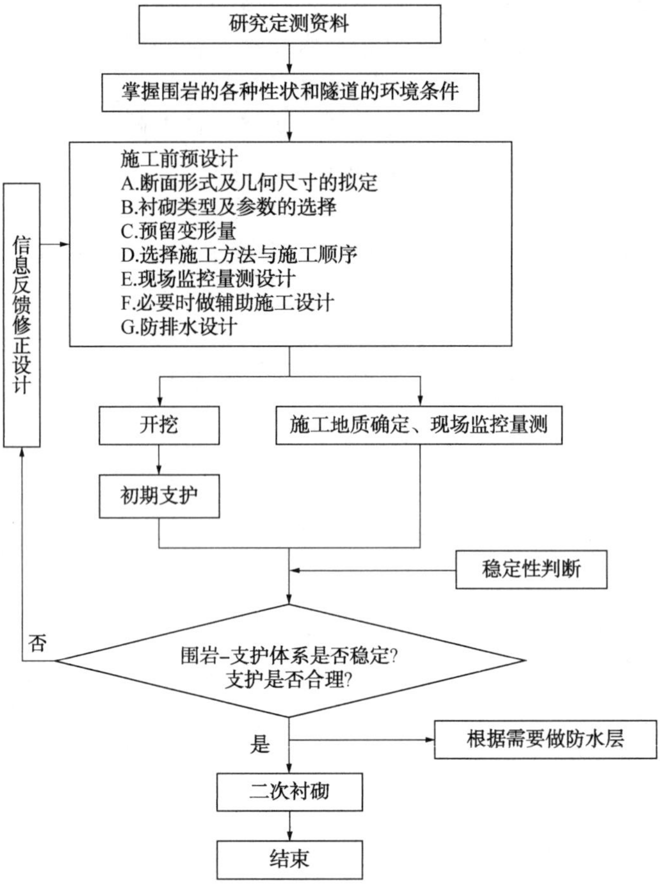

图 3.7　浅埋暗挖法施工程序

这里特别强调衬砌的防水问题，铁路和公路隧道向来采用疏导方式，没有考虑水压力。但在城市地铁施工中，考虑到排水可能引起的长期地表沉降以及地下水流失等环境问题，在矿山法修建隧道时必须一律采用“全包”的防水措施，不留排水孔，同时须考虑地下水位相应的水压力。

3.4.2.2　浅埋暗挖法施工的开挖方法

按照开挖方法划分，可将浅埋暗挖施工分为全断面法、台阶法、分部开挖法(中隔壁法、交叉中隔壁法、单侧壁导坑法、双侧壁导坑法等)及特大断面施工法(中洞法、双侧壁导洞法与洞桩法)。

1) 全断面法

全断面开挖法是指按设计使开挖面一次开挖成型。

全断面开挖有较大的工作空间，适用于大型配套机械化施工，施工速度较快，因单工作面作业，便于施工组织管理，一般情况下应尽量采用全断面开挖法。但开挖面大，围岩相对稳定性降低，且每个循环工作量相对较大，因此要求具有较强的开挖、出碴能力和相应的支护能力。

采用全断面开挖，有较大的断面进尺比(即开挖断面面积与掘进进尺之比)，可获得较好的爆破效果，且爆破对围岩的震动次数较少，有利于围岩的稳定。但每次爆破震动强度较大，因此要求进行严格的控制爆破设计，尤其是对于稳定性较差的围岩。

（1）施工顺序

① 用钻孔台车钻眼，然后装药连线。

② 退出钻孔台车，引爆炸药，开挖出整个隧道的断面轮廓。

③ 排除危石，安装拱部锚杆（必要时）和喷射第一层混凝土。

④ 用装碴机械将石碴装入出碴车运出洞外。

⑤ 安装边墙锚杆（必要时）和喷射第一层混凝土。

⑥ 必要时拱、墙喷射第二层混凝土。

⑦ 按上述工序开始下一循环作业。

⑧ 在围岩和初期支护基本稳定后，或按施工组织要求的日期施作二次模筑混凝土衬砌及灌筑隧道底部混凝土。

（2）适用条件

① Ⅰ~Ⅱ类整体性好的围岩；用于Ⅲ类围岩时，围岩应具备从全断面开挖到支护前这段时间内能保持其自身稳定的条件。

② 有大型施工机械。

③ 隧道长度或施工区段长度不宜太短，根据经验一般不应小于 1km。否则，采用大型机械施工经济性较差。

（3）机械设备

采用全断面一次开挖法，必须注意机械设备的配套，以充分发挥机械设备的效率。隧道机械化施工时有三条主要作业线：开挖作业线、锚喷作业线和模筑混凝土衬砌作业线。所采用的大型机械设备主要有以下几种。

① 开挖作业线的大型机械有钻孔台车、装药台车、装载机配合自卸汽车（无轨运输时）、装碴机配合矿车及电瓶车或内燃机车（有轨运输时）。

② 锚喷作业线的大型机械有混凝土喷射机、混凝土喷射机械手、锚喷作业平台、进料运输设备及锚杆注浆设备。

③ 模筑混凝土作业线的大型机械有混凝土拌和工厂、混凝土输送车及输送泵、防水层作业平台、衬砌钢模台车。

在机械设备选型时应遵循：生产性、可靠性、经济性、维修性、环保性、耐用性、灵活性及配套性等八个原则。

（4）施工特点

① 工序少，便于施工组织和施工管理。

② 一次开挖成型，对围岩扰动少，有利于围岩的稳定性。

③ 开挖断面大，可采用深孔爆破以提高爆破效果，加快掘进速度。

④ 作业空间大，有利于采用大型施工机械设备，实现机械化综合施工，从而提高劳动生产率，减轻施工人员的劳动强度，降低工程造价。

（5）注意事项

① 摸清开挖面前方的地质情况，随时准备好应急措施（包括改变施工方法），以确保施

工安全。尤其应注意地质条件突然发生恶化，例如地下泥石流、涌水。

② 各工序使用的机械设备务求配套，以充分发挥机械设备的使用效率和各工序之间的协调，在保证隧道稳定安全的条件下，提高施工速度。

③ 在软弱破碎围岩中使用全断面法开挖时，应加强对辅助施工方法的设计和作业检查，以及对支护后围岩的动态量测与监控。

2）台阶法

台阶开挖法一般是将设计断面分成上半断面和下半断面实施两次开挖成型。有时也采用台阶上部弧形导坑超前开挖。

台阶开挖法可以有足够的工作空间和适宜的施工速度，但上下部作业有干扰。台阶开挖虽增加了对围岩的扰动次数，但台阶有利于开挖面的稳定。尤其是上部开挖支护后，下部作业就较为安全，但应注意下部作业时对上部稳定性的影响。

台阶开挖时应注意以下事项：

① 台阶长度要适当。按台阶长短可分为长台阶、短台阶和紧跟台阶三种。选用何种台阶，应根据两个条件来确定：其一是初期支护形成闭合断面的时间要求，围岩稳定性愈差，闭合时间要求愈短；其二是上半断面施工时开挖、支护、出碴等机械设备所需的空间大小的要求。

② 解决好上、下半断面作业的相互干扰问题。紧跟台阶基本上是合为一个工作面进行同步掘进；长台阶上下工作面基本上拉开，工作面之间干扰较小；而短台阶工作面之间干扰就较大，要注意作业组织。对于长度较短的隧道，可将上半断面贯通后，再进行下半断面施工。

③ 下半断面开挖时，应注意上半断面的稳定。若围岩稳定性较好，则可以分段顺序开挖；若围岩稳定性较差，应缩短下半断面掘进循环进尺；若稳定性更差，则可以左右错开，或先挖中槽后挖边帮。

3）分部开挖法

分部开挖法是将隧道断面分部开挖逐步成型，且一般将某部分超前开挖，故也可称为导坑超前开挖法，常用的有上下导坑超前开挖法、上导坑超前开挖法和单(双)侧壁导坑超前开挖法等。分部开挖因减少了每个坑道的跨度(宽度)，能显著增强坑道围岩的相对稳定性，且易于进行局部支护，因此它主要适用于围岩软弱、破碎严重的隧道或设计断面较大的隧道。分部开挖由于作业面较多，各工序相互干扰较大，且增加了对围岩的扰动次数，若采用钻爆掘进，则更不利于围岩的稳定，施工组织和管理的难度亦较大。导坑超前开挖，有利于提前探明地质情况，并予以及时处理，但采用的导坑断面过小，则施工速度较慢。

按开挖断面分割形式可将分部开挖法划分为：中隔壁(CD)法、交叉中隔壁(CRD)法、单侧壁导坑法、双侧壁导坑法等。

(1) 中隔壁(CD)法

该法是以中隔壁将洞室分为基本等面积、相对独立作业的左右两部分。先施工的一侧以短台阶或微台阶2~3部依次到底贯通，另一侧滞后一定的间距以与先开挖一侧相同的分步次数施工，该法源自台阶法，适合在浅埋、Ⅳ~Ⅴ级的土层和不稳定的破碎或软岩地层中施工，如图3.8所示。

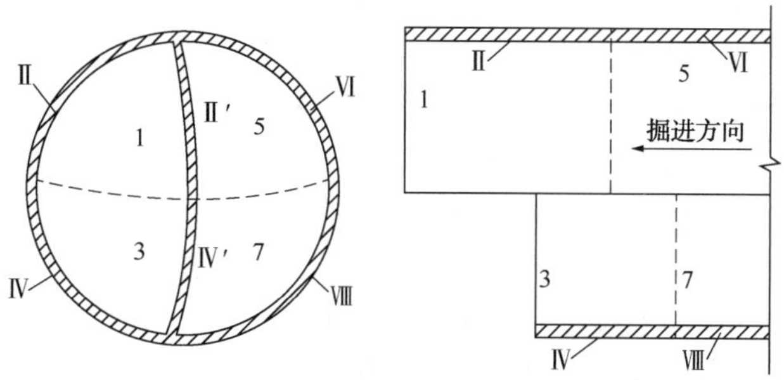

图 3.8 中隔壁(CD)法示意图

1、3、5、7—开挖断面；Ⅱ、Ⅳ、Ⅵ、Ⅷ—衬砌；Ⅱ′、Ⅳ′—初期支护

每部的高度应照应钢架节点，控制在 2.5~3.5m 左右；各部均应及时施作初期支护、中隔壁等临时支护，结构仰拱应(单侧或整体)尽快封闭；各部周边轮廓应尽量圆顺，以减少应力集中；后开挖一侧作业时应突出全断面初期支护及时闭合；两侧纵向间距应按 15~30m 控制；中隔壁宜设置为弧形或圆弧形，不宜呈立柱。

该法施作现浇混凝土结构时，须逐段拆除支护以减少其所占的空间，不仅挖掘和支护时大型机械不便使用，且对应地段二次结构完成前，也制约其后一个区段大型机械的使用。需爆破作业时，对中隔壁和临时仰拱的保护繁琐、困难。

(2) 交叉中隔壁(CRD)法

该法是以中隔壁将洞室分为基本等面积的左右两部分，两侧均以 2~3 部台阶依次到底贯通，两侧上部与下部交叉施作(而不是中隔壁墙先单侧到底)，且每部均采用初期支护与临时支护闭合的施工方法，因其上部交叉作业和中隔壁与临时仰拱形成交叉而得名。该法是在中隔壁法的基础上强化临时支护演变而成的，此法适应于比中隔壁法更差的地层、更大的断面。

交叉中隔壁(CRD)法与中隔壁法不同之处有二：其一，各部设临时仰拱，步步成环；其二，为策应上部断面应较早地以合理形状形成仰拱，充分发挥临时仰拱的作用，不是单侧顺次到底贯通而是两侧洞上部挖掘支护交叉进行。该法的同高程各部的纵向间距按约 15m 控制为宜。

交叉中隔壁施工步骤(见图 3.9)如下：

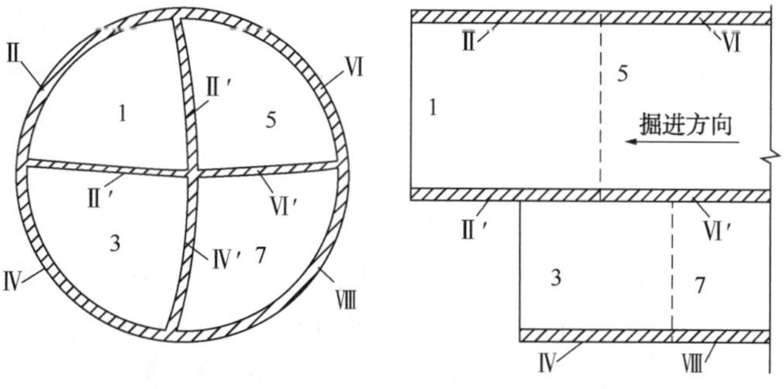

图 3.9 交叉中隔壁(CRD)法示意图

1、3、5、7—开挖断面；Ⅱ、Ⅳ、Ⅵ、Ⅷ—衬砌；Ⅱ′、Ⅳ′—初期支护

① 开挖掌子面拱部左导坑，超前小导管并注浆加固地层。

② 环形开挖左洞室上台阶土方。

③ 左洞室上台阶架立格栅，锁脚锚杆，喷锚支护。

④ 开挖左洞室核心土及下台阶土方。

⑤ 左洞室下台阶架立格栅，喷锚支护。

⑥ 开挖掌子面拱部右导坑，超前小导管并注浆加固地层。

⑦ 环形开挖右洞室核心土及下台阶土方。

⑧ 右洞室上台阶架立格栅，锁脚锚杆，喷锚支护。

⑨ 开挖右洞室核心土及下台阶土方。

⑩ 初期支护闭合成环后，施作仰拱并回填混凝土，架设临时支撑。

⑪ 拆去中隔壁及临时支撑，铺设防水层，做二次混凝土衬砌封闭成环。

（3）单侧壁导坑法

该法是以隔壁将洞室分为不等面积、相对独立作业的左右两部分，先以全断面或台阶方式施作先行侧导坑，后以台阶方式施作滞后一定间距的另一侧。该法适宜在较差的Ⅳ~Ⅴ级地层中修建大跨、浅埋、地层沉降需控制的洞室施工，如图 3.10 所示。

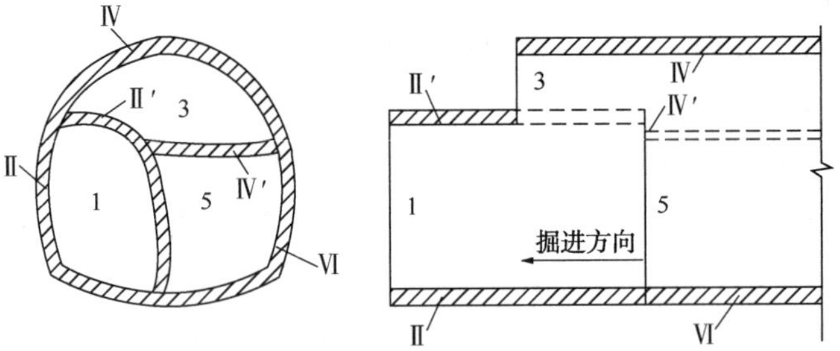

图 3.10　单侧壁导坑法示意图

1、3、5—开挖断面；Ⅱ、Ⅳ、Ⅵ—衬砌；Ⅱ′、Ⅳ′—初期支护

该法的断面设置工序类同于中隔壁法。先行导坑的面积与剩余部分面积之比约为 1：（2~2.5），宽度不应大于总洞室跨度的 1/2，一般按 1/3 左右设置，先行侧导坑拱顶宜设于洞室起拱线偏上一些。

该法施工中作业分块相对较少，须拆除的临时支护工程量较少，有利于部分断面进行快速施工。初期支护闭合并稳定后方可拆除隔壁墙，为后续施工使用大机械提供必要的空间。当地层差、开挖跨度大可能产生较大的沉降时，可通过加强支护或晚拆除隔壁墙加以解决。

（4）双侧壁导坑法

该法是将洞室横向分为三块，两侧导坑以全断面或台阶方式错开或平行先行施工，其后再以台阶方式施工剩余的中间部分。该法是单侧壁导坑法不能满足施工安全需要时采用的方法。地铁浅埋暗挖双侧壁导坑法施工是一项边开挖边浇注的施工技术，其原理是：把整个隧道大断面分成左右上下多个小断面施工，每一小断面单独掘进，最后形成一个大的隧道，且利用土层在开挖过程中短时间的自稳能力，采用网状支护形式，使围岩或土层表面形成密贴型薄壁支护结构，且用中隔壁及中隔板承担部分受力，如图 3.11 所示。

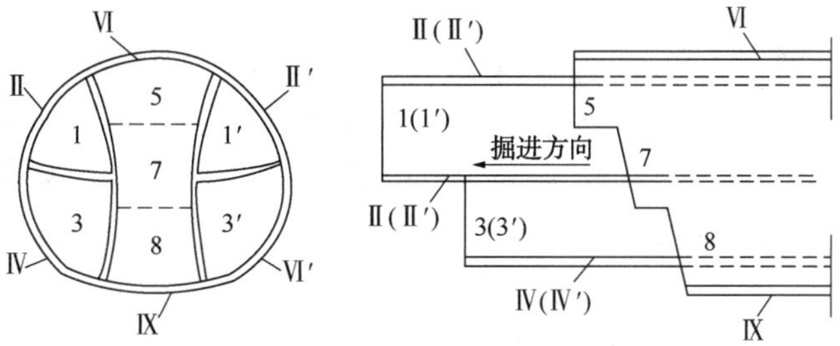

图 3.11　双侧壁导坑法示意图

1(1′)、3(3′)、5、7、8—开挖断面；Ⅱ(Ⅱ′)、Ⅳ、Ⅵ(Ⅵ′)、Ⅸ—衬砌

① 施工特点：

a. 很好地解决了大断面隧道开挖的安全性问题，且结构简单，拆装方便、灵活，经济效益显著。

b. 借鉴了新奥法的某些理论基础，与新奥法的不同之处是在城市地区松散土介质围岩条件下，隧道埋深小于或等于隧道直径，以很小的地表沉降修筑隧道。它的突出优势在于不影响城市交通，无污染、无噪声，而且适合于各种尺寸与断面形式的隧道洞室。

② 适用范围：

a. 城市地区松散土介质围岩条件下的浅埋隧道。

b. Ⅳ~Ⅴ级地层、沉降控制要求较高、更大更宽更扁平断面的洞室。

c. 在有水条件的地层中。

d. 浅埋地下车库、过街人行道和城市道路隧道等工程的修筑。

e. 大跨度地铁车站。

f. 主要适用于黏性土层、砂层、砂卵层等地质。

③ 施工步骤：

a. 两侧导坑上部开挖及支护。

第一步：超前小导管作业。超前小导管采用风钻直接顶入，压浆前用高压风清孔。超前小导管选用普通 ϕ42mm 钢管加工而成，顶部切削成尖靴，尾部焊接垫圈，长度为 2.5m 或 3m。超前小导管按设计范围沿拱部周边轮廓线设置，超前小导管从钢架腹部空间穿过，外插角在 20°左右，尾部与钢架焊连接成一体。为保证注浆质量，注浆前孔口处喷 20cm 混凝土封堵。采用高压注浆泵注水泥、水玻璃浆液，压力控制在 0.3~0.5MPa，浆液配合比视地质情况及现场试验确定，保证浆液扩散互相咬接，以提高围岩的稳定性。

第二步：开挖作业。超前小导管预注浆对地层进行加固后，采用人工直接开挖翻碴至下台阶，用翻斗车转运至提升架处，采用电动葫芦垂直起吊外运。每一开挖循环进尺为 0.5m。由测量人员控制中线水平，施工时保证不欠挖，严禁超挖。开挖轮廓线尽可能圆顺，以减小应力集中。另一侧上部开挖落后 3~5m。

第三步：断面初期支护。初喷：砂层地段在开挖后立即进行初喷混凝土，以便尽早封闭拱顶暴露面，喷射混凝土的厚度为 4~5cm。黏土层地段视开挖后围岩的稳定情况而定。格栅钢架：格栅钢架制作要符合设计规范和满足施工要求；安设时清除浮土，拱脚夯实或设置垫板，钢格栅纵向间距按设计要求每格 0.5m，纵向设 ϕ22mm 连接筋，其环向间距为

1m，交错布置。挂网：单层铺设，采用 ϕ8mm 钢筋，网格 15cm×15cm，做成 1.5m×0.7m 的网片，铺设在格栅钢架的背后位置，密贴围岩，并与格栅钢架连接牢固。喷射混凝土：采用 TK-961 型湿喷机喷护，砂层地段第一次喷射厚度为 3～5cm，架立好格栅钢架后，从钢架腹部打入下一循环的超前管棚，封好管口，复喷至设计厚度。锁脚锚管：在拱脚处打设两根 ϕ42mm 锚管，其尾部与格栅钢架焊接牢固。喷混凝土时注意保护好管口，喷混凝土结束后，及时压浆。

b. 两侧导坑下部开挖及支护。两侧下部开挖每循环进尺 1.0m，下部落后上部 3m。反坡开挖时，在掌子面设集水坑，集水坑内的水抽至竖井集水井后排出洞外。永久与临时初期支护同时施作，并及时封闭成环状，其余与上部相同。两侧下部施工工艺流程为：一侧侧洞下部开挖 5m→两侧下部开挖（含两侧仰拱）→每循环进尺 1.0m 后初喷混凝土 4～5cm（包括隧底及中间土体侧面）→安钢架、挂钢筋网、焊连接筋（包括中间临时钢架等）→二次复喷混凝土达设计厚度→进入下一循环。

c. 中间导坑上部开挖及支护。待两侧洞初期支护完成一定时间后，开挖中间土体，开挖中间土体落后于两侧洞开挖初期支护 3～5m。中间上部施工工艺流程：施作超前小导管预注浆加固地层→开挖土石方→初喷混凝土 4～5cm→安设钢格栅，焊纵向连接筋→钢架之间安设钢筋网→复喷混凝土达设计厚度→进入下一循环。

d. 中间下部开挖及支护。检查中隔板和中隔壁支撑，分析各部开挖支护后的变形收敛情况，待到处于基本稳定后再开挖中间下部土体，下部开挖落后上部 30～50m。施工工艺流程为：中间下部土体开挖→中间底部钢格栅和钢筋网的安装→喷混凝土封闭底部仰拱→进入下一循环。

采用双侧壁导坑法施工中要做到“短进尺、早支护、勤量测、速反馈”，保证结构安全。

两侧导坑宽度宜按洞室总宽的 1/3～1/4 设置，导坑断面设置应考虑采用设备的尺寸，其形状应圆顺，面积宜采用总面积的 1/4～1/3。导坑施工方法视断面大小、地层情况、设备配置在全断面或台阶法之间选择。两侧导坑的纵向间距按不低于 15m 控制，侧导坑与剩余断面开挖纵向间距不应低于 30m。剩余断面将依据其面积、地层情况、设备尺寸等因素，在满足拱部支护施作的前提下分步施工，不宜一次挖掘，一般分二至三台阶为宜。导坑和剩余断面均要遵循快支护和早封闭的原则。

在初期支护闭合、仰拱及填充完成后，经量测、分析知其稳定后即可拆除临时支撑，否则应随拆随施作现浇混凝土或钢筋混凝土结构。此法对后续较大型机械施工限制少。

4）特大断面施工方法

浅埋特大断面隧道，由于断面开挖跨度大、埋深浅以及结构受力复杂性等特点，在施工过程中首先要考虑工程地质条件的复杂性，其次要综合考虑施工开挖方式、现场施工技术水平、施工条件、隧道围岩的稳定性、隧道周边围岩地下水情况、施工周期以及施工成本等诸多因素。施工过程中各施工步序的相互影响引起对地层结构的多次扰动以及初期支护封闭不及时、二衬衬砌施加时间不恰当等因素均会使得隧道结构受力发生改变，隧道围岩变形较大，从而引起隧道结构的失稳破坏。

特大断面施工方法又可分为中洞法、双侧壁导洞法与洞桩法。

（1）中洞法

该法又称中导洞法，也称中洞-台阶法，是先行开挖中导洞，在导洞内完成中隔墙或梁柱体系施作，以中墙或梁柱体系作为两侧洞的侧墙，再以台阶法施作两侧洞的支护。该法主要适用于Ⅲ～Ⅳ级地层中的连拱洞室，如地铁车站、地铁区间合建段、公(铁)路中较短的连拱隧道或洞口段大断面单洞变联拱段等，如图3.12所示。

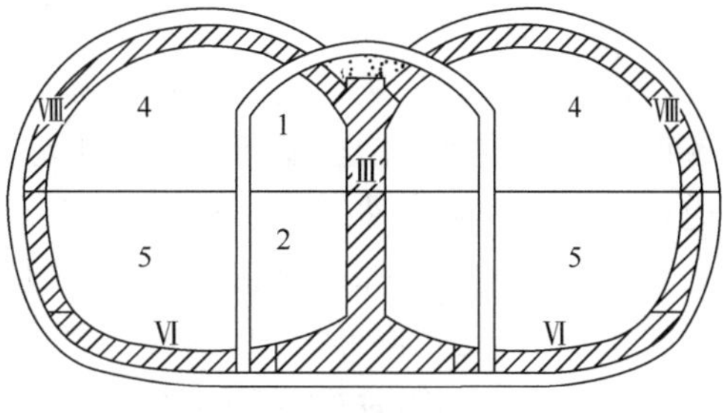

图3.12 中洞法示意图

1、2、4、5—开挖断面；Ⅲ、Ⅵ、Ⅷ—衬砌

该法之所以适用于Ⅲ～Ⅳ级围岩，主要是考虑到：①在Ⅰ～Ⅱ级地层中可能设计为一个大断面，可以按照侧洞法、单洞施作的台阶法或全断面施工法进行施工；②为便于中墙(或柱)混凝土施工，连接件预埋、安装及防水层铺设，一般应以椭圆、半圆等较圆顺、高度大于中墙1.0m以上、宽度不低于5m等设置中洞断面；③中洞超前侧洞50～100m为宜，当然中短隧道则可中洞先行贯通，两侧洞开挖作业纵向间距不宜低于15m，以利于安全施工。

（2）双侧壁导洞法

该法是将全断面横向分为五块——两个柱洞、一个中洞和两个侧洞，先自上而下施作柱洞初期支护，再自下而上施作结构柱底和顶处相对应的结构，形成梁柱支撑体系；其次施工中洞的上部初期支护及其相应部位的现浇混凝土结构，进行下部挖掘及其初期支护，进行中洞底对应部位的现浇混凝土结构，形成大中洞稳定体系；最后对称自上而下施作两侧洞初期支护，直至横向闭合。该法适用于无水或降、疏水后的非石质地层中设柱的多跨曲侧墙洞室，如地铁车站及其进出站合建段以及较短的公(铁)路隧道的多线共洞段等，如图3.13所示。

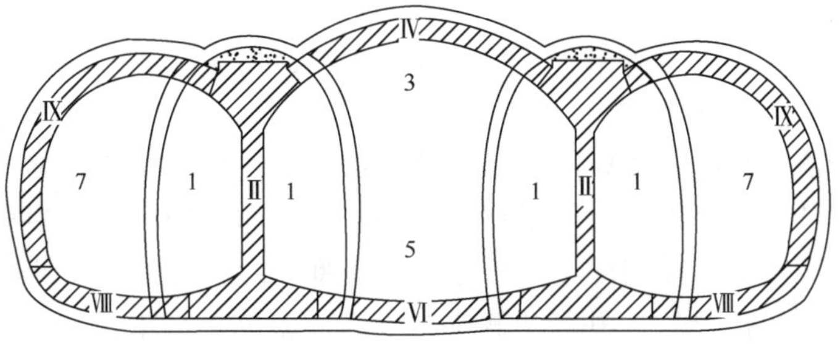

图3.13 双侧壁导洞法示意图

1、3、5、7—开挖断面；Ⅱ、Ⅳ、Ⅵ、Ⅷ、Ⅸ—衬砌

双侧壁导洞法施工的总体原则是“小分块、短台阶、早成环”。柱洞断面尽量圆顺且要满足梁柱施工需求，宜在中洞顶部二次结构完成后再开挖下台阶和施作仰拱底部结构。此法存在两个争议点：其一，两柱洞应该纵向错开还是对称施作；其二，两侧洞与中洞究竟应该先施作哪一部。其实各有其理，只要在梁柱体系形成后注重荷载对称，结构早闭合即可。初步的实践证明，两柱洞以对称施工为宜，先施作中洞比先施作侧洞有利，其理由：一是便于掌控荷载对称；二是便于早闭合，减跨作用明显；三是便于管理协调；四是便于初期支护钢架同步。

（3）洞桩法

该法又称洞柱法，也称双侧边桩导洞法。该法是在地表不具备施工明挖桩围护基坑的条件下，将明挖桩围护框架结构的工法与暗挖法结合，在地下先行暗挖的导洞内施作围护边桩、桩顶纵梁，然后使围护桩、桩顶纵梁、顶拱共同构成桩、梁、拱框架支撑体系，共同承受施工过程的外部荷载。然后在顶拱和边桩的保护下，逐层向下挖掘(必要时设预加力横向支撑)，进行内部结构施工，最终形成由外层边桩及拱顶初期支护和内层现浇混凝土或钢筋混凝土结构组合而成的永久承载体系。该法适用于无水或降、疏水后的非岩石地层、跨度不太大的矩形或近似矩形结构洞室施工。例如北京地铁复八线的天安门西站、王府井站及地铁十号线的劲松站、工体北路站、呼家楼站、光华路站、国贸站和苏州街站等采用了洞桩法施工。

① 施工特点：

a. 在非强透水地层中，将有水地层的施工变为无水或少水施工，避免因长期大量降水引起的地表沉降和费用增大，有利于保护地下水资源和降低施工费。

b. 以桩作支护有利于施工安全和控制地层沉降，避免中洞法、中隔壁法、交叉中隔壁法、双侧壁导坑法等多次开挖引起地面沉降量过大的缺陷和降低初期支护的刚度。

c. 与交叉中隔壁法、双侧壁导坑法等相比，此法拆除临时工程量相对较少，结构受力条件也好，相对经济合理。

d. 对结构层数限制少，对保护暗挖结构附近的地下构筑物安全有利。

e. 在桩、梁、拱承载体系形成后，有较大的施工空间，便于机械化作业，从而加快施工进度。

f. 在地下水位线以上的导洞内施工孔桩，利用其“排桩效应”对两侧土体起到了支挡作用，可减少因流沙、地下水带来的施工安全隐患。

② 方法和步骤：施工总原则是少分块、快封闭，尽量减少荷载转换次数和地层被扰动的次数。导洞掘进和主拱施工遵循“管超前、严注浆、短开挖、强支护、快封闭、勤量测”及“先护后挖，及时支撑”的原则。

从竖井进入两侧导洞施工，导洞贯通后进行钻孔灌注桩的施工、凿除桩头以及进行桩顶钢筋混凝土纵梁的施工。以此为依托在导洞内施工主体结构的钢架拱脚，回填支护后背与导洞初期支护之间空隙。采用注浆小导管加固拱部地层，开挖上部土体，施作车站主体上部初期支护(以下简称主拱)，并与两侧拱边段联成整体。在主拱的保护下开挖土体并施作中板和上部拱墙二次衬砌结构。分层实施下部开挖，分层架设横撑和实施桩间初期支护，然后进行下部主体结构施工。

洞桩法施工具体步骤如下：

第 1 步：超前注浆小导管加固地层，然后采用台阶法开挖桩顶导洞，格栅喷混凝土支护。

第 2 步：导洞开挖支护完成后，用特制和改进的钻机由内向外跳孔施工钻孔桩，导管法灌注水下混凝土，凿除桩头后，施作桩顶纵梁。

第 3 步：在导洞内施作主拱格栅钢架拱脚(即拱边段)，与导洞格栅钢架预留接头相连。

第 4 步：浇筑拱边段混凝土后再进行背后回填。

第5步：超前注浆小导管加固地层后采用弧形导坑法开挖导洞间的拱部土体，施作初期支护，必要时设置临时竖撑。

第6步：拆除临时竖撑后向下开挖至中板下一定距离，拆除永久结构断面内导洞格栅钢架，拆除长度应根据监控量测严格控制。

第7步：依次施作拱墙部防水层、中板底模、中板浇筑、拱墙浇筑，预留边墙钢筋和防水层。

第8步：向下开挖至钢管撑高程下0.5m，桩间喷射50mm厚C20混凝土找平，必要时进行桩间注浆加固、架设腰梁及钢管撑。

第9步：继续下挖至基底高程，桩间喷混凝土，施作底板垫层。

第10步：铺设底板防水层及其保护层，浇筑底板及部分边墙混凝土，边墙水平施工缝应高出底板面1.5m以上。

第11步：待底板达到设计强度70%以上，跳拆横撑及腰梁，铺侧墙防水层，浇筑侧墙混凝土并与上层边墙相接。

第12步：施作站台板等车站内部结构，完成车站土建施工全部内容。

③ 关键技术：

a. 导洞开挖。

施工难点：控制开挖所引起的地面沉降，确保地下管线和周边环境安全稳定。

主要对策：第一，确定合理的开挖顺序，先施作近桥桩侧导洞，超前另一侧导洞不小于10m；第二，坚持先护后挖的原则分台阶开挖，加强初期支护，早封闭成环，控制导洞的沉降和变形；第三，根据监控量测反馈信息调整支护参数和施工方法，以此作为安全保证的主要手段。

b. 孔桩施工。

施工难点：导洞空间狭小，成孔困难。

主要对策：第一，根据洞内作业空间和地质情况选用或改进钻机，提高成孔效率和质量。第二，确定合理的钻桩顺序，做好水下混凝土施工。为防止对临近已成孔的扰动，采用由内向外跳孔施工。钢筋笼分节吊装，现场连接。针对拆除钻杆与吊装钢筋笼的时间长，易造成坍孔、沉碴厚度控制难的问题，采用泵吸清孔和压举翻起沉碴的方式进行处理。加强对各操作环节协调指挥，避免因混凝土泵送距离长造成堵管，规避各种可能的断桩风险。第三，导洞内场地狭窄，应分区域分段纵向布置钻机设备、泥浆箱、管路及道路，用砖墙把钻桩作业区和运输道路分开。孔桩施工完后及时清除积水、浮浆和剩余混凝土，确保高效和文明施工。

c. 主拱施工。

施工难点：解决好主拱在初期支护与二次衬砌形成过程中的体系转换和平衡，防止结构变形、失稳和破坏，避免出现地面及拱部的过量沉降和坍塌。

主要对策：第一，遵循“先护后挖，及时支撑”的原则，少分部开挖、快封闭、早成环。第二，做好超前地质预报，探明前方的水文地质情况，若存在滞水，通过探孔排出；接近管线位置时，实施超前管线探测，采取小导管加密注浆、加密格栅钢架、设双层钢筋网、掌子面注浆等支护措施进行保护。第三，坚持信息化施工，根据信息反馈调整支护参数，如果变形量和变形速率超过管理值，立即采取应急预案，包括加强超前支护、初期支护、增设临时支撑、改变开挖步骤、修改施工方案等。第四，拆除临时支撑时，对相应部位加强监控量测。

d. 交叉口施工。

施工难点：交叉口处荷载转换复杂，结构易失稳；开口跨度大，操作空间小，对车站整体的施工组织和工期影响大。

主要对策：第一，交叉口采用组合拱梁结构，钢筋混凝土拱脚支承在纵梁上，水平梁连接初期支护格栅并分担荷载；主拱开挖时设置侧向开口加强环和临时竖撑，侧向开口加强环拱脚支承在纵梁上。第二，侧向开口采用6m管棚加固与注浆，环向破除混凝土设置开口加强环，主拱开挖时设置两排临时竖撑，竖撑置于导洞壁上；主拱施工时支护10~20m交叉口组合拱梁；圈梁站厅层成环后破除立体交叉拱梁侵入二衬断面部分，拆除临时竖撑，开挖核心土，施作通道二次衬砌。第三，及时开挖联络通道，在左右线间创造平行作业条件，以便加快施工进度。

e. 站台层结构防水和混凝土浇灌。

施工难点：在逆作施工缝处受空间限制，施工中防水板的预留和保护困难，施工缝处的防水质量不容易保证等。由于混凝土收缩的原因，在上、下部施工缝处混凝土很难浇灌密实而出现空隙，从而造成质量缺陷和安全隐患。

主要对策：第一，施工缝设在受剪力较小且便于施工的部位，便于边墙混凝土的施工，逆作施工缝留成台阶形式或斜缝；第二，施工缝处采用双道遇水膨胀嵌缝胶止水条或预埋回填注浆管等防水措施。

f. 监控量测。在施工降水、导洞开挖、主体拱部开挖、拆除临时支撑、主拱施工各阶段，分别进行地表下沉、拱顶下沉、桥桩沉降、管线沉降、水平收敛等项目的监控量测。

3.5 盾构法施工技术

盾构法最早始于1818年，是法国工程师布鲁诺(M. I. Brunel)受到蛀虫钻孔的启发后发明的隧道掘进的一种施工方法。盾构法是靠一种钢制的活动防护装置的掩护下进行隧道开挖的方法，同时在盾构的尾部拼装预制的管片、砌块或者现浇混凝土以形成盾构法隧道的衬砌结构。盾构机借助于盾尾千斤顶的顶力实现掘进，与此同时在衬砌结构和土体之间注入浆液以防止地层的过大变形，并在隧道开挖的同时确保线路周边的环境。

盾构法至今已有200多年的历史，随着对盾构隧道各种研究的不断深入，盾构法也得到了很大的发展。在对盾构隧道的研究中，主要包含了结构受力、适应环境、结构构造、衬砌防水以及与这些相关的施工技术和安全评估等方面。

3.5.1 盾构的类型

盾构类型从盾构机的出现到现在可以分成四类，包括敞开型、部分敞开型、封闭型和复合型，其中敞开型和部分敞开型称为旧式盾构，而封闭型和复合型称为现代盾构。目前世界上所用的盾构都是现代盾构，主要有泥水加压式和土压平衡式两种。

3.5.1.1 泥水盾构

1）原理

泥水盾构也称泥水加压平衡盾构（Slurry Pressure Balance Shield），简称SPB盾构。对于泥水盾构，土体是依靠泥水对工作面上的压力发挥平衡作用以求得稳定。掘进中泥水压力主要起支护作用，工作面任何一点的泥水压力总是大于地下水压力，从而保持工作面稳定。

在泥水平衡理论中，泥膜的形成是至关重要的。当泥水压力大于地下水压力时，泥水渗入土壤，形成与土壤间隙成一定比例的悬浮颗粒，被捕获并聚集于泥水的接触表面，泥膜就此形成。随着时间的推移，泥膜的厚度不断增加，抗渗能力逐渐增强。当泥膜抵抗力远大于正面土压时，就产生泥水平衡效果。因为是泥水压力使掘削面稳定平衡，故得名泥水加压平衡盾构，简称泥水盾构。

在机械掘削式盾构的前部刀盘后侧设置隔板，隔板与刀盘之间形成泥水压力室，把水、黏土及添加剂混合制成泥水，加压后送入泥水压力室。当泥水压力室充满加压的泥水后，通过加压作用，来谋求开挖面的稳定。

盾构推进时，由旋转刀盘掘削下来的土砂进入泥水舱，经搅拌装置搅拌后成含掘削土砂的高浓度泥水，用流体输送方式送到地面。经泥浆泵送到地表的泥水分离系统，待土、水分离后，再把滤除的掘削土砂的泥水重新压送回泥水舱。如此不断循环，完成掘削、排土、推进工作过程。

2）泥水盾构的优点与缺点

（1）优点

① 对地层的扰动小，地表沉降小。由于泥水盾构利用泥水压力对抗掘削地层的地下水压力、土压力，同时泥水渗入地层形成不透水的泥膜，所以掘削土体对地层扰动小，地表沉降也小。

② 适用于高地下水压，江底、河底、海底隧道施工。在以上场合，泥水盾构可选用面板形刀盘，增加掘削的稳定性，加上泥水压力对抗地下水压力的作用，故掘削的稳定性最可靠。

③ 适用于大直径化。由于泥水渗入地层的浸泡作用，致使掘削地层多少有些松软，故盾构刀盘掘削扭矩变小，所以在同样扭矩驱动设备作用下，泥水盾构的直径可以做得更大一些，目前像14~15m大直径的盾构均为泥水盾构。

④ 适用于高速化施工。除组装管片期间停止掘进外，其他工序均可连续进行。

⑤ 适用土质范围宽。适用的土质范围为软黏土层、滞水细砂层、漂砾层、固结淤泥层等，最适于在洪积层砂性土中掘进。

⑥ 掘进中盾构机体摆动小。由于泥水的浸泡作用，地层对刀盘掘削阻力小，故盾构的水平、竖直摆动小。

⑦ 因采用排泥管出碴，井下施工作业环境能保持清洁良好，提高了作业人员的施工安全性。

（2）缺点

① 成本高。由于设置泥水管理系统、泥水处理系统，致使工序、设备复杂，成本高。

② 排土效率低。由于通过泥水运出掘削土砂，故出土效率不高。

③ 地表施工占地面积大并影响交通、市容。泥水配置系统、泥水处理系统的存在，致使地表占地面积大增，有时受施工现场条件限制，无法满足该占地需求，征地费用大，影响交通、市容。

④ 不适于在硬黏土层中掘进。在黏度大的硬黏土层中掘进时，易出现黏土黏附面板、槽口及出土管道的现象，致使刀盘空转，槽口及出土管道堵塞，导致地层隆起、沉降。

⑤ 不适于在松散卵石层中掘进。松散卵石层的孔隙率大，无法形成泥膜，泥水损失量大，致使泥水压低且不稳定，即掘削面不稳定。

3）泥水配置及作用

（1）泥水配置

泥水主要包括黏土、膨润土、砂、水、添加剂等配料。

黏土是配制泥水的主要用料，应最大限度地使用掘削排放泥水中回收的黏土。

膨润土是泥水主材黏土的补充材料，膨润土的作用是提高泥水黏度、悬浮性、触变性，增加相对密度。

砂在砾石层中掘进时，因地层的有效空隙直径较大，故需在泥水中添加一定的砂，以便填充掘削地层的孔隙。

在使用地下水和江河水时，应事先进行水质检查和泥水调和试验，必须去除不纯物质和调整 pH 值。

添加剂主要用来调整泥水的质量，多为化学试剂。如 MS(甲基淀粉)的作用是降低失水率、增加黏度，纯碱的作用是调节 pH 值。

（2）泥水作用

① 形成泥膜及稳定掘削面。泥水与掘削面接触后，可迅速地在掘削的表面形成隔水泥膜。泥膜生成后，泥水舱的泥水再不能进入掘削地层，即杜绝泥水损失，保证了外加推进力有效地作用在掘削面上。与此同时，掘削地层中的地下水也不能涌入泥水舱，即防止喷泥。这就是泥水的双向隔离作用，保证了掘削面的稳定。

② 运送排放掘削泥沙。泥水与掘削下来的土砂在泥水舱内混合、搅拌，但掘削土砂在泥水中始终呈悬浮状态，且不失其流动性。故可由泥浆泵经管道将其排至地表，经泥水分离处理即把掘削土砂分离出去排掉，得到原状泥水重新注入泥水舱。

③ 冷却和润滑刀盘、刀头等掘削设备。

4）泥水系统

（1）泥水压力控制

供泥泵将压力泥水从地面泥水调整槽输送到盾构泥水室，供入泥水相对密度在 1.05~1.25 之间，在泥水室与开挖泥沙混合后形成较稠的泥浆，然后由排泥泵输送到地面泥水处理场，排出泥水相对密度在 1.1~1.4 之间。排出泥水通常要经过振动筛等分离处理，将弃土排除，清泥水回到调整槽重复使用。

控制泥水室的泥水压力，通常有两种方法：如果供泥泵为变速泵，即可通过控制泵的转速来实现压力控制；若供泥泵为恒速泵，则可通过调节节流阀的开口比值来实现压力控制。泥水管中的泥水流速，必须保持在临界值以上，低于临界值时，泥水中的颗粒会产生沉淀而堵塞管道，尤其是排出泥水时产生的堵塞更为严重。

在盾构推进过程中，进、排泥管路需不断伸长，管道阻力亦随之增大。为了保证管道中的流速恒大于临界流速，排泥泵转速应随时做相应改变，因而排泥泵必须自动调整。当排泥泵到达最大扬程时，再加中继接力泵。

要直接观察开挖面的工况是十分困难的，为保证盾构掘进质量，应在进、排泥管路上分别装设流量计和相对密度计，通过检测的数据，算出盾构排土量。

（2）泥水输送设备

① 泥浆泵。

a. 送泥泵：从泥水处理设备——调整槽，向掘削面压送泥水，通常设置于地表。

b. 排泥泵：把携带掘削土砂的泥水排向地表的泥水处理设备。通常选用转数可调的泥浆泵，设置在盾构后方台车上，该泵可以处理砾石、砂、黏土、珊瑚、煤和其他磨损性物料。

c. 中继泵：弥补掘进距离增加造成的排泥压力损失。通常选用定置定速泵，每200~300m设置一台。

② 管道设备。

a. 送泥管：为减小压力损失，通常送泥管的直径比排泥管的直径大50mm。

b. 排泥管：排泥管径取决于输送的砾径，在砂砾层中通常排泥管径不得小于200mm；泥水盾构使用的管材，要求具有良好的耐磨性和光洁度，大部分场合使用煤气管道。

c. 伸缩管装置：伴随盾构掘进距离延长，掘进循环达到一定距离，需要延伸泥浆管。

（3）泥水输送及出碴

① 泥水输送。泥水输送系统主要由泵、阀、管道及配套部件等组成，通过泵和管道将新浆和调整浆输送至开挖面，并通过泥水监控系统进行自动化操作。由刀盘切削下来的干土和水合成的泥浆，通过泵和管道将泥水送往地面的处理系统进行调整。

通常刀盘切削下来的土砂混入泥水，在排泥泵的吸力作用下，携带掘削的土砂经排放管道输送至地面泥水调整槽中。由于携带掘削土砂的原因，该泥水的密度、黏度均有较大的增加，所以流经管道时的内壁摩擦阻力较大，即排放压力损失大，致使排泥压力下降。为防止该压力下降，需在管道途中设置中继泵，保证排泥管道的畅通。但是，送泥管道中的情况却不同，因送入掘削面的泥水黏度、密度均不大，虽然盾构的掘进距离增长，送泥管的长度也不断加长，但是送泥管中的泥水压力下降极小，所以送泥管道通常不设中继泵。当砾石的直径比排泥管径大时，启用砾石处理装置，对砾石进行筛选和破碎处理。

② 出碴。泥水盾构是用排泥管出碴的。泥水盾构的泥水排放系统，主要由排泥泵、测量装置、中继排泥泵、泥水输送管及地表泥水储存池构成。泥水盾构的刀盘多为面板形，可根据地层的情况决定面板上的开口率。停止掘进时把槽口全部关闭，使泥土吸入量为零，以此防止掘削面坍塌。为防止排泥泵的吸入口堵塞，特在土仓内吸入口的前方设置搅拌机和碎石处理机构。

a. 搅拌机。泥水盾构上的搅拌机是为了防止舱内泥水沉积、排泥管入口被砾石和大土块等堵塞而设置的。当排泥管入口堵塞时，搅拌机的扭矩将异常上升。为使搅拌机逆转容易，搅拌机多为液压式。当出现油压缓慢上升时，说明土仓内掘削土砂可能在慢慢堆积下沉。另外，油压出现急剧上升或停止的现象时，很可能有大砾石卡住刀盘，此时应使刀盘逆转解除。

b. 碎石器。碎石器是为保证泥浆循环的通畅，而对大块的石块进行破碎。在泥水盾构排泥管的入口处，一般布置有碎石器和格栅，由液压操作的碎石器位于格栅前，把大石头破碎到要求的尺寸。

为使掘削面稳定，排泥水机构中必须装备泥水量管理和掘削土量的测量仪器。通常靠调节泥水压送泵的转数来调节泥水压力，由流量计和密度计测量结果推算出掘削土量。

在使用泥水盾构的场合下，掘削土砂通过排泥管输送到处理设备。在砂层、砂砾层中长距离掘进的场合下，管壁磨耗严重的情形时有发生，为此管道弯曲部位、盾构内不易更换部件的部位必须使用厚壁管材。

(4) 泥水处理

泥水处理系统，即将掘削下来的土砂形成泥水，通过流体进行输出，经分离成土砂和水，最后将土砂排弃的处理系统。

泥浆分离和处理系统的作用，是将盾构切削土砂形成的泥水进行颗粒分离和处理后，再将回收的泥浆泵入地面调整槽。

在这个处理系统中，将排放的含有掘削土砂的泥水中，混有砾石、砂、黏土、淤泥的结块等粒径较大的粗粒成分，大直径砾石和砂作机械筛分，小颗粒粉砂土、黏土胶体用凝集剂使其形成团粒后，采取强制脱水。通过对排放的泥水做一系列的处理、调整，使之符合再利用标准及废弃物排放标准的处理，称为泥水处理。具体又分为一次处理、二次处理、三次处理。

① 一次处理。即将排放的含有掘削土砂的泥水中的砾、砂、淤泥及黏土结块等粒径大于 74μm 的粗颗粒，从泥水中分离出去，并用运土车运走。

② 二次处理。对一次处理后的多余泥水进行进一步分离，因为 74μm 以下的小颗粒，呈电化学结合，用机械方法分离困难，并且粒子小，沉降速度慢，自然沉淀需要很长时间，而且需要有规模大的沉淀池。对于此种情况，目前多数采用添加凝集的方法，使其形成絮凝状团粒，成为便于处理的大颗粒后再强制脱水，呈可搬运状态时运出。

③ 三次处理。把二次处理后产生的水和坑内排水等 pH 值高的水处理成达到排放标准的水，然后排放。

3.5.1.2 土压盾构

1) 原理

土压盾构也称土压平衡盾构(Earth Pressure Balance Shield)，简称 EPB 盾构。所谓土压平衡，就是盾构密封舱内始终充满了用刀盘切削下来的土，并保持一定压力以平衡开挖面的土压力和地下水压力。其主要由盾构主机、后配套系统及辅助设备组成。主机由盾壳、刀盘、刀盘驱动、螺旋输送机、皮带输送机、管片安装机、人舱、液压系统等组成。

对由旋转刀盘切削下来进入密封舱内的土体，通过安装在密封舱内的螺旋输送机以及出土口上的滑动闸门或螺旋式漏斗等排土机构进行排土，一面排土，一面维持开挖面稳定状态，一面将盾构向前推进。

土压盾构的基本原理是：刀盘旋转切削开挖面的土体，破碎的土体通过刀盘开口被压进土仓，落到土仓底部，然后在那里与塑性土浆混合，通过螺旋输送机运到皮带运输机上。

盾构在推进油缸的推力作用下向前推进，盾壳对开挖出的还未衬砌的隧道起着临时支护作用，不仅承受周围土层的土压，而且承受地下水的水压以及将地下水挡在盾壳外面，使掘进、排土、衬砌等作业在盾壳的掩护下进行。盾构内的土压可由刀盘旋转开挖速度和螺旋输料器出土量(出土速度)进行调节。

2）土压盾构的优点与缺点

（1）优点

① 成本低。因为土压盾构工法无须泥水盾构那样的泥水处理系统，故设备少，现场占地面积小，成本低。

② 出土效率高。因排出的直接是泥土，不需泥水分离，故排土效率比泥水盾构工法高。

③ 适应地层范围宽。目前土压盾构工法几乎适用于所有地层，特别是大砾石、含砾率高的地层。

（2）缺点

① 掘削扭矩大。因添加材的密度大，故对地层的浸渗小，所以掘削摩擦阻力大，即掘削扭矩大，致使盾构机的装备扭矩大，功耗大。

② 地层沉降大。与泥水盾构工法相比，土压盾构工法对地层扰动大，故地层隆起、沉降均比泥水盾构略大，不过随着监测技术的进步，沉降量也可以得到有效的控制。

③ 直径不能过大。由于上述两个缺点，致使土压盾构的直径不能过大，目前最大仅为 11m。

3）渣土运输

（1）螺旋输送机

螺旋输送机是土压盾构的重要部件，其主要的功能为：①为掘进渣土排出的唯一通道，从承压的开挖舱中将土料排送到大气压下的隧道中；②在渗水地层中，予以密封，抵抗承压水；③通过控制排出料，在螺旋输送机内形成的土塞，建立前方密封土仓内的压力。

① 螺旋输送器的防水。螺旋输送器是盾构与前方开挖面连通的唯一通道，开挖面的岩层形态和地下水情况都会在螺旋输送器的出土口表现出来。尤其在复杂多变的地层中，螺旋输送器除了排放渣土外，有效抵御地下水显得更为重要。

除螺旋输送器后方的出土闸门外，另设置前闸门，在必要时可以彻底隔离开挖面与后方的联系。

② 螺旋输送器的喷涌。大量的高压泥浆从螺旋输送器的出土口喷射出来的现象叫喷涌。喷涌严重污染盾构和隧道工作人员的施工环境，导致停机处理。更有甚者，大量喷涌造成密封土仓的突然卸压而引起地面的严重沉降。

造成喷涌的原因有很多种，但都有一个共同点，即必定有一个补给充足，迅速在密封土仓螺旋输送器出口处形成水头压力的水源。因此要防止喷涌，其主要方法就是“治水”。

（2）皮带输送机

皮带输送机用于将螺旋输送机送来的渣土转运到后部的装碴列车上。为了防止皮带机在输送含水量大的弃土时弃土向下滑，应尽可能将皮带机的倾斜角设计小，防止渣土回流落入隧道。

在皮带输送机上设置有橡胶防护板及皮带张紧装置、急停拉线装置，并在皮带输送机出碴口外溅。

4）泥饼及渣土改良

（1）泥饼

泥饼是盾构刀盘切削下来的细小颗粒、碎屑在密封土仓内和刀盘区重新聚集而成半固结或固结的块体。泥饼除可以引起地表隆起、沉陷、喷涌外，还会损坏盾构的主轴承。

黏土矿物是形成泥饼的物质基础，泥饼容易在黏土矿物含量超过25%的各类地层中形成，其中刀盘中心区是结泥饼的高发区。无论是从德国进口的盾构还是从日本进口的盾构，如果没有设置独立驱动的中心子刀或高达40～50cm的中心刀群，则由于中心区开口率低、线速度小，均易形成面板泥饼，设置滚刀者，泥饼发生频度更高。

（2）渣土改良

对于黏土含量比较少的地层而言，刀盘掘削下来的泥土的流塑性很难满足排土机构直接排放条件。另外，其抗渗性也差，为此必须向这种掘削泥土中注入添加材，以改变其流塑性、抗渗性，使其达到排土机构可以排放的条件。

为了能更好地改善沙层的流塑性和止水性，可通过渣土改良系统向开挖面注入添加剂或发泡剂，考虑到掘削泥土与添加材的搅拌混合效率，注入口通常设在刀盘中心凸出的前面、辐条上及土仓隔板上。因注入口直接与泥土接触，故必须设置可以防止泥土与地下水涌入的防护头和逆流防止阀。

① 添加材的作用。添加材是主材、助材和水拌和而成的液体材料，其作用如下：

a. 提高塑性，保证了土料能不断地送到螺旋输送机；防止渣土卡住刀盘、大块卵石沉入土仓底部，造成出碴困难、渣土堵塞。

b. 开挖室内土料具有软稠度和良好的塑性变形，使支撑压力能规则地作用于开挖面，保证开挖面的稳定。

c. 提高渣土的抗渗性，在螺旋输送机形成瓶塞效应，防止喷涌。

d. 减小对刀盘及刀具的磨损和破坏，减少对螺旋输送机的磨损。

e. 减小对刀盘和螺旋输送机的驱动力矩，降低电力消耗。

② 常用添加材。

a. 膨润土：膨润土的主要成分是蒙脱石，易吸水膨胀，并且具有润滑性。注入该类泥材的目的是增加微、细粒含量，使黏土的内摩擦角变小，可在土压作用下发生变形和破坏，即流动性、止水性均有一定程度的提高。

膨润土的作用是：第一，利用膨润土的润滑性和黏性改良渣土，增加渣土的流动性和和易性，防止其在刀盘面、密封土仓或螺旋输送机内结泥饼；第二，同步注浆停止时，泵入膨润土以置换砂浆，防止注浆在管路沉淀、凝固而发生堵塞；第三，可以在工作面上形成低渗透性的泥膜，这样有利于给工作面传递密封土仓的压力，以便平衡更大的土压力；第四，可以改善密封土仓的和易性，提高砂性土的塑性，以便于出土，减少喷涌；第五，盾壳周边膨润土，可以减小盾构的推进力。同时，可以减小刀盘扭矩，节约能耗。

b. 泡沫剂：与膨胀土相比，使用泡沫剂的优势是体积小，能分离黏结在一起的黏土矿物颗粒。泡沫剂产生的泡沫中90%是空气，另外10%中的90%是水分，剩下的才是发泡剂。

在数小时内，渣土泡沫的大部分空气就会逃逸，渣土恢复原来的黏结状态，便于运输。

泡沫剂适用于细颗粒土层中。在盾构施工时，将由泡沫发生设备产生的泡沫，通过盾构刀盘前段的注射孔注入开挖面。泡沫剂将从泡沫剂储罐中泵出，并与水按要求的比例混合形成溶液随即被分别输送到泡沫发生器中，同时输入压缩空气使泡沫溶液打旋与之混合产生泡沫。

3.5.2 盾构的特点、适用条件及选型

3.5.2.1 盾构特点及适用条件

1）盾构特点

封闭型盾构主要有泥水加压和土压平衡两大类型，施工人员不能直接观察开挖面土层工况，而是通过各种检测传感装置进行显示和自动控制。泥水加压盾构适用从软弱黏土、砂土到砂砾层等地层，但是它需要一套技术较复杂的泥水分离处理设备。土压平衡盾构既具有泥水加压盾构的优点，又消除了复杂的泥水分离处理设施，目前受到工程界的普遍重视。

复合型盾构，是在软土盾构的刀盘上安装切削岩层的各式刀具，有的还在盾构内安装碎石机，这种硬岩开挖工具与软土隧道盾构机械相结合，能在硬岩和软土地层交替作业。由于城市地铁的一条线路所处的地质条件很复杂，有较软的土层、砂层，也有较硬的岩层以及地下水等。所以，在选择盾构机型时一般都选择复合型盾构。又由于复合式泥水加压盾构需要在地面修建泥水处理厂，给居民的生活和周围的环境带来一定的不良影响，故一般选择复合式土压平衡盾构，这是一种城市地铁建设的发展趋势。具体优、缺点如下：

① 场地作业少，隐蔽性好，因噪声、振动引起的环境影响小。

② 穿越河底或海底时，隧道施工不影响航道，也完全不受气候的影响。

③ 穿越地面建筑群和地下管线密集区时，周围可不受施工影响。

④ 自动化程度高、劳动强度低、施工速度较快。

⑤ 施工设备费用较高。

⑥ 覆土较浅时，地表沉降较难控制。

⑦ 用于施工小曲率半径隧道时，掘进较困难。

2）适用条件

① 在松软含水地层，相对均质的地质条件。

② 盾构法施工隧道应有足够的埋深，覆土深度宜不小于6m。隧道覆土太浅，盾构法施工难度较大，在水下修建隧道时，覆土太浅盾构施工安全风险较大。

③ 地面上必须有修建用于盾构进出洞和出土进料的工作井位置。

④ 隧道之间或隧道与其他建(构)筑物之间所夹土(岩)体加固处理的最小厚度为水平方向1.0m，竖直方向1.5m。

⑤ 从经济角度讲，连续的盾构施工长度不宜小于300m。

3.5.2.2 盾构选型

一般来说，用盾构法施工的地层都是复杂多变的，因此，对于复杂的地层要选定较为

经济的盾构是当前的一个难题。实际上，在选定盾构时，不仅要考虑到地质情况，还要考虑到盾构的外径、隧道的长度、工程的施工程序、劳动力情况等，而且还要综合研究工程施工环境、基地面积、施工引起对环境的影响程度等。

选择盾构的种类一般要求掌握不同盾构的特征。同时，还要逐个研究以下几个项目：①开挖面有无障碍物；②气压施工时开挖面能否自立稳定；③气压施工并用其他辅助施工法后开挖面能否稳定；④挤压推进、切削土加压推进中，开挖面能否自立稳定；⑤开挖面在加入水压、泥压、泥水压作用下，能否自立稳定；⑥经济性。

1）选型依据

① 土质条件、岩性(抗压、抗拉、粒径、成层)等各参数；

② 开挖面稳定(自立性能)；

③ 隧道埋深、地下水位；

④ 设计隧道的断面；

⑤ 环境条件、沿线场地(附近管线和建筑物及其结构特性)；

⑥ 衬砌类型；

⑦ 工期；

⑧ 造价；

⑨ 宜用的辅助工法；

⑩ 设计路线、线性、坡度；

⑪ 电气等其他设备条件；

⑫ 地层渗透系数。地层渗透系数对于盾构机的选型来说是一个很重要的因素。根据欧美和日本的施工经验，当地层的透水系数小于 10^{-7}m/s 时，可以选用土压平衡盾构；当地层的渗水系数在 10^{-7}m/s 和 10^{-4}m/s 之间时，既可以选用土压平衡盾构，也可以选用泥水式盾构；当地层的透水系数大于 10^{-4}m/s 时，宜选用泥水盾构。

2）泥水加压式盾构选用

泥水加压式盾构适用于冲积形成砂砾、砂、粉砂、黏土层、弱固结的互层地基以及含水率高、开挖面不稳定的地层；洪积形成的砂砾、砂、粉砂、黏土层以及含水很高、固结松散易于发生涌水破坏的地层，是一种适用于多种土质条件的盾构型式。但是对于难以维持开挖面稳定性的高透水性地基、砾石地基，有时也要考虑采用辅助施工方法。

3）土压平衡式盾构选用

土压平衡式盾构适用于含水量和粒度组成比较适中的粉土、黏土、砂质粉土、砂质黏土、夹砂粉黏土等土砂可以直接从掘削面流入土仓及螺旋排土器的土质。但对含砂粒量过多的不具备流动性的土质，不宜选用。

3.5.3 盾构原理与构造

3.5.3.1 原理

盾构机的基本工作原理就是一个圆柱体的钢组件沿隧洞轴线边向前推进边对土壤进行挖掘。该圆柱体组件的壳体即盾壳，它对挖掘出的还未衬砌的隧洞段起着临时支撑的作用，承受周围土层的压力，有时还承受地下水压以及将地下水挡在外面，挖掘、排土、衬砌等作业在盾壳的掩护下进行。盾壳的厚度，视地质情况、盾构直径大小和生产国家的不同而略有差异。

盾构施工主要是由稳定开挖面、掘进及排碴、管片拼装及壁后注浆四部分组成。其中开挖面的稳定方式是其工作原理的主要方面，也是区别于山岭隧道硬质岩体 TBM 的主要特征。通常硬质岩体 TBM 施工时，大多数岩体稳定性较好，不存在开挖面失稳的问题，虽也会遇到掌子面不稳定的情况，但这种地质地段占整体隧道比例不会很大。

3.5.3.2 构造

盾构主要由盾构主机、后配套设备及附属设备组成。主机部分包括掘削机构、动力装置、盾壳、推进装置、管片拼装机构、衬砌背后注浆、出料装置和控制设备等。

1）掘削机构

（1）刀盘

刀盘设置在盾构的最前方，既能掘削地层的土体，又能对掌子面起到一定支撑作用，从而保证掘削面的稳定。

刀盘开口率是刀盘面板开口部分的面积与刀盘面积的比值。刀盘切削下来的渣土通过刀盘的开口槽流往土仓。刀盘的中心装有回转接头，它使刀盘上的泡沫注入通道能跟盾构体内的管路相连接。海瑞克盾构机中心回转接头内有 4 路泡沫注入通道，泡沫剂通过中心回转接头到达刀盘后，再在刀盘体内分成 8 个注入口，通过刀盘面板注入泥浆或泡沫，起到冷却、润滑和改良渣土等作用。当地层含砂量超过某一限度时，泥土的流塑性明显变差，土仓内的土体因固结作用而被压密，导致渣土难以排送。可通过向土仓内注水或泡沫、膨润土等，经强制搅拌，使砂质土泥土化。泡沫是一种流塑化改性剂，除可改善土体的流动性外，还可润滑刀盘、刀具、螺旋输送机，降低刀盘扭矩，保持开挖面稳定。

（2）刀具

盾构机刀具是一种超硬材质，一般是耐冲击性及耐磨性优越的 E5 材质或类似材料(高硬度的合金钢)，同时它也是盾构机破岩掘进的关键部件，在掘进中容易损坏，要经常更换。目前使用的刀具主要有刮削刀具和滚动刀具。刮削刀具是指只随刀盘转动而没有自转的破岩刀具，刮削刀具的种类繁多，目前盾构掘进机上常用的刮削刀具类有边刮刀、刮刀、齿刀、先行刀、贝壳刀、鱼尾刀等。刮刀是由刀座、刀体和刀刃三部分组成的，刀座是与刀盘连接的部分，与刀盘的连接有焊接如先行刀、螺栓连接如边刮刀、插销连接如正面刮刀。刀座有的是与刀体成一体的，有的是与刀体焊接的，与刀体焊接的刀座材料一般是低碳合金钢。刀体对硬质合金刀刃起支撑和保护作用，要有足够的强度和耐磨性，常常采用表面硬化技术或局部堆焊耐磨层。刮刀刃是刮刀刮削岩土和保护刀体不被磨损的关键部位，通常是用硬质合金做成的，其大小和形状根据部位、作用、地层设计。刀刃与刀体的连接是关键，具体工艺有焊接、镶嵌和镶嵌焊。

滚切类刀具是通过刀具的滚动来切割岩层的，所以人们习惯称之为滚刀。它一般是通过刀框座和螺栓连接在刀盘上的。在工作过程中，它不仅要在刀盘的带动下随刀盘进行公转，同时还要围绕自身刀轴进行自转，通过不断的连续滚动对岩层进行切入、挤压和摩擦，使掌子面上的岩层逐渐剥落，完成对岩层的切割破碎。根据刀刃的形状滚刀可分为齿形滚刀(钢齿和球齿)、盘形滚刀(钢刀圈滚刀和球齿刀圈滚刀)。根据安装位置滚刀可分为正滚刀、中心滚刀、边滚刀、扩孔滚刀。盾构掘进机滚刀主要是盘形滚刀，盘形滚刀又有单刃、双刃和多刃。

2）刀盘驱动装置

刀盘驱动装置的作用是向刀盘提供必要的旋转扭矩，驱使刀盘旋转。刀盘驱动装置由钢板焊接构造而组成，在内部安装高精度、大负荷的滚动轴承和密封圈。该装置一般由带减速器的液压马达的小齿轮驱动大轴承，带动刀盘顺时针或逆时针旋转。

通常刀盘驱动部(包括密封、大轴承、小齿轮、减速机、液压马达等)作为一个整体组装调试后，再用螺栓固定在盾构壳体上，这样更能保证刀盘密封与传动的可靠性和安全性。为了防止土砂、水进入驱动装置内，在旋转部与固定部中间设置有密封装置。

盾构刀盘的转速，要视刀盘的直径大小而定。一般说来，刀盘直径大，转速就低；刀盘直径小，转速就高。其原因是：刀具切削土壤时，线速度要求低于20m/min，如果线速度超过此极限值，切削阻力将急剧增加，刀具磨损加剧，导致频繁地更换刀具。

3）盾壳

盾构的种类繁多，所有盾构的外壳沿纵向从前到后分为前盾、中盾、后盾三段，通常又把这三段称为切口环、支撑环、盾尾。

(1) 切口环

切口环部分是开挖和挡土部分，它位于盾构机的最前端，施工时最先切入土层并掩护开挖作业。切口环保持着工作面的稳定，并作为开挖下来的土砂向后方运输的通道，采用机械化开挖式盾构时，就根据开挖下来土砂的状态，确定切口环的形状、尺寸。

切口环的长度主要取决于盾构正面支承、开挖的方法。对于机械化盾构切口环按不同的需要安装各种不同的机械设备，这些设备是用于正面土体的支护及开挖，而各类机械设备是由盾构种类而定的。

(2) 支承环

支承环是盾构的主体结构，是承受作用于盾构上全部荷载的骨架。它紧接于切口环，位于盾构中部，通常是一个刚性很好的圆形结构。地层压力、所有千斤顶的反作用力以及切口环入土正面阻力、衬砌拼装时的施工荷载均由支承环来承受。

在支承环外沿布置有盾构千斤顶，中间布置拼装机及液压设备、动力设备、操纵控制台。

当切口环压力高于常压时，在支承环内要布置人行架、减压舱，即人舱，也称气压人闸。支承环的长度应不小于固定盾构千斤顶所需的长度，对于有刀盘的盾构还要考虑安装切削刀盘的轴承装置、驱动装置和排土装置的空间。同时应拥有可充分承受土压、水压、盾构千斤顶推进反作用力、挖掘反作用力的强度。

(3) 盾尾

盾尾在盾壳的尾部，由环状外壳与安装在内侧的密封装置构成。其作用是支承坑道周边，防止地下水与注浆材料被挤入盾构隧道内。在盾尾内部留有管片拼装的空间，该空间内装有拼装管片的举重臂。盾尾的环状外壳大都用高强度的薄形钢板制作，以减少盾构向前推进后留下的环状间隙。从而减少压浆工作量，对地层扰动范围也小，有利于施工。但盾尾也需要承担土压力，所以其厚度应综合上述因素确定。盾尾的长度取决于衬砌形式，必须根据管片的宽度及盾尾的密封道数来确定。

为防止泥水和水泥砂浆从盾构外流入盾构内，盾构内压气向地层中泄漏，在盾壳内壁和衬砌之间设有密封装置。

4）推进装置

盾构推进是靠液压系统带动千斤顶的伸缩动作，驱使盾构在土层中向前推进的。盾构千斤顶活塞的前端必须安装顶块，顶块采用球面接头，以便将推力均匀分布在管片的环面上。

推进千斤顶沿中盾壳体内侧均匀分布，油缸的布置在设计时考虑了避开管片接缝。推进系统，应具有纠偏功能，推进油缸能分组和单独控制，能手动和自动控制，满足施工要求的最小转弯半径需要，并具有一定的爬坡能力。

盾构的推进油缸布置形式有两种：一种是四组分区；一种是五组分区。理论上，分组越多，越容易调向，但大部分盾构采用的是四组分区形式，因为其布置比较简单，同时可以节约成本。

5）管片及管片安装机

（1）管片

盾构法修建的隧道采用拼装式衬砌，是将衬砌分成若干块管片，这些管片经预制后运到隧道内，用机械拼装成环，拼装成环后即可立即受力。目前主要用在盾构隧道内，因为盾构的前进需要衬砌环立即提供反力，这是现浇混凝土衬砌所做不到的。

盾构隧道的衬砌，通常分为一次衬砌和二次衬砌。一般情况下，一次衬砌为由管片组装成的环形结构，二次衬砌是在一次衬砌内侧现场灌注的混凝土结构。只有一次管片衬砌的叫单层衬砌。在一次衬砌里面再做现场灌注的二次衬砌，称之为双层衬砌。一般情况下均采用单层衬砌，如地铁隧道。但对于污水隧道、有内压的隧道或结构受力十分复杂的隧道，宜采用双层衬砌，如南水北调的穿黄隧道。

由于在开挖后要立即进行衬砌，故将数个钢筋混凝土制造的块体构件组装成圆形等衬砌，此块体称为管片。

① 管片接头。管片接头分为沿圆周方向连接起来的管片接头和沿隧道轴线连接起来的管片环接头两种。接头与接头通常采用螺栓连接，连接螺栓有直螺栓和弯螺栓两种。

② 管片拼装形式。

a. 按其组合形式，分为通缝拼装和错缝拼装。

（a）通缝拼装。所有衬砌的纵缝呈一直线的情况，称之为通缝拼装，即各环管片的纵缝对齐的拼装。这种拼法在拼装时定位容易，纵向螺栓容易穿进，拼装施工应力小。

（b）错缝拼装。相邻两环间纵缝相互错开的情况，称之为错缝拼装。即前后环管片的纵缝错开，不在一条直线上的拼装，一般错开 1/2 块管片弧长，用此法建造的隧道整体性较好。错缝拼装的优点在于能够使环接缝刚度分布均匀，提高了管片衬砌的刚度。国内多采用错缝拼装形式。

b. 按照组环的形式，分为先环后纵和先纵后环。

（a）先环后纵。先将管片拼装成圆环，拧好所有环向螺栓，待穿进纵向螺栓后再用千斤顶整环纵向靠拢，然后拧紧纵向螺栓，完成一环的拼装工序。

(b) 先纵后环。此法在推进阻力较大，容易引起盾构后退的情况下不宜使用。管片按先底部、后两侧、再封顶的次序，逐步安装成环，每装一块管片，对应千斤顶就伸缩一次。这种方法的封顶块必须纵向插入，最后封顶成环。国内多采用先纵后环形式。

c. 按照顺序，分为先上后下和先下后上。

(a) 先上后下。小盾构施工中，可采用拱托架拼装，则要先拼装上部，使管片支撑于托架上。这样拼装安全性差，工艺复杂，需要有卷扬机等辅助设备。

(b) 先下后上。用举重臂拼装的方法，从下部管片开始拼装，逐块左右交叉向上拼。这样拼装安全性好，工艺简单，拼装所用设备少。大多数隧道采用先下后上的方法，即使用举重臂的方法。目前，国内管片的拼装工艺可归纳为先下后上、左右交叉、纵向插入、封顶成环。

(2) 管片安装机

管片安装器安装在盾尾区域，用来安装衬砌管片。安装器所具有的各种动作能在施工场地条件下使管片精密地就位。它主要的运动构件的功能均可通过比例控制来实现。在管片安装模式下，为达到最理想的衬砌效果，每个/对推进油缸可以单独控制。所有方向运动可靠，功率足够，采用比例液压控制的管片安装器可以快速地达到毫米级的安装精度。

管片安装器由以下构件组成：悬臂梁、移动机架、回转机架、安装头、动力输入、真圆保持器。管片安装器的行程允许在隧道内更换前面两排盾尾刷。

① 悬臂梁。悬臂梁用于管片安装器的纵向移动。它通过法兰与中盾 H 架连接。盾构与拖车之间的所有管线连接都穿过管片安装机敞开的中心部位。管片安装器悬臂梁与桥架用油缸铰接。

② 移动机架。移动机架安装在悬臂梁上，可通过两个液压缸的伸缩做纵向移动。带内齿的滚动轴承用法兰连接在移动机架上，并以此带动回转机架。回转驱动马达安装在移动机架上，回转运动通过驱动马达上的齿轮驱动，该液压马达具有制动装置。

③ 回转机架。回转机架用法兰安装在滚动轴承的内圈上，其侧向安装有伸缩臂。由内部的伸缩油缸带动，伸缩油缸可以单独伸缩。

④ 安装头。内部伸缩管两端固定在安装头的悬臂梁上，安装头带有机械夹持系统。安装头可旋转与倾侧。

⑤ 动力输入。管片安装器旋转部件装有液压动力、阀的信号电压。动力通过组合供能系统供给。

⑥ 真圆保持器。盾构向前推进时管片就从盾尾脱出，管片受到自重和土压的作用会产生变形，当该变形量很大时，即成环和拼装环拼装时就会产生高低不平，给安装纵向螺栓带来困难。为了避免管片产生高低不平的现象，应有必要让管片保持真圆，该装置就是真圆保持器。

真圆保持器上装有上、下可伸缩的千斤顶，上、下装有圆弧形的支架，它在动力车架挑出的梁上是可以滑动的。当管片拼装成环后，就让真圆保持器移到该管片环内，支柱千斤顶使支架圆弧面密贴管片后，盾构就可进行下一环推进。盾构推进后由于它的作用，圆环不易产生变形而保持真圆状态。

3.5.4 盾构法施工

3.5.4.1 施工流程

盾构法施工是在地面下暗挖隧洞的一种施工方法，它使用盾构机在地下掘进，在防止软基开挖面崩塌或保持开挖面稳定的同时，在机内安全地进行隧洞的开挖和衬砌作业。其施工过程需先在隧洞某段的一端开挖竖井或基坑，将盾构机吊入安装，盾构机从竖井或基坑的墙壁开孔处开始掘进并沿设计洞线推进直至到达洞线中的另一竖井或隧洞的端点。其施工流程如图 3.14 所示。

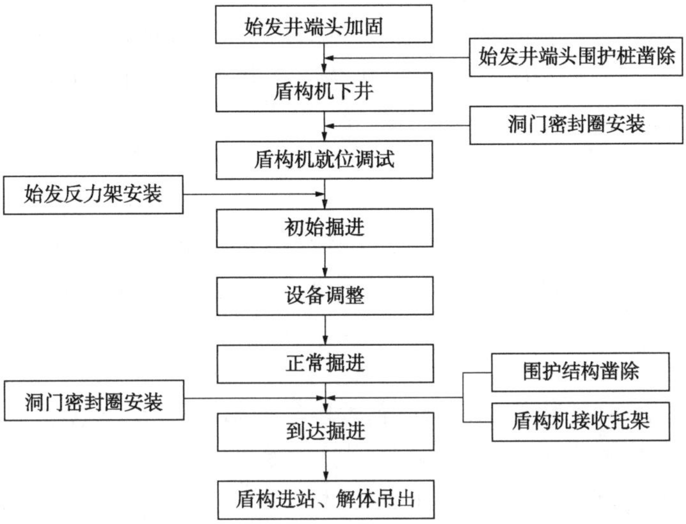

图 3.14 盾构法施工流程

1）端头加固

为了确保盾构始发和到达时施工安全，确保地层稳定，以防端头地层发生坍塌或涌漏水等意外情况，根据各始发和到达端头工程地质、水文地质和端头结构等综合分析与评价，决定是否对洞门端头地层进行加固处理。端头加固有高压旋喷桩、搅拌桩、静压注浆等多种形式。

2）洞门破除

始发前将洞门部位的端头围护桩进行凿除，采用油炮+人工的施工方式进行凿除。凿除时围护桩内层钢筋先不割除，待盾构进洞或出洞时再迅速割除。

3）始发设施的安装

（1）始发托架安装

洞门凿除完成之后，依据隧道设计轴线定出盾构始发姿态的空间位置，然后反推出始发台的空间位置。由于始发台在盾构始发时要承受纵向、横向的推力以及约束盾构旋转的扭矩，所以在盾构始发之前，先对始发台两侧进行加固。

（2）反力架安装

在盾构主机与后配套连接之前，开始进行反力架的安装。由于反力架为盾构始发时提供反推力，在安装反力架时，反力架端面与始发台水平轴垂直，以便盾构轴线与隧道设计轴线保持平行。安装时反力架与盾构始发井结构连接部位的间隙要垫实，以保证反力架脚板有足够的抗压强度。

（3）洞门密封及止水装置的安装

洞口密封采用折叶式密封压板。其施工分两步进行，第一步在始发端墙施工过程中，做好始发洞门预埋件的埋设工作。在埋设过程中预埋件与端墙结构钢筋连接在一起。第二步在盾构正式始发之前，清理完洞口的渣土后及时安装洞口密封压板及橡胶帘布板。

4）负环管片安装

按设计要求经精确测量定位后，组装反力架和负环管片，为盾构推进提供后座反力。反力架和负环管片的布置，靠近反力架的一环为基准环，基准环为钢管片，其余负环管片为与隧道管片相同的混凝土管片。为利于洞门施工，0 环伸入洞内 0.4~0.8m，在洞门施工时再将这环管片凿除，负环管片组装采用错缝拼装。

5）盾构掘进

（1）试掘进

经过数环负环管片的推进后，刀盘已经抵拢掌子面，即可开始刀盘驱动系统和刀盘本身的负载调试和试掘进了。在试掘进期间，主要是进行盾构各系统的监测和调试，并完善各系统的配套工作能力。

（2）始发掘进

从正式进洞的第一环正数管片开始，到盾构后配套系统完全进洞，负环管片拆除，系统完全达到设计生产能力为止，这一施工阶段称为始发掘进。

在始发掘进期间，继续盾构各系统的监测和调试，并完善各系统的配套工作能力。在始发掘进结束前，总体系统的工作能力要达到 80%以上。

6）衬砌背后注浆

由于盾构刀盘的开挖直径大于管片外径，管片拼装完毕并脱出盾尾后，与土体间形成一环形间隙。为了避免或减少盾构后部的沉降，在掘进隧道期间，必须回填此环状空隙。如果此间隙得不到及时填充，势必造成地层变形，使相邻地表的建筑物、构筑物沉降或隧道本身偏移。因此，衬砌背后注浆是盾构法施工必不可少的关键性辅助工法。

（1）衬砌背后注浆的目的

① 控制地表沉降。衬砌背后注浆的最重要的目的就是及时填充环形间隙，防止因间隙的存在导致地层发生较大的变形或坍塌。

② 减少隧道沉降量。如上所述，管片出盾尾后，管片与土体之间产生空隙，使管片下部失去支撑，由于管片的自重，就产生了下沉，这使原来成环良好的轴线受到影响。用具备一定早期强度的浆液及时填充环形间隙，可确保管片早期和后期的稳定。而压浆后能使管片卧在压浆的材料上，就好像隧道有了一个垫层，也就防止或减少了隧道的沉降，保证隧道轴线的质量，满足工程使用要求。

③ 提高隧道衬砌的防水性。隧道是由预制管片拼装而成的，所以有很多的纵、环向缝隙，而这些缝隙正是防水的薄弱环节，设想如果在衬砌外壁均匀地铺设一定厚度能防水的材料，对提高整条隧道的防水效果是可想而知的，压浆正是起到了这个作用。盾尾注浆液

凝固后，一般有一定的抗渗性能，可作为隧道的第一道止水防线，提高隧道抗渗性能。

④ 改善衬砌的受力状况。压浆后，地层变形和地层压力得以控制，浆体便附在衬砌圆环的外周，使两者共同变形，从而改善衬砌的受力状况。盾构隧道是一种管片衬砌与围岩共同作用的结构稳定的构造物，均匀、密实地注入和填充管片背面空隙是确保土压力均匀作用的前提条件。

（2）浆液种类

衬砌背后注浆的浆液一般分为单液浆和双液浆。

① 单液浆，是指多由粉煤灰、砂、水泥、外加剂等在搅拌机中一次拌和而成的浆液。这种浆分为惰性浆液和硬性浆液。

惰性浆液：没有掺加水泥等凝胶物质，其早期强度和后期强度均很低的浆液。

硬性浆液：掺加了水泥等凝胶物质，具备一定早期强度和后期强度的浆液。

② 双液浆，是指由水泥砂浆浆液与水玻璃浆液混合而成的浆液。双液浆又可按初凝时间的不同，分为缓凝型（初凝时间为30~60s）和瞬凝型（初凝时间小于20s）。

凝结时间越长，越容易发生浆液向密封土仓内泄漏和土体内流失的情况，限定范围的填充越困难。而且在没有初凝前，浆液容易被地下水稀释，产生材料分离。因此，目前多采用瞬凝型浆液注浆，但凝结时间过短，也会造成注入还没结束，浆液便失去了流动性，导致填充效果不佳。

惰性浆液初凝时间长，制备成本低。硬性浆液制备成本相对较高，初凝时间为12~16h，早期具有一定的强度，对于隧道衬砌的稳定较为有利。

单液浆由于施工工艺简单、易于控制且不易堵管等优点，较广泛地用于隧道衬砌背后注浆。

（3）注浆工艺

当盾尾后空隙形成后，立即进行压浆，并保持一定的压力。压浆工艺对盾尾密封要求较高，以防止注入的浆液从尾部、工作面、管片接头等部位泄漏到其他无须注浆的部位。因此，要有一个不易漏浆的盾尾密封装置及准备堵浆措施、设备和材料等，特别是泥水盾构中还设置了三道钢丝刷，所以尾部泄漏泥浆的现象极少。

从时效上可将衬砌背后注浆分为同步注浆、二次注浆。

① 同步注浆，是指盾构向前推进，在施工间隙形成的同时立即注浆的方式。同步注浆使浆液同步填充环形间隙，从而使周围土体获得及时的补偿，有效地防止土体塌陷，控制地表的沉降。同步注浆采用盾构本身配置的注浆系统，其构造形式为注浆管平行于盾壳埋设，浆液水平方向注出。因注浆管安装在盾构上，施工中应特别注意，防止注浆管堵塞，注浆完毕后应立即清洗注浆管，不能留有多余的浆液。

② 二次注浆，是指在同步注浆效果不理想时，对前期注浆进行补充注浆的方式，二次注浆可以反复进行，即多次注浆。

二次注浆是通过管片上的注浆孔注浆，注浆管垂直于管片内表面，浆液注入方向与管片垂直。该注浆方式注浆路径较短，可注入初凝时间很短的浆液，充填的及时性更易得到保障。

7）现场运输

（1）重载编组列车运输

洞内水平运输采用重载编组列车运输，编组列车长 54.6m，由 9 节车辆组成，一辆 35t 交流变频机车，5 辆 18m^{3}矿车、一辆砂浆车和两辆管片运输车，运输线路为 43kg 轨的单线，一个掘进循环的材料和渣土由编组列车一次运进与运出。

（2）垂直运输

垂直运输主要运输材料管片、轨料、油脂油料等及渣土的提升。它主要指的是龙门吊。

3.5.4.2 易出现的问题及对策

1）上浮

上浮的原因：由于盾构机的开挖直径大于管片的外径，同步注浆凝固时间过长，加之地下水的稀释，盾构掘进施工产生的振动，造成砂浆发生离析，降低了砂浆的固结效果，管片未能受到有效的约束，从而导致管片上浮。具体原因概括为：①静态上浮力。因地下水、注浆浆液、泥浆等包裹管片进而产生上浮力，当上浮力大于管片自重及上覆土荷载等时，管片会局部上浮。②动态上浮力。因注浆而产生的动态上浮力，伴随着盾尾管片壁后注浆的施工过程而产生的可能引起管片上浮、局部错台、开裂、压碎或其他破坏形式的力，因为其大小、分布形式等都与壁后注浆施工过程密切关联，是一动态的变化力。③隧道开挖卸荷导致的地基回弹作用，也可能造成盾构隧道的局部或整体上浮。④千斤顶偏心顶力。施工中管廊管片受到顶进千斤顶造成的纵向偏心荷载，致使管片纵向发生向上的弯曲变形。⑤此外，泥水盾构掘进中，当使用较大的切口水压时，可能造成盾尾上抬，进而带动附近管片上浮。

防治对策：①改变砂浆的配比，提高水泥用量，降低浆液的初凝时间，及时、足量地注浆，提高固结效果；②加强管片姿态测量，一旦有上浮异常现象，立即进行二次注浆(双液浆)，有效地控制管片的进一步上浮；③在变坡段一定要注意管片的选型及正确安装；④做好管片螺栓的复紧工作；⑤控制盾构机的姿态略低于设计中心线下约 30mm，避免蛇形和超挖，尽量使各组油缸推力平衡；⑥适当放慢推进速度，使浆液有足够的凝固时间。

2）管片破损、错台

破损、错台的原因：一般来说，轻微的错台不会影响隧道结构的使用，但严重时不仅会影响结构的使用，还会降低隧道的防水等级，甚至可能造成管片开裂而导致管片结构的破坏。管片错台原因较多，主要有：①盾构的推进压力不均匀。由于全环的不均匀的顶力作用，造成了密封垫的差异性压缩变形，从而进一步造成了管片间的有差异的纵向位移，即错台。顶力的影响，业界普遍认为是主要因素。②周围的环境。由于地下环境的复杂，常常导致盾构机不能平稳、平行推进，将会导致管片出现错台。如：泥水盾构掘进中，当使用较大的切口水压时，可能造成盾尾上抬，进而带动附近管片上浮。③后尾脱空与壁后注浆。千斤顶推动盾构机向前推进时，使得本来位于盾构壳内部的拼装衬砌脱出盾壳的保护，在衬砌外围产生建筑空隙(其体积等于盾壳对应圆筒体积与后尾操作空间体积之和)，引起较大地层损失，如不采取补救措施会引起很大的地层位移和地面沉降。除此之外，导致盾构错台还有很多因素，如双线隧道开挖，邻接隧道对其的影响；盾构机入井时，导致盾头倾斜等。

防治对策：解决管片破损和错台的主要措施是从施工操作入手，即严格地按照规定操作，尽可能地减少误操作，具体防治措施为：①无论出现什么问题，对盾构机的姿态都不能“急纠”，要逐步校正；②要根据盾尾间隙、千斤顶的行程差以及盾构机的姿态来选择管片，避免隧道轴线由于人为的失误造成偏离设计轴线；③要按相关的规范进行操作，包括管片进入隧道前的检查、注浆、盾构机推力和扭矩等参数的设定，管片的吊运和安装等；④要防止由于隧道围岩应力环境和地下水环境突然变化造成隧道变形。

3.6 沉管法施工技术

沉管法亦曾称作预制管段沉放法。先在船坞中或船台上预制钢壳混凝土或钢筋混凝土的隧道管段；然后两端用临时封墙密闭，浮放在水中，用拖轮运至预先挖好沟槽、整好地基的隧道设计位置上，接着往管段内灌水，使之下沉至预定的标高。在各管段沉放就位后，在水中将各管段连接起来，再在隧道上面覆土回填，最后抽出隧道内的水，并拆除管段内的封闭墙，完成内部装修后即构成隧道。

3.6.1 沉管隧道概述

3.6.1.1 沉管结构的特点

① 隧道的施工质量容易保证；

② 建筑单价和工程总价均较低；

③ 隧道现场的施工期短；

④ 操作条件好；

⑤ 对地质条件的适应性强，能在流沙层中施工，不需特殊设备或措施；

⑥ 适用水深范围几乎是无限制的；

⑦ 断面形状选择的自由度较大，断面空间的利用率较高；

⑧ 水流较急时，沉没困难，须用作业台施工；

⑨ 施工时须与航道部门密切配合，采取措施(如暂时的航道迁移等)保证航道畅通。

3.6.1.2 沉管隧道的分类

1）圆形沉管

施工时多利用船厂的船坞制作钢壳，制成后滑行下水，并系泊于码头边上，进行水上钢筋混凝土作业。这类沉管的横断面，内部均为圆形，外表有圆形、八角形或花篮形。

圆形沉管的优点有：

① 圆形断面，受力合理，衬砌弯矩较小，在水深较大时，比较经济有利；

② 沉管的底宽较小，基础处理比较容易；

③ 钢壳既是浇筑混凝土的外模，又是浇筑隧道的外防水层，这种防水层不会在浮运过程中被碰损；

④ 当具备利用船厂设备的条件时，工期较短，在管段需要量较大时，更为明显。

2）矩形沉管

沉管横断面为矩形，荷兰的玛斯隧道(Mass，1942 年建成)首创矩形沉管以来，目前世界各国(除美国外)大都采用矩形沉管。

矩形沉管的优点：在每个断面内可以同时容纳 2~8 个车道，矩形断面的空间利用率较高。

3.6.1.3　沉管隧道的组成

沉管隧道一般由敞开段、暗埋段、岸边竖井及沉埋段等部分组成。

竖井通常作为沉埋段的起讫点以及通风、供电、排水、运料和监控等的通道，但是，根据具体的地形、地貌和地质情况，也可将沉埋段和暗埋段直接相连而不设竖井。

3.6.2　沉管法施工

如图 3.15 所示，沉管法施工的一般工艺流程中管段制作、基槽浚挖、管段的沉放与水下连接、管段基础处理、回填覆盖是施工的主体。

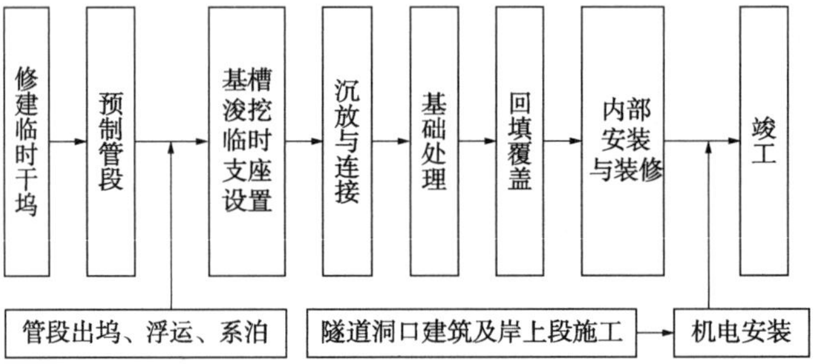

图 3.15　沉管法一般施工工艺

3.6.2.1　修建干坞

干坞是坞底低于水面的水池式建筑物，是修建矩形沉管隧道的必需场所。通常是在隧址附近开挖一块低洼场地用于预制隧道管段，干坞是一项临时性工程，隧道施工结束后便完成其使命。

1）干坞形式

按其活动性有固定干坞和移动干坞两种。

2）干坞的位置

固定干坞位置的选择方案有两种，一种是位于隧道设计轴线上，该方案仅一个工程使用；另一种是位于隧道设计轴线外，该方案有利于多个工程使用。

3）固定干坞位置的选择原则

① 应距隧址较近，附近的航道具备浮运条件，以便管节浮运和缩短运距。

② 干坞附近应有可浮存若干节预制好的管节的水域。

③ 具有适合建造干坞的地质条件，场地土应具有一定的承载能力，同时也有利于干坞挡土围闭及防渗工程实施。

④ 交通运输方便，具有良好的外部施工条件。

⑤ 征地拆迁费用低，具有可重复利用的开发价值。

4）干坞内的设备设施

临时干坞的机具设备，一般都是普通土建工程的通用设备。包括混凝土搅拌站设备、水平运输车辆、起重设备和钢筋成型设备、各种材料的堆放和储存仓库、各种加工车间以及交通、供电、防洪等设施。

干坞中用以起吊模板、钢筋、混凝土等的起重设备，通常为轨行门式起重机或塔式起重机。一次制作所有管段的干坞常用轨行门式起重机；分批制作管段时用塔式起重机较为方便，可省去因干坞反复进水排水多次拆装轨行门式起重机的麻烦。

5）干坞的施工

干坞施工一般采用“干法”进行干坞内的土方开挖，具体步骤为：先沿干坞的四周做混凝土防渗墙，隔断地下水，然后用推土机、铲运机从里面向坞口开挖，挖出的一部分土用来回填作坞堤，大部分土运至弃土场。坞底和坞外设排水沟、截水沟和集水井。坡面用塑料薄膜满铺并压砂袋，以防雨水冲刷。坞底铺砂、碎石，再用压路机压实并平整，坞内修筑车道。

3.6.2.2 管段制作

1）管段制作要点

管段制作在干坞中进行，其工艺与一般混凝土结构基本相同。但考虑到浮运沉设对匀质性与水密性的特殊要求，应注意以下几点：

① 要保证混凝土的防水性及抗渗性。

② 要严格控制混凝土的重度，若重度超过1%以上，管段将浮不起来，则不能满足浮运要求。

③ 必须严格控制模板的变形，以保证对混凝土均质性的要求，否则，若出现管段板、壁厚度的局部较大偏差，或前后、左右混凝土重度不均匀，浮运中会发生管段倾侧。

④ 必须慎重处理施工缝及变形缝。纵向施工缝(横断面上的施工留缝)，对于管段下端，靠近底板面一道留缝，应高于底板面以上30~50cm；横向施工缝(沿管段长度方向上分段施工时的留缝)需采取慎重的防水措施，为防止发生横向通透性裂缝，通常可把横向施工缝做成变形缝，每节管段由变形缝分成若干节段，每节段长15~20m左右。

2）设置封端墙

在管段浇注完成、模板拆除后，为了便于水中浮运，需在管段的两端离端面50~100cm处设置封墙，通常叫端封墙。

封墙可用木材(已很少采用)、钢材或钢筋混凝土制成，也有的采用钢梁与钢筋混凝土复合结构。采用钢筋混凝土封墙的好处是变形小、易于防渗漏，但拆除时比较麻烦，而钢封墙采用防水涂料解决了密封问题后，装、拆均比钢筋混凝土封墙方便得多。

端封墙上设有鼻式托座(简称鼻托)、排水阀、进气阀、出入孔以及拉合结构。排水阀设在下面，进气阀设在上面，人员出入孔应设置防水密闭门并应向外开启。

3）压载设施就位

管段下沉由压载设施加压实现，容纳压载水的容器称为压载设施，一般采用水箱形式，须在管段封墙安设之前就位，每一管段至少设置四只水箱，对称布置于管段四角位置。水箱容量与下沉力要求、干舷大小、基础处理时“压密”工序所需压重大小等有关。

4）检漏与干舷调整

管段制作完成后，须做一次检漏。如有渗漏，可在浮运出坞前做好处理。一般在干坞灌水之前，先往压载水箱里注水压载，然后再往干坞坞室里灌水，灌水24~48h后，工作人员进入管段内对管段进行水底检漏。

5）做好管段自身防水工作

早期采用外包钢板防水，后来发展到卷材防水。20世纪70年代以来，欧洲沉管隧道取消了外防水层，为保证管段不渗漏，除严格控制混凝土级配、振捣密实、加强养护外，还采取了许多防裂措施：

① 分段浇注，设后浇带；

② 采用低水化热水泥；

③ 设置水冷散热系统；

④ 采用预应力混凝土；

⑤ 外表使用防水涂料。

3.6.2.3 沉管隧道的浚挖

沉管隧道的浚挖工作一般有沉管的基槽浚挖、航道临时改线浚挖、出坞航道浚挖、浮运管段线路浚挖、舾装泊位浚挖。

3.6.2.4 管段沉放与连接

管段在干坞中预制好、沉管基槽开挖及基础处理好后便可进行管段的出坞、浮运、沉放与水下连接工作。这是沉管隧道难度最大的一道工序，管段起运前必须做好各项准备工作，编制一套严谨的施工组织设计，各项工作做到目标明确、技术措施可行，人员、设备、物资落实到位。

1）沉设方法

（1）分吊法

管段制作时，预先埋设3~4个吊点，分吊法沉设作业时分别用2~4艘100~200t浮吊（即起重船）或浮箱提着各个吊点，逐渐将管段沉放到规定位置。

（2）扛吊法

亦称方驳扛吊法。方驳扛吊法是以四艘方驳，分前后两组，每组方驳肩负一副“杠棒”，即这两副“杠棒”由位于沉管中心线左右的两艘方驳作为各自的两个支点；前后两组方驳用钢杵架连接起来，构成一个整体驳船组，“杠棒”实际上是一种型钢梁或是钢板组合梁，其上的吊索一端系于卷扬机上，另一端用来吊放沉管；驳船组由六根锚索定位，沉管管段另用六根锚索定位。

（3）骑吊法

采用水上作业平台“骑”于管段上方，将管段慢慢地吊放沉设。

（4）拉沉法

利用预先设置在沟槽底面上的水下桩墩作为地垄，依靠安设在管段上面的钢桁架上的卷扬机，通过扣在地垄上的钢索，将管段缓慢地“拉下水”，沉设于桩墩上，而后进行水下连接。

2）管段的沉放作业

管段沉放与对接作业受海上的自然条件影响很大，因此对其有一定的要求。一般要求风速小于10m/s，波高小于0.5m；水的流速小于0.6～0.8m/s，空气的能见度大于1000m。为此，进行施工前需对沉放阶段的水位、流速、气温、风力等水文气象条件进行资料收集分析，选择最佳时机。

管段沉放作业全过程可按以下三阶段进行。

（1）沉放前的准备

沉放前必须完成航道疏浚清淤，设置临时支座，以保证管段顺利沉放到规定位置。应事先与港务、港监等有关部门商定航道管理事项，并及早通知有关方面。

做好水上交通管制准备，需抓紧时间做好封锁线标志（浮标、灯号、球号等）。短暂封锁的范围：上下游方向各100～200m，沿隧道中线方向的封锁距离视定位锚索的布置方式而定。

（2）管段就位

在高潮平潮之前，将管段浮运到指定位置，此时可距规定沉设位置10～20m处，并挂好地锚，校正好方向，使管段中线与隧道轴线基本重合，误差不应大于10cm。管段纵向坡度调至设计坡度。定位完毕后，既可开始灌水压载，至消除管段的全部浮力为止。

（3）管段下沉

下沉时的水流速度，宜小于0.15m/s，如流速超过0.5m/s，需采取措施。每段下沉分三步进行：即初次下沉、靠拢下沉和着地下沉。

3）管段的水下连接

管段沉放就位后，还要与已连接好的管段连成一个整体。该项工作在水下进行，故又称水下连接。水下连接技术的关键是要保证管段接头不漏水。

水下连接有混凝土连接和水力压接两种方法。

混凝土连接法作业工艺复杂，潜水工作量大，密封的可靠性差，故目前一般不再采用。水力压接法是20世纪50年代由丹麦工程师在加拿大开发应用，它工艺简单，施工方便，施工速度快，水密性好，基本上不用潜水工作，目前普遍采用。

用水力压接法进行连接的主要工序是：对位→拉合→压接。

水力压接系利用作用在管段后端（亦称自由端）端面上的巨大水压力，使安装在管段前端（即靠近已设管段或管节的一端）端面周边上的一圈橡胶垫环（Gina带，在制作管段时安设于管段端面上）发生压缩变形，并构成一个水密性良好，且相当可靠的管段间接头。

用水力压接法进行水下连接的主要工序是：对位→拉合→压接→拆除端封墙。

（1）对位

着地下沉时必须结合管段连接工作进行对位。自采用鼻托后，对位精度很容易控制。上海金山沉管工程中曾用一种卡式托座，只要前端的“卡钳”套上，定位精度就自然控制在水平方向为±1cm之内。

（2）拉合

① 拉合工序是用较小的机械力量，将刚沉设的管段拉向前节既设管段，使胶垫的尖肋部产生初步变形，起到初步止水作用。

② 拉合时所需机械拉力不大，一般为每延米胶垫长度 10~30N，通常用安装于管段竖壁(可为外壁或内壁)上带有锤形拉钩的拉合千斤顶进行拉合。拉合千斤顶总拉力一般为 1000~3000kN，行程为 1000mm 左右。一个管段可设一具或二具拉合千斤顶，其位置应对称于管段的中轴线。通常采用 2 个 1000~1500kN 拉力的拉合千斤顶设于管段两侧，以便调整管段。

(3) 压接

① 拉合完成之后，打开既设管段后端封墙下部的排水阀，排出前后二节沉管封墙之间被胶垫所包围封闭的水。

② 排水完毕后，作用到整环胶垫上的压力，等于作用于新设管段后端封墙和管段周壁端面上的全部水压力。在此压力作用下，胶垫必然进一步压缩，其压缩量一般为胶垫本体高度的 1/3 左右。

(4) 拆除封端墙

压接完毕后，即可拆除前后二节管段间的封端墙。

水力压接法优点：工艺简单，施工方便；水密性切实可靠；基本上不用潜水工作；成本低，施工速度快。

3.6.3 基础处理

沉管隧道基础处理的方法很多，主要分先铺法和后填法两大类。在管段沉放前进行的处理方法称先铺法，又叫刮铺法，包括刮砂法和刮石法；后填法是先将管段沉没在沟槽底的临时支座上，随后再补填垫实，它包括喷砂法、灌砂法、灌囊法、压砂法、压浆法等。

后填法的优点是在处理过程中基本上不干扰航运，不需特殊的专用设备，不受气象条件的影响，不需大量潜水作业，便于日夜连续施工，操作简易，省工省费用，全过程进行信息化控制。所以，目前大型沉管隧道的基础处理多用后填法，如喷砂法、压砂法、压浆法。

3.6.3.1 先铺法

先铺法的基本程序如下：

① 在浚挖沟槽时超挖 60~80cm；

② 在沟槽两侧打数排短桩，安设导轨以控制高程、坡度；

③ 向沟底投放铺垫材料粗砂，或粒径不超过 100mm 的碎石，铺宽比管段底宽 1.5~2.0m，铺长为一节管段长度，在地震区应避免用黄砂作铺垫材料；

④ 按导轨所规定的厚度、高度以及坡度，用刮铺机刮平，刮平后的表面平整度，用刮砂法，可在±5cm 左右；用刮石法，约在±20cm 左右；

⑤ 为使管底和垫层密贴，管段沉设完毕后，可进行“压密”工序。“压密”可采用灌压载水，或加压砂石料的办法，使垫层压紧密贴。

但由于先铺法费工费时，平整度不高，逐渐被后填法所取代。

3.6.3.2 后填法

1) 后填法的基本工序

① 在浚挖沟槽时，先超挖 100cm 左右；

② 在沟底安设临时支座；

③ 管段沉设完毕(在临时支座上搁妥)，往管底空间回填垫料。

2) 后填法施工方法

(1) 喷砂法

20 世纪 40 年代初创造成功的喷砂法，适用于宽度较大的大型管段。从水面上用砂泵将砂水混合料通过伸入管段底下的喷管向管底空间喷注，使形成一厚实均匀的砂垫层，喷砂作业需设专用台架和一套喷砂与回吸用的 L 形钢管。喷砂开始前，可利用它清除沟槽底上回淤土或塌方土。喷砂完毕，随即松开定位千斤顶，利用管段重量将砂垫层压实。这一基础处理方法在欧洲用之较多。

(2) 灌囊法

灌囊法系在砂、石垫层面上用砂浆囊袋将剩余空隙垫密。沉设管段之前需先铺设一层砂、石垫层。管段沉设时，带着事先系紧扣在管段底面下的空囊袋一起下沉。待管段沉设完毕后，从水面上向囊袋里灌注由黏土、水泥和黄砂配成的混合砂浆，以使管底空隙全部消除。

(3) 压浆法

压浆法是在灌砂法基础上改进而来，即在开挖基槽后，在基槽底铺设碎石垫层，底板上预埋带单向阀的压浆孔管段并沉放于临时支座上；然后，用注浆泵从管段内部向管段底部空隙中压注混合砂浆。压浆法具有不干扰航道，浆液凝固后不会发生液化等特点。适用于可能发生地震或存在其他动载作用的工况。

(4) 压砂法

管段基础压砂就是用砂泵把砂水混合物通过预埋的压砂孔泵入管段底与基槽原状土之间不规则的空隙中形成砂积盘，使管段底与基础面接触，以达到管段荷载均匀传到地基上。

第4章 高架结构施工

4.1 高架结构施工概述

在城市建设中，除了楼房、传统道路和桥梁等重要基础设施外，城市轨道交通的高架结构也是看得见、摸得着，与人们的生活有着重要关联的新型建筑，为了保证其安全、适用、经济、美观、环保和维修方便，下面介绍高架结构施工的要求和施工前的准备工作。

4.1.1 施工要求

高架桥的构件力求标准化、工厂化并采用机械化施工；对上下部结构进行多方案比选，选择最佳结构方案；在安全、适用和经济的前提下，尽可能使桥梁具有优美的造型并与城市建筑及环境相协调。与一般桥梁相比，城市轨道交通轨道结构还有一些值得注意的特殊要求：

① 高架结构的施工应考虑到尽可能避免对城市交通和市民生活的干扰，施工中应尽量不中断市内交通，设法降低噪声，特别要避免在靠近原有建筑物地区采用打入桩。对地下管线要调查探明，若与其他结构的基础有干扰，要采取适当的避让措施。

② 高架桥要特别注意防水、排水、伸缩缝、栏杆、灯柱、防撞墙等配套构件的功能完善和外观协调，这些都是被关注的对象，直接影响到城市的文化生活。

③ 高架桥在必要地段要设置隔声屏障以减轻车辆运行的噪声，桥上应设置养护、维修人员及疏散旅客的安全通道。

④ 高架桥的主要技术标准采用1435mm的标准轨距，跨越铁路、公路、城市道路和河流时的桥下净空应满足有关规范的限界规定。

高架车站是为旅客乘车服务的设施。车站的选址、布置和规模等以轨道交通运营效果为依据。车站除满足运营使用功能外，应保证乘客使用安全、方便和舒适，并与周围景观相协调。

4.1.2 施工准备

在高架结构施工中，为了保证施工进度和施工质量，施工的准备工作是很有必要的。施工准备工作的主要内容包括熟悉设计文件与施工方案、技术交底与施工组织设计、测量调查与编制施工预算、劳动组织和施工现场的准备等内容。

1）熟悉设计文件与施工方案

（1）熟悉设计文件

① 承建单位接到中标通知后，要认真组织工程技术人员熟悉、研究所有技术文件和图纸，全面领会设计意图。

② 检查所有设计文件、图纸、资料等是否齐全、清楚，图纸与各组成部分之间有无欠缺、错误和互相矛盾的情况。

③ 检查几何尺寸、坐标、标高、说明等方面是否一致，技术要求是否正确。

④ 与现场情况进行核对，必要时应进行补充调查，同时，需要做好详细记录。

（2）编制施工方案

① 对投标时初步确定的施工方案和技术措施等进行重新评价和研究，以制定出详尽的更加符合现场实际情况的施工方案，报上级批准。

② 施工方案的主要内容包括：编制依据、工期要求、工程特点、施工方法、材料及机具数量、劳动力的布局、进度要求、完成工作量和临时设施的初步规划。

③ 对临时性结构的施工设计，应在保证安全的前提下尽量考虑使用现有材料和机械设施，因地制宜，使设计出来的临时结构经济、适用、安装拆卸方便。

2）技术交底与施工组织设计

（1）施工前技术交底

技术交底由建设单位主持，有设计、监理和承建单位参加。技术交底的主要内容有：工程设计概况、设计说明、结构尺寸及相互关系、施工工艺、安全措施、规范要求、质量标准、对工程材料的要求、试验项目、施工注意事项等，其主要程序如下：

① 设计单位出示工程的设计依据、意图和功能要求，并对特殊结构、新材料、新工艺和新技术提出设计要求。

② 施工单位根据研究图纸的记录以及对设计意图的理解，提出对设计图纸的疑问、建议和变更。

③ 在统一认识的基础上，对所探讨的问题逐一做好记录，形成“设计技术交底纪要”，并由建设单位正式行文，参加单位共同签盖章。该“设计技术交底纪要”是与设计文件同时使用的技术文件和指导施工的依据，也是建设单位与施工单位进行工程结算的主要依据。

（2）施工组织设计

施工组织设计是施工准备工作的重要组成部分，也是指导工程施工中全部生产活动的基本技术经济文件。编制施工组织设计的目的在于全面、合理、有计划地组织施工，从而具体实现设计意图，优质高效地完成施工任务。

3）测量调查与编制预算

（1）测量调查

① 对高架结构中线位置桩、三角网基点桩、水准基点桩等及其测量资料进行检查核对，若发现桩标志不足、不稳妥、被移动或测量精度不符合要求，应进行补测、加固、移设或重新校验。

② 在高架结构开工前的准备阶段中，应充分调查有无地下管线或其他地下建筑物等障碍物，若施工中涉及与其他部门有关的问题，应事先联系，加强协作，或者签订合同协议。

（2）编制施工预算

施工预算是施工企业内部控制各项成本支出、考核用工、签发施工任务单、限额领料以及基层进行经济核算的依据，同时，也是制定分包合同时确定分包价格的主要依据。施工预算是按照高架结构施工图纸的工程量、施工组织设计或施工方案、施工定额等文件进行编制的。

4）劳动组织准备

（1）准备工作内容

按照施工组织设计的具体要求，对物资进行必要的准备工作，其主要内容有：工程材料的准备(例如钢材、木材、水泥、砂石材料等，其规格、标准、生产厂家都必须符合设计要求)、工程施工设备的准备(各种各样的起吊设备、混凝土搅拌设备、浇筑设备、振捣设备和预应力机具等)及各种小型工具与配件的准备等。

（2）建立组织机构

对高架结构的劳动组织准备，首先需要确定组织机构，其基本原则是：根据高架结构工程项目的规模、结构特点和复杂程度来决定其机构中各职能部门的设置，坚持合理分工与密切协作相结合的原则，分工明确，责权具体。总之，建立组织机构便于管理与指挥。

（3）合理设置施工班组

具体的施工过程中，需要合理建立施工班组，特别需要考虑专业与工种之间的合理配置，技工与普工的合理比例，尽可能地符合流水作业方式的要求，并制定出该工程所需劳动力数量的计划。

（4）岗位培训

要集结施工力量，组织劳动力进场，对进场前的工人必须进行技术、安全操作规程、消防及文明施工等方面的岗前培训教育，培训合格后发放相应的岗位证书和技能证书，实现持证上岗。

（5）建立管理制度

为了更好地高速、优质、低耗完成高架结构的修建，必须建立各项管理制度。其主要内容有：工程技术档案管理制度、技术质量责任制度、施工图纸学习与会审制度、技术交底制度、材料出入库制度、工程材料和构件的检查验收制度、安全操作制度、机具使用保养制度、工程质量检查与验收制度等。

5）施工现场的准备

（1）建立施工控制网

根据勘察设计单位提供的高架结构总平面图和测量控制网中所设置的基线桩、水准标点以及重要标志的保护桩等资料，进行控制网的复测。并根据高架结构的精度要求和施工方案，补充施工所需要的各种标桩，建立能满足高架施工要求的平面与立面施工测量控制网。

（2）四通一平

在高架结构施工前，必须完成“四通一平”工作，即路通、水通、电通、通信和平整场地等。

（3）墩(桩)位补充钻探

在高架结构初步设计时所依据的地质钻探资料往往因钻孔较少、孔位过远而不能满足施工的需要，因此必须对有些地质情况不了解的墩位进行补充钻探，以查明地质情况和可能存在的隐蔽物，为基础工程的施工创造有利条件。

(4) 搭建临时设施

根据施工总平面图的布置，将所有的生产、生活、办公、居住和仓库等临时用房建造好，同时将便道、码头、混凝土搅拌站以及构件预制场地等建造好。

(5) 安装施工机械

在高架结构施工开工前，对所有参与施工的机械、机具进行安装并且检查和调试，还要保证某些易损部件有备用件等。

(6) 材料的试验与堆放

根据设计要求，有计划地对所用的材料进行试验，例如混凝土、砂浆的配合比与强度，钢材的机械性能等试验。同时组织好材料进场，并按指定的地点和规定的方式进行堆放储存。

(7) 冬雨季施工

根据施工组织设计的具体要求，认真落实冬雨季施工的临时设施和技术措施，切实做好施工安排，尽可能避免劳动力的浪费。

(8) 建立各种制度

根据高架结构施工的特点，制定出一套切实可行的消防、保安规章制度，安排好消防与保安人员，提出具体的消防与保安措施。

4.2 高架车站施工

高架车站由于具有桥梁的特性，与普通框架结构有着显著的区别。车站框架属于长纵向结构，车站长度要远大于宽度(一般宽度在20m以内，长度可以接近200m)。高架车站可以采用现浇钢筋混凝土框架结构和钢结构，或者采用高强度的钢架和现浇混凝土相结合的方式。因篇幅关系，下面仅介绍高架车站的钢结构安装施工技术和高支模施工技术。

4.2.1 高架车站安装施工技术

下面以某地铁线的高架车站为例，介绍钢结构高架车站的安装施工技术。

本高架车站站台部分采用钢结构，结构形式基本为门式刚架结构，主要采用焊接变截面H型钢。刚架全部为弧形结构，刚架与基础采用铰接的形式。钢结构施工技术难度较大，针对各站的设计不同，现场采用不同的吊装工艺。

4.2.1.1 工程特点和难点

本高架车站工程的主要特点是施工场地狭窄，高架桥已施工完成，吊装条件差，采用机械吊装难度大，而且多采用分段吊装，临时支撑在受力、吊装精度方面要求较高。由于设计柱脚处为铰轴连接，测量定位困难，必须采用先进的仪器进行跟踪测量校正。

4.2.1.2 吊装方案选择

根据工程特点、结构形式、构件重量及场地情况确定钢结构吊装方案。采用“整体分段拼装、整体分段吊装、单侧整体吊装和散件吊装相结合"的施工工艺。主吊机械沿着结构外侧进行吊装，在地面上布置1台80t轮式起重机用于主刚架吊装，1台50t轮式起重机用于次刚架、连梁及檩条的吊装。同时在桥面轨行区内布置一台25t轮式起重机，负责轨行区间部分次刚架及支撑等构件的吊装。

4.2.1.3 吊装施工程序

1）主刚架拼装

依据吊装方案，大部分构件在工厂内分段制作，现场拼装。为了保证吊装精度，现场依据工厂制作工艺图进行放样，将其放样在刚性平台上，下面采用路基板作为拼装基础，在路基板上吊装台架，保证刚架拼装时的精度，同时对焊接变形起到控制作用，拼装如图4.1所示。

2）吊装工艺

（1）刚架分段

刚架分段基本以高低跨刚架分别作为一个吊装段，中间腹杆为散件吊装。每段达18t，分段如图4.2所示。分段吊装难度大，但此分段既减少了临时支撑数量，又可减少空中对接焊缝数量，有利于保证焊接质量，同时可节省机械台班费用。

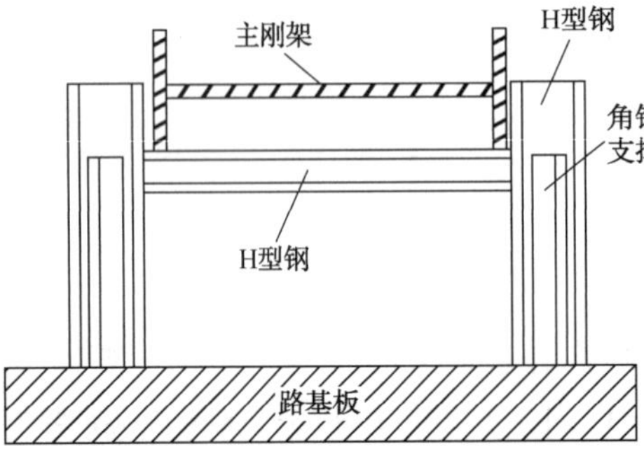

图4.1 主刚架拼装示意图

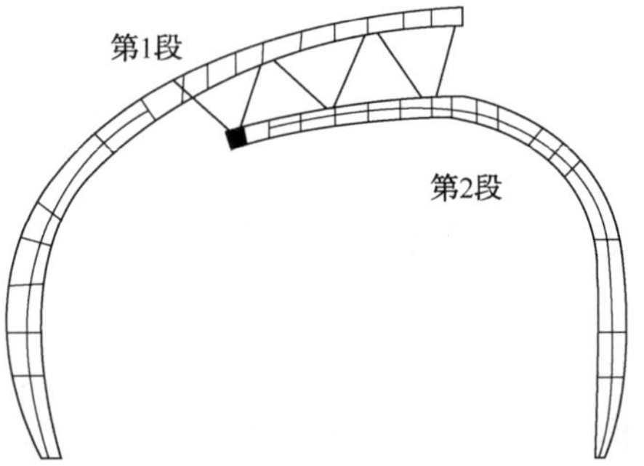

图4.2 刚架分段示意图

（2）索具确定

主刚架拼装后总长度达40m，其形状为"7"字形。吊装时重心计算相当复杂，一次便找准吊点是比较困难的。为了准确确定吊点位置及索具的长度，充分利用CAD实体求出构件的重心，这一方法比以往的计算要简单，而且比较准确。由于主刚架截面大，其吊装点位置间距不宜过大，间距越小，索具受力越有利。在实际施工中，为确保构件在吊装中不产生变形，起吊时配合1台25t轮式起重机进行翻身。

（3）吊装步骤

① 支座吊装。由于支座是主刚架的主要基础部分，其吊装精度必须达到要求，如支座出现标高误差时，会造成刚架整体旁弯。支座标高调整可通过螺母进行调节，待整个支座调整好后，再进行复测，复测无误后焊接限位挡板，然后进行高强无收缩灌浆料。达到强度后再进行刚架吊装。

② 临时支撑吊装。主刚架吊装前先吊装临时支撑。临时支撑高度较低，一般8m左右，在吊装过程中相当于主要受力柱，其不仅要求吊装位置准确，而且必须达到受力要求。临

时支撑采用 L100×6 角钢制作成 2000mm×2000mm 的格构式柱，部分采用直径 273mm×8mm 无缝钢管作为立柱。

临时支撑采用 50t 轮式起重机在站台下面两侧进行吊装，吊装后采用 4 根缆风绳从四个方向加以固定。吊装时必须采用全站仪跟踪测量，保证主刚架准确落在临时支撑上，而且须达到轴心受压。临时支撑下面的底座可直接落在轨行区中间道床板上，但下面需利用木板或橡胶板进行保护，防止道床板破坏。

③ 主刚架吊装。当临时支撑就位固定后，进行主刚架吊装，主刚架吊装首先要进行翻身。翻身在整个刚架吊装过程中是难度最大的工序。吊装时采用 2 台起重机，其中 1 台主吊机械，1 台配合机械，主吊机械在翻身后直接起吊，配合机械在翻身后配合主吊机械进行起吊，当主吊机械起吊至一定位置，且主刚架离开地面时，配合机械缓慢松钩。当主吊机械转动主臂，配合机械吊索不再受力时，将配合机械移走，由主吊机械完成主刚架的就位。

在主刚架吊装时，首先吊装低跨主刚架。低跨主刚架吊装就位并进行测量校正后，进行低跨主刚架之间连梁的吊装，同时进行顶部两端腹杆的吊装。腹杆吊装后即可吊装高跨主刚架，高跨主刚架吊装同低跨基本相同。但高跨主刚架吊装直接就位于高低跨之间的腹杆上，校正准确后再进行其他腹杆的安装。

④ 主刚架校正。当主刚架吊装就位后，利用全站仪定位测量。测量准确后，在临时支架上焊接支托板，将刚架直接落在临时支架托板上，如图 4.3 所示。

为避免卸载后桁架标高低于设计标高，在吊装时采用预起拱的方案，将主刚架的顶标高调高 30mm 左右，以保证刚架卸载后标高基本与设计相近。校正主要从两个方面加以控制，即轴线和标高。

校正轴线主要是利用刚架上的两根缆风绳加以控制，标高控制以千斤顶作为主要调节工具。当标高与轴线全部准确后，将刚架与临时支撑挡板加以点焊固定，同时将下面铰支座与预埋件固定。

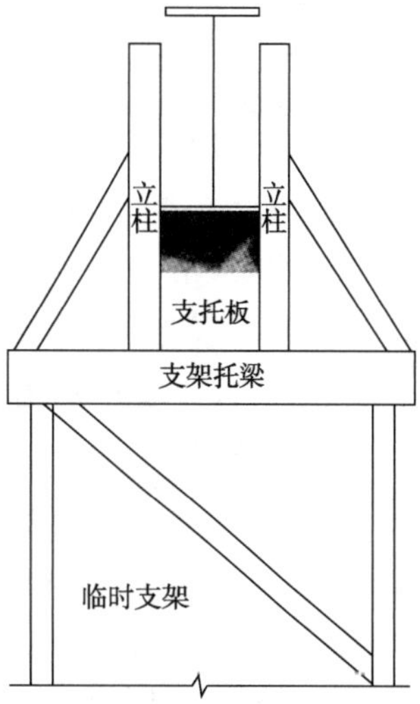

图 4.3 主刚架校正

⑤ 次刚架、连梁、檩条吊装。主刚架吊装校正后，进行次刚架及檩条的吊装，其吊装比较简单，基本吊装原则是从中间向两端吊装。中间部分次刚架及檩条主要采用轨行区上面的 25t 轮式起重机，其移动方便，基本不受轨行区道轨的影响。

⑥ 焊接施工。所有车站结构的对接焊缝均为一级焊缝，其他焊缝多为二级焊缝，檩条为三级焊缝，焊接工程量大。钢材材质全部为 Q345B 低合金钢，焊材选用 E5015 系列焊材。高空焊接多采用手工电弧焊，施工中均实行三检制度，保证焊接质量。

4.2.1.4 卸载方案

作为大跨度钢结构，采用分段吊装时应设计卸载工艺。由于卸载过程是一个力的传递和受力体的转换过程，因此是一个动态过程。在此过程中，力的传递与受力体的转换必须遵循“合理、有序、平稳、缓慢、均匀”的原则，卸载主要采用液压千斤顶作为卸载工具。首先将千斤顶全部置于临时支撑托梁上，即刚架梁下面，并与托梁加以固定，然后同时开始顶升千斤顶，当千斤顶顶紧刚架后，利用割枪将托板割掉，最后同时放松千斤顶。

卸载时要统一指挥，保证同步且严格执行卸载方案，不可一次性卸载完成。应分两步进行卸载，卸载时要全程进行跟踪测量和监控。

4.2.1.5 风雨棚与钢结构施工注意事项

① 轨道施工和站台风雨棚施工必须采用同一控制坐标系进行测量放线。由于桥梁墩台及梁的架设先于风雨棚施工，所以风雨棚施工中应严格复核站房、站台、雨棚与桥梁的相对关系，保证各部位的相对位置正确、高程统一及限界符合规定。

② 桥墩及站台梁施工时必须密切配合土建单位进行预留预埋，尤其是门型墩上的雨棚柱基础钢筋预埋相当关键，因为墩上的主筋主要为预应力筋，如果不提前预埋或预埋错位，后期植筋会存在破坏桥墩预应力筋的风险，造成桥墩承载力缺陷或更严重的后果。

③ 雨棚柱内应预留下列专业洞口：虹吸雨水管、动静态标识、监控、广播、照明等，同时洞口的留取位置应充分考虑后期风雨棚屋面系统的深化效果，因为管线从洞口出来再进入屋面系统，中间有一个过渡，这部分的细部处理好坏也会影响风雨棚的整体装饰效果。

④ 风雨棚排水系统与站房屋面排水系统应有效结合。

4.2.2 高架车站结构高支模施工技术

在高架车站的建设中，高支模关键施工技术主要用于车站的主体结构施工。高支模关键施工技术采用高强度的钢架和现浇混凝土的结合方式，使得建筑结构更加牢固和稳定。而且，高支模关键施工技术可以有效地降低施工难度和工期，因此大大提高了车站的施工效率。

通过高支模关键施工技术，高架车站的设计和施工变得更加简单化。高架车站的结构采用高支模关键施工技术后，建筑工程周期大大缩短，同时施工过程中的噪声、粉尘、振动等污染问题也能够得到有效的控制，可以使工程环保、安全、节能。

4.2.2.1 常见结构形式的对比分析

纵观行业发展现状，高架车站的层数通常为2~4层，站台层所处位置普遍分布在结构最上层，高度与区间高架桥一致。施工中，常采用现浇成型的方法，或选用预制钢筋混凝土结构，前者对现场施工空间的占用量较大，后者具有流水化施工模式的高效化、标准化特征。地铁车站结构形式多样，本书对常见的几种体系进行对比分析。

1）空间框架结构体系

高架站先形成框架，在此主体结构基础上施作连续板梁，由此构成完整的结构体系，具有受力合理、稳定可靠的特征。从承受荷载的角度来看，高架车站活载占比较大，同时受载点有持续变化的特征。框架结构承受荷载且缺乏均匀性，在此受力条件下，会加剧基础的不均匀沉降，遇软土等特殊地质时该现象更为明显。基础的载荷作用于上部结构，导致结构沉陷、失稳或出现其他问题，存在诸多质量隐患和安全隐患。

列车通行时，高架车站产生振动，因框架结构动力稳定性较差的缘故，容易发生结构失稳现象，因此采取有效的振动控制措施，是地铁车站空间框架结构体系设计与施工中需重点考虑的内容。

2）桥梁结构体系

高架车站先建成包含梁、墩柱在内的基础桥梁结构，再于上方设站台，桥梁断面形式较为灵活，有箱梁、T形梁等多种形式可供选择。箱梁截面抗扭刚度较大，受力条件良好，稳定可靠。T形梁力学性能较好，预制吊装的方法适用性较强，可作为优先考虑对象。需确保墩柱的强度和稳定性，以确保在列车通行过程中无明显位移。

3）框架+桥梁结构体系

车站建筑和高架桥是核心组成部分，空间分布方面，车站建筑包在高架桥外，两者保持相对独立的状态，具有受力明确、稳定可靠的特点。由于两部分自成系统，可抵御过往列车对结构所造成的不良影响，基础结构稳定性较好(无明显不均匀沉降)，车站建筑的振动便可得到有效抑制。

前述提及的结构形式均具有独特的应用优势以及适用范围，在大中型车站中，常采用空间框架或框架+桥梁结构的方式；在小型车站或中间站中，则优先考虑桥梁结构体系。具体至大型车站中，框架+桥梁结构是一种优质的方案，原因如下：

① 高架车站受力问题得到解决，列车通行过程中产生的动力荷载并不会对现场的建筑造成过多的干扰，结构的独立性和稳定性均较好。在框架+桥梁的结构方案中，车站建筑和高架桥自成力学系统，受力清晰明了，有效规避了基础沉降和车站受迫振动共振现象。

② 桥梁和框架各自的工程特性均得到发挥。桥梁能够承受列车高速运行过程中产生的移动荷载，框架结构则具有适用范围较广的特点，为车站的功能布置提供了更为便捷的条件。高架车站的结构精简，无明显的结构交叉问题，设计与施工难度较低，工程施工质量容易得到保证。

4.2.2.2 施工技术

1）支架的搭设

（1）具体搭设要求

受限于支架不同方位的受力及稳定性变化的影响，不同形式的支架在具体搭建中，要根据工程的实际情况展开。纵、横杆的方向设置，尤其是作为立杆的纵杆设置，在离支座底部为止不可超过20cm。同时将横杆用相应的构件固定，便于及时稳固，且两杆之间的高低差要在100cm以下方算安全。

确保支架的可调节底座和所在地基的距离处于紧贴状态，如出现不稳现象，可借助专业的砂浆当底座。在具体放置工作中，可调节的底座各螺帽间的位置应处于同一水平线上，且螺杆的调节高度要在25cm以下，遇高度超过25cm时，可借助方木条稳固调整。搭建过程中，随时观察支架的脚手架状态，如出现弯曲、接头开焊或断裂等情况，要及时处理，不可随意拼装。

拼装作业时脚手架立杆呈90°直角状态，在确保第一层所有纵杆和横杆拼装成功状态下，方可展开第二层的拼接工作，做到底部牢固。介于顶层拼装具备一定的高度，故在实际拼装中，需要在顶层放置具备可调节功能的顶托，将其调整到设计的规定标高范围，所涉及的螺杆高度在20cm以下。

对于满堂支架的搭设，在结构柱绑定阶段，可利用钢管与结构柱周边的牢固环抱形式与支架展开连接，确保支架与结构柱的受力情况在安全范围之内。在纵、横杆拼接过程中，为起到更好牢固效果，连接时所用方木和竹胶板要保证处于紧贴状态，横向方木顶面必须经过一定的刨平方为合格，以便于竹胶板与其紧密贴合。

与剪刀撑拼接时，横板支架的中间位置按照设计初始要求，设置不同程度的纵、横向剪刀撑。从底部开始由下至上布设，宽度控制在 4 跨及 600cm 之上，倾斜角保持在 45°~60°之间，以保证支架的稳固性。遇倾斜角在 45°情况时，剪刀撑的数量要布设在 7 根以上，60°时最好在 5 根以下，以确保整个支架平衡。除此之外，各剪刀撑之间的固定需借助扣件辅助连接，将旋转扣距离中线节点位置控制在 1.5cm 左右。纵、横不同方向布设时要在 2 道以上，间距控制在 6m 以内，以使整个剪刀撑受力稳定。

（2）板模板支架的搭设

站厅层板厚 180mm，站台层板厚 150mm。支架立杆横向、纵向间距分别为 0.9m、1.2m，水平杆步距 1.5m。顶层水平杆较为特殊，将其调整为 1m。主楞、次楞均为 40mm×90mm 方木，前者沿纵向布设，后者沿横向布设。模板材料选择胶合板，厚度为 15mm。

（3）梁模板支架的搭设

梁侧模板施工中，面板材料选择 15mm 厚胶合板，主楞为 ϕ48mm×3mm 双拼钢管，次楞为 40mm×90mm 方木。底模面板为 15mm 厚胶合板，主楞采用 ϕ48mm×3mm 双拼钢管，次楞为 40mm×90mm 方木。在本工程中，梁型较为丰富，各类断面梁型的布设要求存在差距，侧模板对拉螺杆的水平间距均按 600mm 考虑，将次楞间距控制在 200mm 以内，主楞无特定的要求，具体根据各梁宽的设计值而定。底模板部分的横向、纵向立杆均按照 600mm×600mm 的间距布设到位。

2）模板的安装

按要求搭设梁、板模板支架，合理起拱，确保成型支架具有结构完整性和受力稳定性的特点。模板材料选用高强胶合板，厚度为 15mm，刚度、承载力、平整性均要满足要求。

模板安装时，加强检测与控制，用水准仪将标高控制线引测至模板安装处，作为参照基准。模板承垫底部找平，以便模板精准安装至指定位置，以防底部漏浆。模板安装后，检查模板，根据实测结果对斜杆支撑和对拉螺栓做适当的调整；在模板上口拉线检查，垂直度的检查则采取吊垂线的方法。

梁板模板铺设、模板安装工作均完成后，检查模板的位置，判断其是否具有准确性，若有则予以固定。模板标高用水准仪复核，用 2m 靠尺检查模板的平整度。按要求设置模板上的预埋件、预留孔以及预留洞，不可遗漏。

3）混凝土浇筑及振捣

按要求制备混凝土，坍落度 140~160mm，若拌制好的混凝土满足质量要求，则及时投入使用，尽可能缩短中途间隔时间，否则混凝土易初凝或是其性能易下降。

地铁高架车站的高支模施工宜采取分段、分块的作业方法，按顺序有序完成各区块的各项工作。各区块施工时，最初应从中心开始浇筑，此后再利用赶浆的方法使该部分混凝土向外围扩散，最终使整个区块均能够均匀分布混凝土。

高支模混凝土浇筑施工分层逐步完成，以梁高为主要的依据，使其呈阶梯状，并做到连续浇筑。混凝土内部存在部分气泡，若未采取处理措施，该部分气泡将占据一定的空间，导致成型后的混凝土结构存在内部密实性不足的问题。因此，在混凝土浇筑时需要采取振捣措施，尽可能消除气泡，构成完整、密实的混凝土结构体。对于梁柱核心区域的浇筑，可利用小直径的振捣棒完成，施工人员控制振捣棒的位置，不可触碰模板以及其他各类构件。板的振捣施工可以采用平板振荡器，使该设备沿着垂直的方向多次振捣，直至混凝土具有密实性为止。除了落实振捣工作外，还需要利用长木抹子抹平，使混凝土的表面具有足够的平整性。

4.2.2.3 高支模施工技术要点分析

1）模板安装技术要点

车站预留洞口数量丰富，其中以地下室和水池水泵房更为特殊。该部分的预留洞口数量多、分布关系复杂，模板施工需与钢筋等其他专业的工作相协调，且必须在合模前设置好预留洞口以及预埋件。部分预留洞采取在模板上开洞的方法，此时先清理开洞施工中产生的木屑，再于梁底模处绑扎钢筋，安装梁侧模板。胶合板模板安装时，严格控制模板位置，使相邻两块板紧密衔接，避免拼缝宽度过大、拼缝不平顺。模板安装前要做适当修整，切除花边和起毛的边部，以便顺利安装。

2）支架的搭设与拆除技术要点

以专项施工方案为准，准确测量放线，再将模板支架立杆安装到位。模板支架搭设时，配套可调底座，按照先立杆、后水平杆、最后斜杆的顺序依次搭设。通过此类构件的共同应用组成完整的架体单元，并在此基础上扩展成完整的支架体系。每完成一步支架搭设，检测水平杆步距、立杆纵横向间距、水平杆水平度、立杆垂直度，根据实测结果调整，最终使各项指标满足设计要求。其中，立杆的垂直度偏差不超过支架总高的1/500，且≤50mm。

在整个支架搭设过程中，剪刀撑的设置是整个支架搭设施工全流程中的重点环节。保证剪刀撑的位置准确性和稳定性至关重要，其会直接关联于高支模支架架体的稳定性。以图纸中的要求为准，以科学的方法将剪刀撑设置到位。针对本工程，综合考虑到高大模板的尺寸和支设范围，针对性设置了纵向剪刀撑和水平剪刀撑。

4.2.3 起重机具操作及起重注意事项

4.2.3.1 施工中常用起重机具的安全操作技术

1）滑车

滑车按其滑轮数目可以分为单轮、双轮、三轮及多轮滑车，按作用来分，可以分为定滑车、动滑车、滑车组、导向滑车及平衡滑车。滑车的使用要求是：按出厂的额定起重量使用，不得超载。滑车固定要牢固，吊钩、吊环、吊梁、轮槽等应完好，不得有变形裂纹，滑轮转动应灵活。钢丝绳直径应符合有关的要求，以避免钢丝绳和滑车互相损伤。钢丝绳与滑轮槽的偏角不得超过6°。在受力方向变化较大或高处作业中，不应使用吊钩型滑车，以防止脱钩。滑车在穿好钢丝绳后，要进行试吊。滑车应定期保养和维修。

2）千斤顶

使用时要放置平稳，并应垫有坚韧且不小于5cm厚的木板，木板不得有油污，不得用铁板做垫板，以防止滑动。千斤顶安放好后，应进行试顶。正式顶升过程中要平稳，不得任意加长手柄或过猛地操作。不得超负荷，每次顶升都不得超过额定高度。数台千斤顶同时作业时，操作要同步，并在千斤顶之间垫支承木块。螺旋千斤顶螺纹磨损超过20%时，应报废。存放油压千斤顶，应放在干燥无尘的地方，不可日晒雨淋。不得在有酸碱或腐蚀性气体的场所使用。油压千斤顶在放下重物时，只需微开回油门缓慢下放，不得突然下放。千斤顶在使用前应认真检查、试验和润滑。油压千斤顶应按规定定期进行拆卸检查、清洗或换油。油压千斤顶的油和贮油器，要保持清洁。高压油管路不得有折裂、破损。为了防止超负荷，应附有压力表，并定期对压力表进行检定。

3）葫芦

葫芦分为电动葫芦和手动环链葫芦两类。电动葫芦的起重量一般在5t以下，提升高度在30m以内，手动环链葫芦在起重操作中使用较多，起重量可以达10t，起升高度一般不大于3m。葫芦的使用安全要求如下：不得超载使用。

使用前应仔细检查传动部件、钢丝绳等部位。作业前要试吊，确认可靠方可进行正常作业。在倾斜或水平方向使用时，拉链方向应与链轮方向一致，防止卡链和掉链。在起吊过程中，无论重物提升或下降，拉动链条时，用力应均匀缓慢。如发现拉不动时，不可硬拉、更不得增加拉链人数。应检查重物是否与其他物体牵挂、机件有无损坏、是否超载等情况。拉链的人数一般由葫芦的起重量确定，一般2t以下者为1人，3~5t为2人。电动葫芦应经常检查起重钢丝绳。钢丝绳在卷筒上排列应整齐，不得有重叠散乱。应按规定期限对卷筒两端轴承、减速箱等部位进行加油润滑。新电动葫芦在使用前应做静载试验。轨道两端应设挡板；要经常检查限位开关，保持作用良好。

4）电动卷扬机

安装必须牢固可靠，不得有滑动和倾覆。安装在混凝土基础上时，须验算地脚螺栓；用压重法时，须进行验算；用地锚钢丝绳封锁固定时，须对地锚验算。

安装卷扬机时，应使卷扬机距起重物体15m以上，用桅杆起吊时，与桅杆的距离应大于桅杆的高度。

作业时，卷筒上余留的钢丝绳不得少于3圈。

为避免受潮雨淋，卷扬机底座下应垫枕木，并设置雨棚。

供电线路应使用绝缘导线，金属机壳应妥善接地。

当钢丝绳绕到卷筒的两端时，钢丝绳的偏角，左右各不应超过1.5°，当钢丝绳绕到卷筒的中心时，钢丝绳应与卷筒的轴线垂直。位置许可时，导向滑轮与卷扬机的距离宜大于20倍卷筒的长度。

使用前应检查各部机件转动是否灵活，制动装置是否灵敏可靠。

卷扬机使用的钢丝绳、滑车与卷筒的直径关系，应满足相应的要求。

不得超负荷使用。但在进行荷载试验时，有监护的情况下，容许以3~5倍安全荷载的重量，吊起高度0.5~1m，以检验卷扬机和制动装置的可靠性。

使用前要检查减速器内和轴承油量是否充足。减速器应用30号机油，滑动轴承可用干黄油。

操作位置要视线良好，以便观察起吊重物或指挥信号。并要经常检查钢丝绳和吊钩是否处于良好状态。

5）地锚

地锚又叫锚碇。它是固定缆风、导向滑车和卷扬机的装置。地锚的设置必须通过计算或按要求进行，不然将会发生重大事故。常用的地锚有下列几种：

（1）木桩地锚

木桩地锚适用于固定受力不大的缆风绳。受力在3t以下时，可用单桩打入土深不小于1.5m；当受力大于3t时，应成排打入2~3根桩子。木桩的直径应大于缆风绳直径的10倍，打桩时应使木桩与所固定的缆风绳相互垂直。

（2）水平式地锚

水平式地锚是将一根或几根圆木或废型钢用钢丝绳捆绑在一起，横放在挖好的地锚坑底。锚绳的一端从斜槽中引出，然后用土石回填夯实。埋入深度及圆木根数应根据受力及土质来确定，一般埋入深度为1.5~2m，圆木长度为1~1.5m，可受力3~5t。当拉力超过7.5t时，应用立柱和挡板加强。

（3）混凝土地锚

对于混凝土地锚必须验算其对倾覆的稳定性。

埋设和使用地锚应注意的事项：

① 地锚应埋设在土质坚硬的地方，地面不潮湿、不积水(必要时可设排水沟)。

② 不得使用腐烂的木料作地锚，横木绑拉索处，用角钢加固。钢丝绳要结扎牢固，不得有滑出或拉断。施工期较长时，注意钢丝绳锈蚀对安全的影响。

③ 重要的地锚应经过计算，埋设后还应进行试拉。

④ 地锚埋设好后，应经过检查，才能正常使用。在使用过程中如发现变形，应立即采取措施，以防发生事故。

4.2.3.2 起重作业安全注意事项

① 对新安装的、经过大修或改变重要性能的起重机械，在使用前必须按照起重机性能试验的有关规定进行吊重试验。

② 起重机每班作业前应先做无负荷的升降、旋转、变幅，前后左右的运行以及制动器、限位装置的安全性能试验，如设备有故障，应排除后才能正式作业。

③ 起重机司机与信号员应按各种规定的手势或信号进行联络。作业中，司机应与信号员密切配合，服从信号员的指挥。但在起重作业发生危险时，无论是谁发出的紧急停车信号，司机应立即停车。

④ 司机在得到信号员发出的起吊信号后，必须先鸣信号后起重。起吊时重物应先离地面试吊，当确认重物挂牢、制动性能良好和起重机稳定后再继续起吊。

⑤ 起吊重物时，吊钩钢丝绳应保持垂直，禁止吊钩钢丝绳在倾斜状态下去拖动被吊的重物。在吊钩已挂上但被吊重物尚未提起时，禁止起重机移动位置或做旋转运动。禁止吊拔埋在地下或凝结在地下或重量不明的物体。

⑥ 重物起吊、旋转时，速度要均匀平稳，以免重物在空中摆动发生危险。在放下重物时，速度不要太快，以防重物突然下落而损坏。吊长、大型重物时应有专人拉溜绳。防止因重物摆动，造成事故。

⑦ 严禁起重机超过本机额定起重量的超负荷工作。如果用两台起重机同时起吊一件重物，必须有专人统一指挥，两机的升降速度应保持相等，起重物的重量不得超过两机额定起重量总和的75%；绑扎吊索时要注意重量的分配、每机分担的重量不能超过额定起重量的80%。

⑧ 起重机吊运重物时，不能从人头上越过，也不要吊着重物在空中长时间停留，在特殊情况下，如需要暂时停留，应发出信号，通知一切人员不要在重物下面站立或通过。

⑨ 起重机在工作时，所有人员尽量避免站在起重臂回转索及区域内。起重臂下严禁站人。吊装人员在挂钩后应及时站到安全区域。禁止在吊运重物上站人或对调挂着的重物进行加工。必须加工时应将重物放下垫号，并将起重臂、吊钩及回转机构的制动器刹住。若加工时间较长，应将重物放稳，起重机摘钩。吊着重物时司机和信号员不得随意离开工作岗位。在停工或休息时，严禁将重物悬挂在空中。

⑩ 当起重机运行时，禁止人员上下，从事检修工作或用手触摸钢丝绳和滑轮等部位。

⑪ 吊运金属溶液和易燃、易爆、有毒、有害等危险品时，应制定专门的安全措施，司机要连续发出信号，通知无关人员离开现场。

⑫ 使用电磁铁的起重机，应当划定一定的工作区域，在此区域内禁止有人，在往车辆上装卸铁块时，重物严禁从驾驶室上面经过，汽车司机必须离开驾驶室，以防止万一吸铁失灵铁块落下伤人。

⑬ 起重机在吊重作业中禁止起落起重臂，在特殊情况下，应严格按说明书的有关规定执行。严禁在起重臂起落稳妥前变换操纵杆。

⑭ 起重机在吊装高处的重物时，吊钩与滑轮之间应保持一定的距离，防止卷扬过限重物将钢丝绳拉断或起重臂后翻。在起重臂达到最大仰角和吊钩在最低位置时，卷筒上的钢丝绳应至少保留 3 圈以上。

⑮ 起重机的工作地点，应有足够的工作场所和夜间照明设备。起重机与附近的设备、建筑物应保持一定的安全距离，使其在运行时不会发生碰撞。

⑯ 起重机作业中，有下列情况之一时，不能起吊：

a. 信号不清时；

b. 重量不明时；

c. 所吊重物离开吊点有一段距离需斜拉时；

d. 所吊重物超过起重机的起重能力时；

e. 重物捆绑不牢及起吊后不稳时；

f. 露天作业遇有六级以上大风及大雾等恶劣天气时；

g. 夜间作业没有足够的照明时；

h. 钢丝绳严重磨损，出现断股时。

⑰ 起重机不得在架空输电线路下面作业，在通过架空输电线路时，应将起重臂落下，以免碰撞。在架空输电线路一侧作业时，不论在任何情况下，起重臂、钢丝绳或重物等与架空输电线路的最小距离不小于表 4.1 的规定。

表 4.1　与架空输电线路的最小距离

输电线路电压/kV	1	1~20	35~110	154	220
允许与输电线路的最近距离/m	1.5	2	4	5	6
垂直安全距离/m	1.5	1.5	2.5	2.5	2.5

⑱ 起重机的电器、内燃发动机或锅炉部分的安全技术要求，应严格遵照动力机械的有关规定执行。

4.3 高架桥梁施工

高架桥施工主要包括基础施工、墩台施工、桥跨施工和附属结构施工等部分。

高架桥的基础工程常在地面以下或水中，并且涉及水、岩石以及城市地下管线等，从而增加了它的施工难度和复杂程度。根据桥梁基础工程的结构形式和施工方法可分为：明挖基础、桩基础、沉井基础和组合基础等。地铁与轻轨高架桥桥墩及车站框架柱对沉降要求较高，因此一般采用桩基础，而对于车站框架结构则应另加连续梁。本节重点介绍常用的桩基础施工、墩台和桥跨结构施工。

4.3.1 桩基础施工

4.3.1.1 桩的类型

用于高架结构的桩基础按施工方法分主要有预制桩和灌注桩两种。

1）预制桩

预制桩就是在工厂或施工现场按规定的材料预先制作桩，而后运到墩台位置，依靠沉桩设备将预制桩直接打入、振入或旋入地层中，按沉桩设备划分主要有锤击沉桩、振动沉桩、射水沉桩以及静力压桩。

2）灌注桩

灌注桩是在施工现场的桩位上采用机械或人工成孔，然后在孔内浇筑混凝土(或钢筋混凝土)。根据成孔方法的不同可分为：钻孔、挖孔和冲孔灌注桩，套管成孔灌注桩，爆扩成孔灌注桩等。在高架桥施工中常用的是钻孔灌注桩，其施工过程如图 4.4~图 4.7 所示。

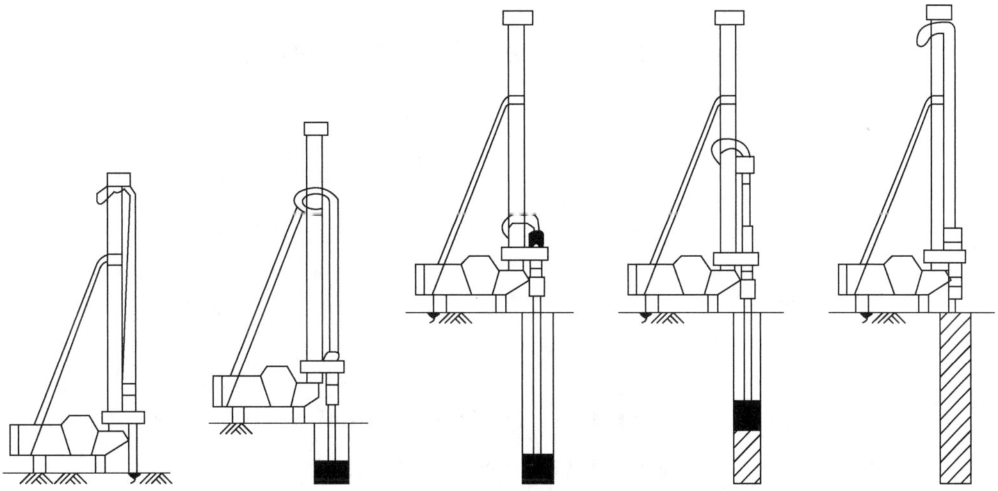

(a)对准桩位 (b)正转下降 (c)钻至设计深度 (d)反转喷灰搅拌提升 (e)桩柱制成

图 4.4 粉体喷射深层搅拌桩施工示意图

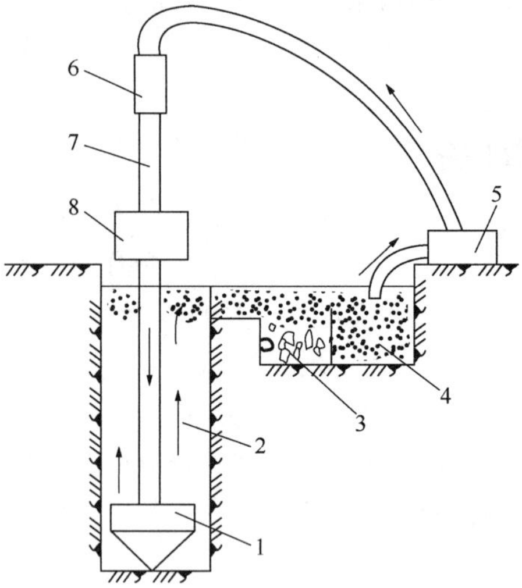

图 4.5　正循环钻机成孔施工示意图

1—钻头；2—泥浆循环方向；3—沉淀池及沉碴；4—泥浆池及泥浆；
5—泥浆泵；6—水龙头；7—钻杆；8—钻机回转装置

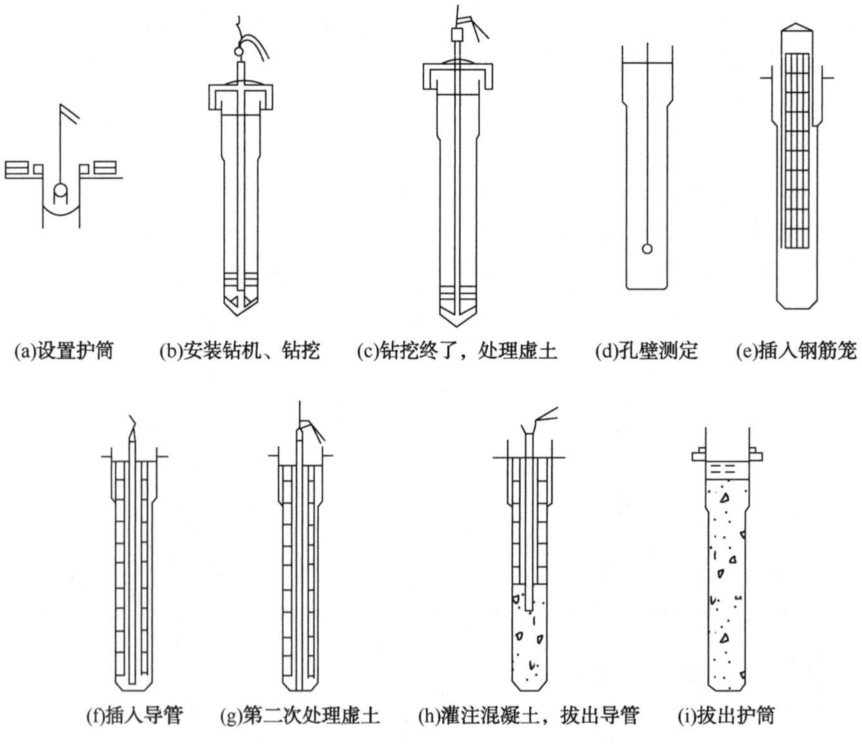

图 4.6　反循环钻孔灌注桩施工示意图

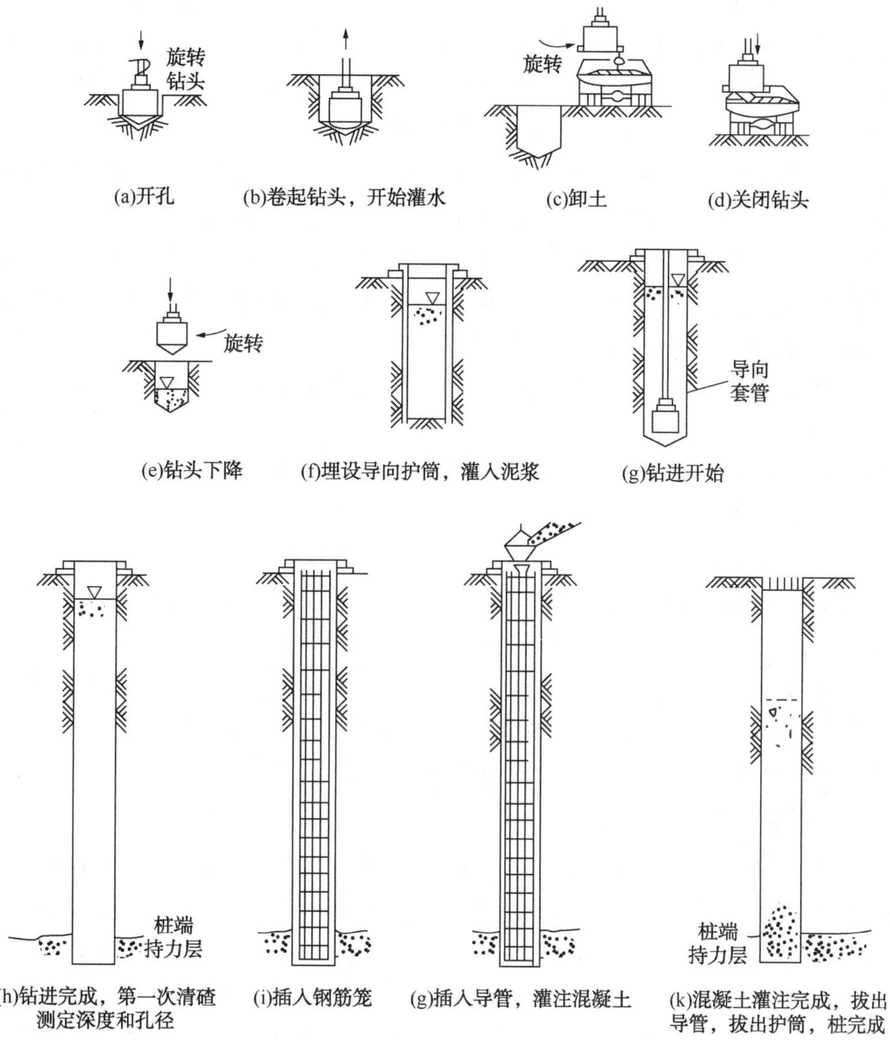

图 4.7　钻斗钻机灌注桩施工示意图

4.3.1.2　桩的施工

1）桩的构造

桩的横截面尺寸经常采用：预应力钢筋混凝土圆桩，桩径 ϕ600mm；预制钢筋混凝土方桩，一般为 450mm×450mm 断面；钻孔灌注桩和挖孔桩，桩径有 ϕ800mm、ϕ1200mm 和 ϕ1500mm 三种。桩长、地质情况和承载力要求按设计确定。桩基础一般坐落于粉细砂层和基岩上。桩头需伸入承台底面 100mm，桩头钢筋留长 45mm。

2）施工要求

预制桩特别是 PHC(the prestressed high-intensity concrete，预应力高强度混凝土)桩一般由工厂预制，在场地允许情况下也可以在现场制作钢筋混凝土方桩。预制桩一般分上、下两节，上节桩为 C40 混凝土，下节桩为 C35 混凝土。当混凝土强度达到设计强度的 85%时可以吊运，打桩时混凝土强度应达到设计强度的 100%，且龄期不小于 28d，贯入度控制为

30~70mm/10击。此外，还应考虑以下两种情况：一是贯入度满足要求，但桩顶标高大于设计标高，其值小于50cm时，继续锤击30~50次，如发现异常可停锤，如其值大于50cm，与设计单位联系研究决定；二是与灌注桩距离小于50m范围内的沉入桩，均应在灌注桩龄期28d后进行，或者先施工沉入桩，后施工灌注桩。

根据地质情况和施工经验，钻孔灌注桩一般采用C25级混凝土，使用GPS-10型和GPS-15型钻机，成孔时采用原土造浆正循环方法。对于ϕ1500mm桩，在钻进到孔的设计深度后使用反循环泵进行清洗。当桩尖持力层为粉细砂层、且孔径较大时，为保持孔壁稳定，防止孔底坍塌，钻进时采用较浓的泥浆。特别是在孔深30m以后进入粉细砂层时，泥浆相对密度应在1.25~1.35之间，待灌注混凝土前的二次清孔时再将相对密度调整至规范允许值。当钻进到设计高程后，利用钻机反循环系统的泥浆泵持续吸碴，使孔底沉碴基本清除，并同步灌入相对密度较小的泥浆。

钻孔灌注桩的施工，因其所选护壁形式的不同，有泥浆护壁方式和全套管施工方式两种。

（1）泥浆护壁施工

冲击钻孔、冲抓钻孔和回转钻削成孔等均可采用泥浆护壁施工，施工的过程是：平整场地→泥浆制备→埋设护筒→铺设工作平台→安装钻机并定位→钻进成孔→清孔并检查成孔质量→下放钢筋笼→灌注水下混凝土→拔出护筒→检查质量。

（2）全套管施工

全套管施工的施工过程是：平整场地→铺设工作平台→安装钻机→压套管→钻进成孔→安放钢筋笼→防导管→浇筑混凝土→拉拔套管→检查成桩质量。

4.3.1.3 承台的施工

承台的施工放样采用极坐标方法，在临近的高层顶上设置控制点，然后由上至下投点。这样既可以控制较大的区域，又可以避免视线受阻的影响。承台轴线的临时控制点，应校正后再使用。

承台土方开挖到桩顶标高时，要改为人工挖土，避免抓斗破坏桩头。为防止土方塌陷，应采取放坡、加木支撑等支护方式。当承台位于边滩范围内、承台底标高高于边滩底标高时，挖去剩余淤泥，填充碎石，应清理积水后再浇注混凝土。

承台可采用大型木模板，拼装时采用拉条螺栓，拆模后凿除外露螺栓，并用砂浆修补。在有条件的情况下也可采用钢模板。

4.3.2 墩(台)的上部施工

墩(台)的上部施工主要是指墩(台)身和墩(台)帽的施工。墩(台)是高架结构的重要组成部分，墩台施工工程量大，高空作业多，其施工质量的好坏直接关系到上部结构的制作与安装质量，并且影响高架结构的使用安全。地铁与轻轨高架结构墩(台)施工常用现场浇筑混凝土墩(台)，也可使用预制装配法建造墩(台)。

4.3.2.1 墩(台)身的施工

1）现场浇筑混凝土墩台施工

现场浇筑混凝土墩台施工有两个主要工序，即制作与安装墩台模板和混凝土浇筑。现场浇筑混凝土墩台施工有三种基本方法：

（1）分节立模，间歇灌注法

将墩台沿高度分成若干节，分别制作各节模板。自底节开始，立一节模板，灌注一节混凝土，待混凝土强度达1200kPa后，再立第二节模板，灌注第二节混凝土，这样逐节升高，直至墩台灌注完毕。此法的优点是需要的设备简单，其缺点是施工速度较慢，适用于一般高度的墩台。施工接缝处应安插接头短钢筋或埋接缝石，以提高墩台的整体性。

（2）分节立模，连续灌注法

在灌注第一节墩台混凝土时，同时在地面将第二节模板拼组好，待第一节混凝土灌注完后，立即将第二节模板整体吊装，并在混凝土允许间歇时间(一般为2h)内安装完毕，继续灌注第二节混凝土，如此循环直至墩台灌注完毕。此法施工速度快，墩台整体性好，但应有相应的起吊设备。

（3）滑动模板施工

滑动模板是用一节模板连同工作脚手架以整体形式安装在基础顶面，依靠自身的支撑部分和提升系统，在灌注混凝土的同时，模板也慢慢向上滑升，这样可连续不断地灌注混凝土。墩台整体性好，施工速度快，高空施工安全。

2）装配式墩台施工

装配式墩台的优点是：结构形式轻便、建桥速度快，对现有交通影响少，圬工省，预制构件质量有保证等。目前常用的有砌块式、柱式和管节式或环圈式墩台等。

装配式墩台的施工是组件在工厂或工地集中预制，再送到现场装配成墩的形式。

4.3.2.2 墩(台)帽的施工

墩帽是桥墩顶部的传力部分，它通过支座承托上部结构，并将荷载传递到墩身上。因此，墩帽本身应有足够的强度，墩帽多用强度等级为C20及以上的混凝土，并加配构造钢筋或采用钢筋混凝土(采用钢筋混凝土时，混凝土不低于C25)做成。

在施工时，要注意墩(台)帽混凝土浇筑前，必须对墩(台)中线、标高及各部位尺寸进行复核，并准确放样，标出预留孔道、预埋件位置，并对基面进行凿毛清理干净。钢板预埋件应设排气孔，混凝土应加强振捣防止空鼓，振捣时不得碰撞预埋件。

4.3.3 桥跨施工

桥跨结构施工方法常用的有现场就地浇筑施工和预制装配式施工，下面仅介绍梁式桥跨结构的施工。

4.3.3.1 梁式桥的就地浇筑施工

其工序为：搭设支架、安装模版、绑扎钢筋、浇筑混凝土、养生、拆卸模板与支架。

1）支架

支架按其构造分为支柱式、梁式及梁柱式三种。

（1）立柱式支架

立柱式支架构造简单，可用于陆地或不通航河道以及桥墩不高的小跨径桥梁施工。支架通常由排架和纵梁等构件组成。排架由枕木或桩、立柱和盖梁组成。

(2) 梁式支架

根据跨径不同，梁可采用工字钢、钢板梁或钢桁架。一般情况下工字钢用于跨径小于10m，钢板梁用于跨径小于20m，钢桁梁用于跨径大于20m的情况。梁可以支承在墩旁支柱上，也可支承在桥墩预留的托架上或支承在桥墩处的横梁上。

(3) 梁柱式支架

当桥梁必须在支架下设置孔道通行时可采用梁柱式支架。梁支承在桥墩台及临时支柱或临时墩上，形成多跨的梁柱式支架。

2) 模板

就地浇筑桥梁的模板常用木模和钢模。模板形式的选择主要取决于同类桥跨结构的数量和模板材料的供应情况。当建造单跨或多跨不同桥跨结构时，一般采用木模；当有多跨同样的桥跨结构时，可采用大型模板块件或用钢模。

3) 混凝土的浇筑

在浇筑混凝土前要进行周密的准备和严格的检查。准备工作主要是对各种施工设备进行试运转，以防止在使用中发生故障，并对支架、模板、钢筋和钢索位置等进行检查。

(1) 简支梁桥混凝土的浇筑

分层浇筑：对于跨径不大的简支梁桥，可在一跨全长范围内分层浇筑，在跨中合龙。分层的厚度由振捣器的能力而定，一般选用15~30cm；当采用人工捣实时，可选15~20cm。

斜层浇筑：简支梁桥的混凝土浇筑应从主梁的两端用斜层浇筑法向跨中浇筑，在跨中合龙；T形梁和箱梁采用斜层浇筑。当采用梁式支架，支点不设在跨中时，则应在支架下沉量大的位置先浇混凝土，使应该发生的支架变形及早完成。采用斜层浇筑时，混凝土的倾斜角与混凝土的稠度有关，一般可用20°~25°。

当桥梁跨径较大时，可先浇筑纵横梁，待纵横梁完成浇筑后，再沿桥的全宽浇筑桥面混凝土，在桥面与纵横梁间应设置工作缝。对于中大跨径预应力简支箱梁，可分两次浇筑，第一次浇筑腹板顶部，第二次浇筑顶板及翼缘板，这样施工便于布索及绑扎钢筋。

单元法浇筑法：当桥面较宽且混凝土数量较大时，可分成若干纵向单元分别浇筑。每个单元可沿其长度分层浇筑，在纵梁间的横梁上设置连接缝，并在纵横浇筑完成后填缝连接。

(2) 悬臂梁和连续梁混凝土的浇筑

悬臂梁和连续梁桥的桥跨结构在支架上浇筑时，由于桥墩为刚性支点，桥跨下的支架为弹性支撑，在浇筑时支架会产生不均匀沉降，因此在桥墩处应设置接缝，待支架沉降稳定后，再浇筑墩顶处梁的接缝混凝土。大跨径梁桥，除在桥墩处设置接缝外，还可在支架的硬支点附近设置接缝。

梁段间的接缝一般宽0.8~1.0m，两端用模板间隔，并留出分布加强钢筋通过的孔洞。浇筑接缝混凝土时先将两端面浮浆除掉、凿毛，用清水冲洗后，再绑扎接缝分布钢筋，浇筑接缝混凝土。当悬臂梁设有挂梁时，须待悬臂梁混凝土强度达到设计强度的70%以上时方可进行挂梁施工。

(3) 混凝土养护、预应力筋张拉及模板拆除

混凝土浇筑完成后进行养生能促使混凝土硬化，并在获得规定强度的同时，防止混凝

土干缩引起的裂缝，防止混凝土受雨淋、日晒、受冻及受荷载的振动、冲击。由于混凝土在硬化过程中发热，在夏季和干燥的气候下应进行湿润养生，而冬季则主要保护其不受冻，采用加温养生。

预应力筋张拉：后张法预应力混凝土梁，须待混凝土强度达到设计要求后(强度达到设计强度的70%以上)才能进行张拉。

模板拆除及卸架：一般要在混凝土达到设计强度的25%以后，拆除侧模，当混凝土强度不小于设计强度的70%以后，方可拆除梁的其他模板。

对于预应力梁，应在预应力筋张拉完毕或张拉到一定数量后再拆除模板，以免梁体混凝土受拉。

梁的落架程序应从梁挠度最大处的支架节点开始，逐步卸落相邻两侧的节点，并要求对称、均匀、有顺序地进行；同时要求各节点应分多次进行卸落，以使梁的沉落曲线逐步加大。通常简支梁和连续梁可从跨中向两端进行；悬臂梁则应先卸落挂梁及悬臂部分，然后卸落主跨部分。

4.3.3.2 装配式钢筋混凝土梁桥的桥跨施工

装配式钢筋混凝土梁桥的桥跨施工包括分片或分段构件的预制、运输、安装三阶段。桥梁的预制构件一般在预制场或预制工厂内进行，再由运输工具运至桥位安装。横向分片预制件可采用吊机或架桥机架设；纵向分段在桥头串联张拉后，用吊机或架桥机架设。

1）装配式梁桥的特点

采用预制安装法施工的装配式梁桥与就地浇筑的整体式梁桥相比较，有下列特点：

① 加速施工进度。由于装配式梁桥的梁片预制可与桥梁下部结构同时施工，对加速施工进度、缩短施工工期效果明显，从而减少了对城市的影响。

② 节省支架、模板。装配式梁桥常采用无支架或少支架施工，预制场采用钢模板浇筑预制件，模板可反复使用，达到节约木材的目的。

③ 提高工程质量。装配式梁桥的预制梁片可以标准化，采取钢模板使梁体表面光洁美观，生产流程可以达到自动化、机械化、梁体混凝土计量自动化，振捣及养生均能达到理想要求，对梁体质量有较高保证。

④ 需要吊装设备。预制梁片一般采用汽车吊、履带吊机、浮吊进行吊装架设，桥梁较长时可采用架桥机架设。

⑤ 结构用钢量较大。

2）装配式构件的预制工艺

① 按构件预制时所处的状态可分立式预制和卧式预制两种：等高度的T梁和箱梁在预制时采用立式预制，这样构件在预制后即可直接运输和吊装，无需进行翻转作业。对于变高度的梁，宜采用卧式预制，这时可在预制平台上放样布置底模，侧模高度由梁宽度决定，便于绑扎钢筋和浇筑混凝土，构件尺寸和混凝土质量也易得到保证。卧式预制的构件需在预制后翻身竖起，一般构件在起吊之后进行翻身的操作。

卧式预制可分为单片预制和多片叠浇。单片预制就是在构件预制的底座上先预制一片构件，待其吊离后再预制第二个同规格的构件。多片叠浇则是在同一底座上预制数片构件，在前一片之上涂脱模剂后再浇筑后一片，以前一片做后一片的底模。

② 构件预制方法按作业线布置不同可分固定式预制和活动台车预制两种方法。固定式预制是指构件在整个预制过程中一直使用一个固定底座，立模、绑扎钢筋、浇筑和养护混凝土等各个作业依次在同一地点进行，直至构件最后制成被吊离底座。一般规模桥梁工程的构件预制大多数采用此法。在活动台车上预制构件时，因台车上具有活动模板(一般为钢模板)，能快速地装拆，当台车沿着轨道从一个地点移动到另一个地点时，作业也就按顺序一个接一个地进行。预制场布置成一个流水作业线，构件分批地进入蒸养室进行养护。如果是后张式预应力构件，则从蒸养室出来后，即进入预应力张拉作业点。用这种方法预制构件，可采用强有力的底模振捣和快速有效的养护，使构件的预制质量和速度大为提高。这种方式适用于大批或永久性制造构件的预制工厂采用。

③ 预应力构件按预制工艺不同可分为先张法和后张法两种。先张法需张拉台座，所以一般在预制场进行。在台座上绑扎钢筋，布置预应力束(筋)，利用张拉台座张拉预应力束并锚固，再浇筑梁体混凝土，待混凝土强度达到规定要求后在梁体外切割预应力束(筋)。后张法是先在梁体内按设计要求预留预应力束(筋)孔道，然后浇注混凝土，待梁体混凝土达到规定强度时，再在预留孔道内穿预应力束(筋)，并进行张拉、锚固，最后在管道内进行压浆。所以后张法预应力构件可在现场进行制造。桥位现浇箱梁均采用后张法工艺。

3）预制梁的出坑和运输

预制构件从预制场的底座上移出来，称为“出坑”。钢筋混凝土构件在混凝土强度达到设计强度70%以上，预应力混凝土构件在预应力张拉以后才可出坑。构件出坑方法，一般采用龙门吊机将预制梁起吊出坑后移到存梁处或转运至现场，当简易预制场无龙门吊机时，可采用汽车吊机起吊出坑，或用横向滚移出坑。

预制梁从预制场至施工现场的运输称为场外运输，常用大型平板车运至桥位现场。预制梁在施工现场内运输称为场内运输，常用龙门轨道运输、平车轨道运输和平板汽车运输，也可采用纵向滚移法运输。

4）预制梁的安装

预制梁常采用龙门吊机、汽车吊机及履带吊机进行安装，跨越河流的高架预制梁安装常用穿巷吊机安装、浮吊安装及架桥机安装等。

第5章 轨道工程施工

5.1 铺轨基地

根据北京、上海和广州等城市的地铁建设经验，在地铁线路建设过程中，往往会遇到很多困难，如房屋拆迁、交通疏解、管线迁改、特殊地质灾害等，造成土建工期后延，导致后续工序(如铺轨、系统和机电设备安装)的工期更为紧张。铺轨是一个承上启下的关键工序，铺轨速度直接影响后面的系统和机电安装的进程，进而影响到全线的开通工期目标，而合理设置铺轨基地的数量和位置是影响铺轨工期的重要因素。

5.1.1 铺轨基地的选择、分类和技术要求

5.1.1.1 铺轨基地的选择

铺轨基地是指具备铺轨条件的生产场地，一般包括生产区、生活区和下料口等，主要由轨排组装流水线、轨料存放区和卸料线，以及相关的作业机具和设备等组成。铺轨基地的选择应注意以下方面：

① 铺轨基地所处区域交通要便利，便于运输材料以及成品。

② 铺轨基地所处区域应相对开阔，占地面积至少 2000m^{2}以上，沿线路长度至少 100m 以上，净高至少 15m 以上。

③ 轨排吊装井下料井宽度至少 5m，长度至少 28m，两侧 10m 范围内地面荷载至少 3.2t/m^{2}以上。

5.1.1.2 铺轨基地的分类

铺轨基地的分类，按全线的功能分担，可分为主铺轨基地和辅助铺轨基地；按下料点的线路敷设方式，可分为地下、高架和地面铺轨基地；按所处的位置，可分为车站、区间、车辆段铺轨基地等。

5.1.1.3 铺轨基地的技术要求

1）场地要求

铺轨基地地面应开阔，要求净高 15m，并且交通方便，便于轨料进出；每处地面面积 2000~8000m^2；与线路平行方向长度 100~200m(沿线路方向)、宽 20~80m。

2）轨排吊装井要求

单线轨排井下料口长 28m(25m 轨排下井+3~5m 安全富余量)，宽度一般 5m，若为明

挖段，下料口宽度可与隧道等宽。正线左、右线应分别留轨排下料口即双口，以满足双线4个工作面双向同时施工要求。轨排吊装井待铺轨工程完成后再进行封堵。

3）荷载要求

因轨排井口(或敞开段)上方及两侧要堆放轨道施工材料及设备，土建结构应对轨排吊装井(或敞开段)等下料口及其地面进行加固设计。荷载(未含土压力)要求为：在两侧不大于10m范围内地面均布荷载3.2t/m^2，其他隧道顶地面均布荷载2.4t/m^2。

5.1.2 铺轨基地的设置原则与应对工期风险措施

5.1.2.1 铺轨基地的设置原则

一条地铁线路铺轨基地的设置非常重要，涉及的因素也比较广泛，如线路长度、沿线工程环境、工程筹划、铺轨工艺和水平等。因此，需要结合具体的线路和工程的实际情况才能确定，铺轨基地的设置主要包含数量和位置两项主要内容。经初步总结，宜按以下原则进行设置。

① 铺轨基地的设置数量和位置根据全线的工程筹划确定，应能满足铺轨工期要求，满足功能需求、经济合理，基地的数量、位置选择与进度相吻合。

② 全线铺轨基地设置应尽量均匀布置，以便于灵活调配，两个铺轨基地间的距离不宜大于10km。

③ 铺轨基地的位置应有良好的运输条件，以利于铺轨工程的材料运输、存储；基地应与附近道路相通，在基地内设置汽车、起重机械的通道和龙门起重机的轨道，以便装卸材料和机械的组装作业。

④ 铺轨基地应选择在场地条件较好的位置，应有足够的面积。轨排井宜优先在车辆基地、地面线路等露天场地设置，或在正线明挖区间的上方设置，宜与土建施工标段相结合，尽量与盾构井或施工竖井结合，可以利用盾构井、中间风井、车站等明挖段作为下料口，并可以利用原有的施工场地以保证轨排运输顺畅，保证铺轨速度。

⑤ 铺轨基地不宜选择在有配线的地段，以免影响铺轨工期。尽量在线路坡度较小的地段设置轨排井，以免产生铺轨工程车溜滑现象。

⑥ 为应对因土建工期拖后造成铺轨工期压缩的情况，应适当考虑备选铺轨基地和轨料下料口的设置方案。

5.1.2.2 应对工期风险的措施

前期的土建工程往往存在众多难以预料的风险与实施难点，这将严重影响铺轨工期。对此，应对工期风险的措施可以从以下方面考虑：

① 在条件允许的情况下，增加轨排井的数量，从而提高铺轨工作面以提高铺轨进度、缩短工期。

② 将土建工程的盾构井、明挖段作为临时铺轨工程下料口，利用地下空间进行轨排组装，再进行铺轨工作。

③ 有配线的地段宜预留道岔下料口，进行道岔预铺工作，缩短道岔铺设的时间。

④ 做好、做细铺轨工程策划，对于难度大的减振道床(如浮置板等)应首先铺设，并给予充裕的时间。

5.2 铺轨基标测设

随着国内经济的迅猛发展，全国大中城市的人民对于日益拥挤的地面交通有着巨大的疏解需求。近年来，城市、城际轨道交通工程已然进入高速建设阶段，其在建设过程中，铺轨精度是影响列车运行速度和安全的轨道准确度的主要因素，它取决于建设期中铺轨控制基标的测设精度。

5.2.1 铺轨基标测设概述

铺轨基标是轨道施工时的参照标志，铺轨基标确定了轨道架设的高程位置和平面位置。保证轨道按照设计图纸进行铺设，保证行车的平稳与舒适，城市轨道交通的线路均应测设铺轨基标，用以指导轨道的铺设。铺轨基标测量工作主要包括：基标的测设，测量基标的高程，最终提交铺轨基标成果表。铺轨基标的测设流程是先测设控制基标，然后在控制基标间测设加密基标和道岔基标，这样每一个铺轨基标的精度才能达到要求。

5.2.1.1 铺轨基标的作用和意义

近年来，国内迅速发展的地铁、轻轨等城市轨道交通，对列车安全行驶、乘客旅途舒适性的要求越来越高，而保证轨道施工精度的关键在铺轨控制基标的测设。铺轨控制基标作为高标准混凝土整体道床铺设的控制点，轨道工程一次定位，几乎不能再调整；它是具有精确平面坐标和高程的标志；精确地测设铺轨控制基标是保证轨道的设计位置和线路平顺性，同时也保证隧道的限界要求，为后期运营维护提供控制依据的关键。

5.2.1.2 铺轨基标流程

铺轨基标测量工作主要包括线路调整测量(含中线复测、中线调整)、控制基标测量、加密基标测量等内容，铺轨基标的测设是先测控制基标，后测加密基标和道岔基标。

5.2.1.3 准备工作

① 铺轨基标测量之前首先收集设计图纸及测量资料。主要包括：线路图、铺轨综合图、横纵断面图以及贯通控制点测量资料。

② 测量仪器的选用。测量中所用的仪器和配套器具，检验合格后方可投入使用。

③ 人员的配备。安排具有丰富经验的测工及熟悉城市轨道交通的测量工程师。

5.2.1.4 基标测设的内外业工作

1）内业工作

（1）铺轨基标的埋设位置

铺轨基标是铺轨施工的重要测量基准，其明确了铺轨的平面与高程位置，因此，铺轨基标测设的准确与否直接影响着后期铺轨的精度。为确保后期轨道列车的平稳行驶和乘客舒适的乘车体验，轨道的铺设必须足够精准，为了达到这一要求，务必严格依照铺轨综合设计图，并通过已调整好的导线控制点与水准点进行铺轨基标的测设工作，以为后期轨道铺设提供依据。

铺轨基标主要包括两种，其一为控制基标，其二为加密基标。

① 控制基标：对于直线路段每个控制基标间隔为 120m，曲线路段除了曲线元素点外，每间隔 60m 均应设置一个控制基标。

② 加密基标：对于整体道床段、碎石道床段，应根据直线路段及曲线路段的要求，进行加密基标的合理设置，且轨道变坡点位置也需设置相应的加密基标。在整体道床段，无论控制基标还是加密基标均埋设于线路中线位置；在碎石道床段，右线基标(包括控制基标和加密基标)埋设于距中线 3m 的线路右侧，左线基标则正好相反。

（2）铺轨基标高程和坐标

铺设基标所需测量数据多、精确要求高、工期要求紧、报检文件多，对于精度要求较高的铺轨基标而言，其精度不仅与放样方式、已知点的精度有关，而且还会受到基标高程、坐标精度等因素的影响，因此，精确计算铺轨基标高程与坐标是轨道交通工程测量内业工作的重要内容。为满足工程测量需要，务必使用专门的内业数据计算分析软件，并选择合理的数学计算模型以获得精准的铺轨基标高程与坐标。

2）外业工作

（1）控制基标测设

控制基标的测设是整个轨道工程的基础，且对加密基标的测设精度有着直接的影响。因此，在进行控制基标的放样作业时，须注意每一控制基标放样后均应使用仪器归零校核，对于归零误差超限的应重新放样。控制基标的测设作业主要分为以下三个步骤：

① 按照便于现场施工的原则，使用全站仪坐标法进行控制基标的测设，测设精度须满足相关规范要求。

② 完成控制基标的测量埋设作业后，对铺轨测设单位内的基标予以串测，主要检测各基标间角度、高差距离偏差等是否满足要求。

③ 利用水准控制点对铺轨控制基标的高程予以测定，限差以及测量方式与精密水准测量相同，完成控制基标的测设后，须做好相应的复测，以确保测设内容、限差等均能满足相关标准要求。

（2）加密基标测设

因轨道交通线路铺轨基标的埋设数量大，因此，须通过分段控制、中间加密进行铺轨基标的测设，即先进行控制基标的测设，之后在已完成测设的控制基标之间进行加密基标测设。加密基标按照等间距布设，并以测设后精确地控制基标高程为依据，利用符合施工要求的精密水准仪进行加密基标高程的测定。且加密基标的限差需满足如下要求。

直线段限差要求：①相邻两个加密基标的纵向间距偏差为±5mm；②加密基标与两侧控制基标偏离的横向线距离偏差值为±2mm；③相邻两个加密基标实际量测高差与设计值较差<1mm，且实际量测高程与设计值较差<2mm。

曲线段限差要求：①纵向偏差同直线段要求；②加密基标相对于两侧控制基标的横向误差值为±2mm；③高程较差同直线段要求。

（3）道岔基标测设

轨道交通中的道岔分为交分、单开以及交叉渡线等类型，对道岔路段进行测设时，可先测设交点位置、岔心位置、主线及侧线，测得上述信息后，依据铺轨基标与轨道线路交点与中线的位置关系，借助控制基标信息予以测设。通常，道岔区域内基标多于轨道线路中线一侧予以测设，不同类型的道岔其控制基标以及加密基标的测设位置也有所不同，并随设计图纸、工法以及机具不同而有所改变。另外，因道岔岔心及各元素点须具备较高的精度，因此，在制定基标测设计划前，应先明确基标设计图后，再确定具体的测设实施方案。

经自检确定加密基标与道岔铺轨基标符合相关标准后，通知监理方进一步检测，若复核结果达标，各项指标均符合设计预期，则铺轨基标的测量工作完成，此时，即可按照铺轨基标进行轨道铺设及混凝土的灌注作业。

5.2.2 铺轨基标测量技术方法

城市轨道交通工程一般线路长，施工单位多，施工工艺复杂，在这种情况下既要保证整体线路全线贯通，又要严格按照设计要求使其设备准确就位，对测量工作提出了较高的要求。铺轨基标测量是在其工程土建结构完成后，为轨道铺设而进行的一项重要测量工作。它是轨道铺设的平面和高程基准，其测设质量的好坏，将直接影响轨道铺设的质量。因此，铺轨基标测设必须严格准确，以保证轨道铺设的质量。

5.2.2.1 轨道线路中线调整测量的技术方法

轨道线路中线测量是铺轨基标测量的基础工作，线路中线测量精度的好坏，将直接影响基标测量成果，进而影响轨道铺设和列车运行的质量和效果。因此，基标测设前需对线路中线进行检测，统一精度、归化其与设计线路之间的关系。

由于轨道交通施工时车站控制点一般从地面直接投测，精度比较高，车站线路一般为直线，线路与站台间距限差要求较严，不宜在车站进行线路调整。坚持“车站不动、调整区间”的原则，以“两站一区间”为单位，进行线路中线调整测量。线路中线调整测量的步骤如下：

① 以车站的施工控制导线点为依据，利用区间施工控制中线点组成附合导线，并进行左、右线附合导线测量，一般线路中线点间距直线上平均120m，曲线上除曲线元素外不小于60m。

② 对中线点组成的导线采用Ⅱ级全站仪左、右角各测二测回，左、右角平均值之和与360°较差小于6″，测距往返各二测回，往返二测回平均值之差小于4mm。

③ 数据处理采用严密平差，各相邻点间纵横向中误差满足下述精度。直线：纵向中误差小于±10mm，横向中误差小于±5mm；曲线：纵向中误差小于±5mm，曲线段小于60m时，横向中误差小于±3mm，大于60m时横向中误差小于±5mm。

④ 平差后的线路中线点应依据设计坐标进行归化改正。归化改正后对线路中线各折角应进行检测，直线上其与180°较差不应大于8″，曲线折角与相应的设计值较差，中线点间距小于60m时不应大于20″，中线点间距大于60m时，不应大于15″。

线路中线点调整合格后，钻ϕ2mm深为5mm的小孔，镶入黄铜心标志点位。

5.2.2.2 铺轨基标放样数据计算的技术方法

铺轨基标放样数据包括平面坐标和高程数据，高程数据可以从铺轨综合设计图资料中查取或通过简单计算取得，平面坐标的坐标数据则要通过较复杂的计算得到。下面主要阐述平面坐标放样数据的计算方法。

1）在线路中线上的铺轨基标放样数据计算

铺轨基标设置在线路中线上，放样数据计算比较简单。首先，根据铺轨基标在线路的直线、圆曲线、缓和曲线上的位置以及起算控制点，计算控制基标放样坐标(x_i，y_i)；然后，通过坐标反算计算放样点的放样数据。

2）铺轨基标在线路中线一侧的放样数据计算

铺轨基标敷设在线路中线一侧时所形成的曲线，具有与线路中线平行、两条曲线任一对应点的切线具有共同的法线且垂距相等的特性，根据这一特性进行放样数据计算。

（1）直线线路铺轨基标放样数据计算

直线线路计算相对简单，当铺轨基标位于线路的一侧时，由于铺轨基标与线路中线的间距为常数 b，并与线路中线平行。因此，可将铺轨基标各点沿线路方向旋转 90°，并平移偏距 b 即可计算出放样数据。

（2）曲线线路铺轨基标放样数据计算

① 曲线线路为圆曲线。铺轨基标位于圆曲线一侧时，各铺轨基标分布于该线路中线圆曲线的同心圆上。因此，在相应点切线的法线或与圆心连线方向上平移距离 b，即为铺轨基标位置。由此便可计算出放样数据。

② 曲线线路为缓和曲线。铺轨基标位于缓和曲线一侧时，放样数据比较复杂，其计算原理和计算公式如下：

建立以线路中线的 ZH 点为坐标原点，以直线线路中线的延长线为 X 轴的独立直角坐标系，见图 5.1。

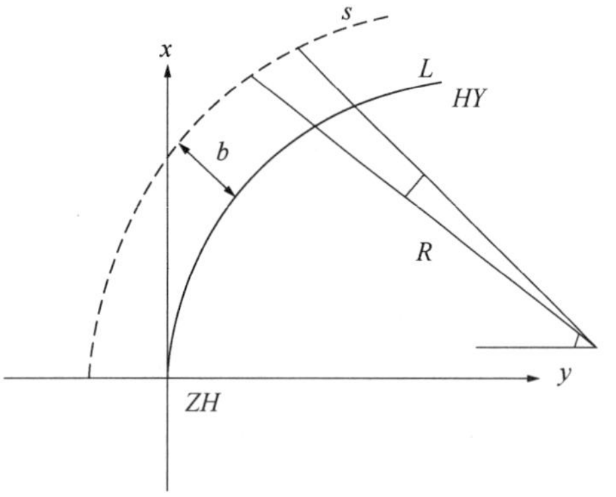

图 5.1　独立直角坐标系示意

图 5.1 中，L 为缓和曲线，HY 为缓和曲线上的点，s 为 L 的平行线，二者间距为 b，R 为缓和曲线上的点处的缓和曲线曲率半径，ZH 为坐标原点，则有函数式：

$$LR=L_0R_0 \tag{5.1}$$

即

$$\frac{1}{R}=\frac{L}{L_0R_0} \tag{5.2}$$

式中，L 为缓和曲线上的点至 ZH 点的曲线长，均为正值；R 为该点处的缓和曲线曲率半径，缓和曲线上的一段弧 L 与对应的平行线上偏角为 β；L_0为缓和曲线全长；R_0为对应的圆曲线半径。

独立直角坐标的计算见式(5.3)和式(5.4)：

$$x=l\left(1-\frac{l^4}{40L_0^2R_0^2}\right)+b\left(\frac{l^2}{2L_0R_0}-\frac{l^6}{48L_0^3R_0^3}\right) \tag{5.3}$$

$$y=l\left(\frac{l^2}{(6L_0R_0)^3}-\frac{l^6}{84L_0^3R_0^3}\right)+b\left(\frac{l^4}{8L_0^2L_0^2}-\frac{l^8}{38L_0^4R_0^4}\right) \tag{5.4}$$

式中，l 为缓和曲线上的点到曲线起点的曲线长度。

图 5.1 所示的缓和曲线自 *ZH* 点向 *HY* 点看去是向右弯曲的(右弯)。如图 5.2 所示，曲线是向左弯曲，则其 *Y* 坐标的值与右弯时相反，所以 *Y* 坐标表达式应乘上一个符号函数，见式(5.5)：

$$j_1=\begin{cases}-1(左弯)\\+1(右弯)\end{cases} \tag{5.5}$$

式中，j_1为缓和曲线自 *ZH* 点向 *HY* 点看去的左右弯曲情况所对应的符号函数。

另外，图 5.2 所示的平行线 *s* 在缓和曲线 *L* 的弯曲外侧(弯外)，$R+b>R$，即 $b>0$；如图 5.3 所示 *s* 曲线是在 *L* 曲线弯曲的内侧(内 *L* 弯)，则 $R+b<R$，即 $b<0$。为了统一简便，取 b 的值都为正，再乘以符号函数，见式(5.6)：

$$j_2=\begin{cases}-1(左侧)\\+1(右侧)\end{cases} \tag{5.6}$$

式中，j_2为平行线 *s* 在缓和曲线 *L* 的左右侧情况下所对应的符号函数。

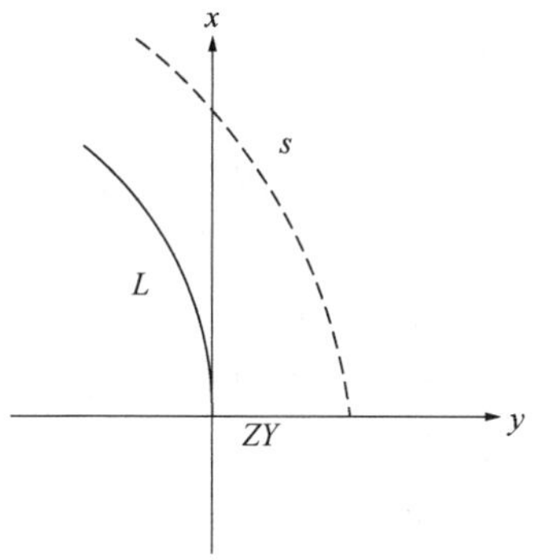

图 5.2 曲线向左弯曲

注：*ZY* 为缓和曲线 *L* 的起点

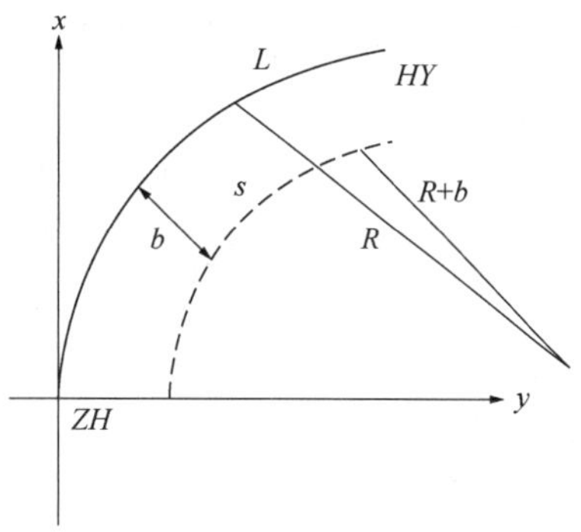

图 5.3 曲线在 *L* 曲线弯曲的内侧

注：*R*+*b* 为缓和曲线 *L* 的平行线 *s* 的曲率半径

这样便推得缓和曲线的平行曲线 *s* 的坐标放样数据计算公式，见式(5.7)和式(5.8)：

$$x=l\left(1-\frac{l^4}{40R_0^2L_0^2}\right)+j_2D\left(\frac{l^2}{2L_0R_0}-\frac{l^6}{48L_0^3R_0^3}\right) \tag{5.7}$$

$$y=j_1\left[l\left(\frac{l^2}{6R_0L_0}-\frac{l^6}{84R_0^3L_0^3}\right)+j_2D\left(\frac{l^4}{8R_0^2L_0^2}-\frac{l^8}{384R_0^4L_0^4}\right)\right] \tag{5.8}$$

式(5.7)和式(5.8)计算的 x、y 值为独立直角坐标系的坐标。

5.2.2.3 铺轨基标测设的技术方法

铺轨基标是轨道铺设所依据的测量基准，确定轨道架设的平面位置和高程位置。为保证轨道架设的准确性和架设轨道后行车的平稳与舒适，轨道交通的正线、联络线、出入线、试车线和道岔辅助线等均应测设铺轨基标，用以指导轨道的铺设。

1）铺轨基标埋设位置和标志

铺轨基标分控制基标和加密基标两种。

控制基标：直线段一般每隔120m左右埋设一个；曲线地段除曲线要素桩外，如果曲线距离较长，一般每隔60m左右埋设一个。

加密基标：在整体道床区段，直线段每隔6m埋设一个，曲线段每隔5m埋设一个；在碎石道床区段，直线段每隔24m埋设一个，曲线段缓和曲线每隔10m埋设一个，圆曲线段每隔20m埋设一个；在每个变坡点的位置也应埋设加密基标。

① 对于整体道床区段，所有基标(包括控制基标和加密基标)一般埋设在线路中线上。对于碎石道床区段，右线控制基标和加密基标埋设在线路右侧，距线路中线3.0m；左线控制基标和加密基标埋设在线路左侧，距线路中线3.0m。

② 控制基标采用等距等高的方式埋设，整体道床区段埋设在轨顶面下400mm处(由设计给定)，碎石道床区段埋设在轨顶面下800mm处(由设计给定)。加密基标采用等距不等高的方式，测设完成后，提供实测基标高程，并计算与设计轨面高程之差值，以满足铺轨施工要求。

③ 岔区基标的埋设位置数量，在整体道床区段，按设计提供的道岔铺轨基标图埋设基标；在碎石道床区段埋设4个控制基标(岔头、岔心、2个岔尾)。

2）线路正线基标测设方法及技术要求

（1）控制基标测设方法及技术要求

① 使用不低于2″级全站仪进行测量，水平角观测两测回(左右角之和与360°之差不大于6″)，边长往返测各一测回(测回差不大于5mm)。平差调线后，控制基标之间折角与设计值比较，在整体道床区段一般不大于8″(或横向偏差不大于5mm)，在边长小于50m的短边处适当放宽，但是横向偏差不得大于3mm。碎石道床区段根据实际情况适当放宽，但其最大横向偏差不得大于10mm，平差后测角中误差不大于±4″。

② 两控制基标间距离测量相对误差：直线段1/5000，曲线段1/10000。

③ 高程测量按地铁精密水准测量的技术要求作业，其水准线路闭合差小于$\pm 8\sqrt{L}$(L为水准线路长度，以km为单位)。

（2）加密基标测设方法及技术要求

在控制基标的基础上进行加密：

① 距离测量误差。在整体道床区段，直线段小于6mm，曲线段小于5mm；在碎石道床区段适当放宽但不得大于10mm。

② 横向误差(方向误差)。在整体道床区段两相邻加密基标间相对横向偏差不大于2mm。相对于两控制基标的横向偏差一般不大于3mm，但在两控制基标间距离小于50m的短边处，加密基标相对于控制基标的横向偏差不大于2mm。在碎石道床区段，加密基标的横向偏差可适当放宽，但最大不得超过10mm。

③ 高程测量误差，相邻两个加密基标间不大于1mm，每个加密基标的实测高程与设计高程较差不大于2mm。

（3）道岔基标测设方法及技术要求

地铁线路道岔有单开道岔、交分道岔、交叉渡线道岔。测设时可先对道岔的岔心、交点、主线和侧线进行测设，然后根据铺轨基标与上述各线路中线和交点的关系，用控制基标进行测设。道岔控制基标间及其与线路中线几何关系应满足下列要求：

① 道岔控制基标间距离与设计值较差应小于 2mm。

② 道岔控制基标高程与设计值较差应小于 2mm，相邻基标间的高差与设计值较差应小于 1mm。

③ 岔心相对于线路中线的里程(距离)与设计值较差应小于 10mm。

④ 道岔控制基标与线路中线的距离和设计值较差应小于 2mm。

⑤ 正线与辅助线交角的实测值与设计值较差：单开道岔不应大于 20″，复式交分道岔、交叉渡线道岔不应大于 10″。

5.2.3 控制基标点位归化改正方法

控制基标的测设关键就是控制基标平面点位的归化改正。控制基标“归化改正”往往需反复进行多次，如若控制基标高程及其之间的边角关系不能满足限差要求，则重新进行“归化改正”，直至满足要求为止。归化改正时要照顾到相邻基标改正值的相互影响，往往仅改正一个点就可使相邻点几何关系满足要求。

在控制基标测量中，归化改正方法主要有两种。

5.2.3.1 角度距离法

根据控制基标串测导线的角度、距离偏差，沿线路垂直方向调整控制基标点位，使相邻控制基标的夹角满足限差要求。先计算控制基标间夹角实测值与理论值较差 $\Delta\alpha$，根据 $\Delta\alpha$ 和控制基标间距计算出控制基标在垂直于线路方向的改正值 Δs，然后在现场用小钢尺对 Δs 较差超过规范时所涉及的控制基标进行归化改正。角度距离法在满足施工需要的前提下，合理忽略距离偏差，重点考虑角度偏差，计算、操作相对简单。但此方法通常在进行角度距离法归化改正时，人为判断和钢尺选取需改正的点位时，凭借经验试探该点横向改正点位；由于是在串测的导线上，一点的横向改正会引起相邻两点间夹角的变化，因此须反复试探调整各点改正值，才能满足调整和归化改正要求。

5.2.3.2 坐标法

坐标法能严格将点位改正到理论位置，利用控制基标双重属性的特性进行强制性归化改正。控制基标首先是放样点，通过内业设计和计算可获得设计坐标；其次是导线点，控制基标初步测设后，对控制基标进行串线测量，使其与施工控制点联测形成附合导线，通过严密平差计算可获得控制基标实测坐标。其可分为图形坐标法和正反算坐标法。

图形坐标法无需归化改正计算模型，只需简单利用控制基标实测坐标与设计坐标的 CAD 比例图形进行点位改正，属于强制性归化改正。该方法简单易懂，但实地操作不方便，建议实践经验不足的测量工作者不采用。

正反算坐标法是根据串线测量平差结果，计算各控制基标的实测坐标对应线路中线的位置关系，计算出与设计值的偏差作为改正数，分别改正回归控制基标点位与线路中线关系，寻求简洁计算方法，获取点位纵横向改正值。该方法使现场归化改正形象直观，简单易行。该方法通过设计图提供的线路中线要素资料，根据施工要求设计控制基标里程和边距，即可计算出控制基标的设计坐标，这是内业计算的一部分工作，可称之为坐标正算。反之，根据控制基标实测坐标也可反算出该坐标相对于线路中线的里程和边距，可称之为坐标反算，将控制基标实测坐标转换为以里程和边距的表现形式，就很容易计算设计边距与实测边距的差值、设计里程与实测里程的差值，这些差值即是控制基标归化改正的数据，每个控制基标的归化改正的数据一目了然，在现场可几个点同时进行点位的归化改正。在实际作业中，可合理忽略里程偏差，重点考虑边距(横向)偏差，因为点位横向误差才是影响控制基标间角度关系的主要因素。

5.3 整体道床施工

道床是轨道的重要组成部分，是轨道框架的基础。道床通常指的是铺设于路基、桥梁或隧道等下部结构之上，钢轨、轨枕或支承块之下的碎石、卵石层或混凝土层，主要作用是支撑轨枕，把轨枕上部的巨大压力均匀地传递给路基面，并固定轨枕的位置，阻止轨枕纵向或横向移动，大大减少路基变形的同时还缓和了机车车辆轮对钢轨的冲击，便于排水。

5.3.1 地铁隧道工程整体道床

5.3.1.1 短轨枕式整体道床的铺轨方法

短轨枕式整体道床施工方法可分为两种：一是换轨铺设法，即首先用工具轨铺设整体道床，永久轨在隧道外焊接成长轨后，再运至隧道内换铺；二是一次铺设法，不用工具轨，一次铺设无缝线路，即用25m标准长度钢轨，按照换轨铺设法用工具轨铺设整体道床的施工工艺要求，铺设整体道床，所有钢轨接头在隧道内进行焊接。

1）换轨铺设法

该方法钢轨焊接除联合接头外均在铺轨基地进行，焊接质量易保证，同时减少了隧道内的空气污染，减少了施工干扰。但工具轨的铺设与拆除需增加工程投资，施工周期相对较长。一次铺设法在隧道内焊接钢轨易造成空气污染，施工干扰大，需做好施工组织设计，减少窝工，减少工程投资，施工周期相对较短。

整体道床采用换轨铺设法施工时，先铺设工具轨，在隧道外用钢轨支撑架将工具轨组装成轨排，安装扣件，悬挂短轨枕。绑扎道床底部钢筋后，将轨排运入隧道内，调整轨道方向、轨距及水平等，最后浇筑道床混凝土，待道床混凝土达到一定强度后，拆除钢轨支撑架，以利钢轨周转。待道床混凝土达到设计强度后，在不影响设备运输的情况下，再换铺永久轨(道床混凝土浇筑前可先浇筑轨排支撑墩，待支撑墩混凝土达到一定强度后拆除钢轨支撑架，利用轨排支撑墩道床混凝土)。工具轨采用与永久轨相同的新轨，永久轨焊接成长轨节后，再运至工地换铺。

短轨枕式整体道床施工程序为：清理道床基底、凿毛→铺轨基标测设→铺设小龙门吊走行轨→铺设底部钢筋→安装轨排→轨排初调精调正位→浇筑轨排支撑墩→浇筑道床混凝土→拆除小龙门吊走行轨→浇筑水沟混凝土。

具体铺设时，可采取如下三种不同的换铺方法。

(1) 长轨运输法

钢轨可在铺轨基地焊接为125m长轨条，轨条长度可根据场地情况适当调整，用长轨运输车运入隧道内已铺设完的整体道床两侧；再用自制胶轮运输车(俗称炮车)运到待铺地段；在隧道内组装长轨排，安装扣件，悬挂短轨枕，利用钢轨支撑架架设轨排，调整轨道，浇筑道床混凝土，焊接联合接头，锁定无缝线路。该方法是在隧道外焊接长钢轨，质量易保证，可减少隧道内空气污染，但是在隧道内组装长轨排，干扰大，效率低。

(2) 长轨排运输法

钢轨在铺设基地焊接成长轨条后，组装长轨排，安装扣件，悬挂短轨枕，用长轨运输车运入隧道内，然后用龙门吊吊至待铺地段，浇筑道床混凝土，焊接联合接头，锁定无缝线路。该方法是在隧道外组装轨排，干扰小，效率高，但是长轨排运输较困难。

(3) 短轨排运输法

用25m标准长度钢轨，首先在铺设基地组装短轨排，安装扣件，悬挂短轨枕，用轨道平车及龙门吊将短轨排运至隧道内待铺地段，用特制的夹具连接轨排，浇筑道床混凝土，焊接长钢轨，锁定无缝线路。该方法是在隧道外组装轨排，干扰小，效率高，且便于运输，但是隧道内焊接必须严格控制焊接质量，有效防止空气污染。

2) 一次铺设法

地铁隧道内整体道床长轨排一次铺设法，是借鉴国内外高速铁路的铺轨经验，可最大限度减少洞内焊接，无需替换轨，一次铺设成型，提高了铺轨质量和速度。该工法重点要解决好长轨排在小曲线、大坡度的运输问题以及铺设过程中龙门吊组的同步问题。

长轨排法与一次换铺法相比，不用工具轨，其他相同。就是在铺轨基地内将25m的钢轨焊接并拼装成125m的长轨排，再用特制的轨排运输车运至地铁隧道内，然后用专用龙门吊组进行吊装就位，并在洞内进行联合接头气压焊接，经过精调和固定就位后整体道床而成。

道岔整体道床采用一次铺设法施工。用钢轨支撑架将整组道岔架起，绑扎道床底部钢筋，调整道岔方向、轨距及水平，然后用扣件按设计位置悬挂短轨枕，浇筑道床混凝土(也可先浇筑道床混凝土支撑墩)。

道岔短轨枕式整体道床施工程序为：清理道床基底、凿毛→道岔基标测设→实地施工放样→铺设底部钢筋网→安装钢轨支撑架→安装道岔基本精调就位→安装扣件、悬挂短轨枕→道岔整体精确正位→施工道床混凝土支撑墩(采用墩架法施工时)→施工道岔道床混凝土→施工水沟混凝土。

5.3.1.2 整体道床施工程序及方法

1) 道床基面处理

在道床施工前基面必须采用风镐凿毛，底板凿毛面积在80%以上，边墙与道床混凝土接触面凿毛面积在70%以上；浇筑前应将浮碴和杂物清洗干净，排干积水；超挖深度≤0.2m的部分，用与道床同级混凝土浇筑一次，超挖深度>0.2m的部分，用大于C15的混凝土浇筑。

2) 基标设置

根据施工图要求及线路调线、调坡资料设置控制基标和加密基标，基标的设置位置及允许偏差要符合相关规定。

在结构施工完成后，应采用激光隧道限界检测仪对隧道结构净空进行检测。采用全站仪和水准仪对轨道中线及水平贯通测量，调整偏差，原则上车站偏差不做调整，将误差调整在区间内。

在直线上每120m、曲线上每60m、缓圆点、圆缓点、道岔起止点等处设置为控制基标；在控制基标的基础直线上每6m、曲线上每5m设点为加密基标。基标应采用与道床同级混凝土埋设牢固，按距离方向在钢筋桩上锯划十字线，并编号和做标志。

3）器材整备、堆放和运输

钢筋混凝土支承块(短岔枕)应采用钢板制作模型板，承轨面要光滑平整。模板组装后，试制三块，检查各部尺寸符合要求后再批量生产。钢筋布置绑扎要符合设计要求。

铺轨基地一般设在地铁车辆段。钢轨、道岔及配件应分类码放，并标明型号和规格。在地铁列车夜间停运期间利用轨道车将轨料运至距工地最近的线路附近，再利用人工沿线散轨，轨节、道岔及配件应按铺轨顺序成组装车，并调整好方向。

无缝线路的钢轨应在隧道外先焊成50m一节，运至工地后再焊成设计长度的轨节。

4）轨道架设和位置调整

钢轨架设前先调直，将扣件的飞边、毛刺用砂纸打磨干净并涂油。钢轨和道岔采用钢轨支承架架设，支架间距为直线3m、曲线2.5m，并与线路方向垂直。根据基标初步调整好钢轨、道岔的方向、水平、高程和轨距，测放出支承块的准确位置后，在钢轨上架挂支承块。

同一断面的支承块(短岔枕)连线应垂直于线路方向，安装数目直线地段为1760对/km，曲线地段(包括缓和曲线)为1840对/km。前后两支承块(短岔枕)距离允许偏差±10mm，承轨槽边缘距道床变形缝和钢轨普通(绝缘)接缝中心≥70mm。在支承块(短岔枕)安装处划线，用扣件将支承块与钢轨初步连接，在精确调整并检查其位置正确后，用测力扳手将螺栓拧紧，力矩应一致。

再次对轨道位置进行精确调整。架设于支承架上的钢轨或道岔应调整水平、位置、轨距、轨底坡和高程，并测放短轨枕位置，其调整精度应符合有关规定。调整合格后必须固定牢固，及时浇筑道床混凝土。

按“隔五干一”的原则在仰拱上和支承块下用同级道床混凝土浇筑支承墩。支承块(短岔枕)下的混凝土应密实，振捣器不得触及支承架和支承块，支承墩表面不得高于道床面。在支承墩强度达到70%后，将钢轨支承架拆除，用混凝土支承墩代替钢轨支撑架，最后利用钢轨和悬挂支架安装接触轨支承块。对于三轨供电方式，在道床混凝土浇筑完成后再安装接触轨。

5）整体道床混凝土

再次清扫道床基面，按设计施工杂散电流钢筋防护网，并与接地极连接。中心水沟模板采用标准定型钢模板，通过架立在钢轨上的浇筑支架悬挂固定模板。水沟和变形缝模板应支立牢固，允许偏差为：位置±5mm，垂直度2mm。道床变形缝应与隧道结构伸缩缝一致，钢轨接头与伸缩缝错开0.5m以上，伸缩缝按设计安装沥青木丝板。

道床混凝土采用C30商品泵送混凝土。混凝土按伸缩段分层、水平、分台阶进行浇筑。

对支承块(短岔枕)周围应加强捣实，严禁触及支撑架和钢轨。混凝土初凝前及时进行面层和水沟抹面，并将钢轨、支承块(短岔枕)、扣件上的灰浆清理干净。抹面平整度为3mm，高程为(0~-5mm)。

混凝土终凝后及时养护，强度未达到70%时，道床上不得行驶车辆和承重；每浇筑100m应取两组试件，一组在标准条件下养护，另一组与道床同条件养护；用钢丝刷将扣件上的灰浆清除，涂油保养；根据隧道内的最高和最低气温的代数平均值来确定设计锁定轨温。按设计轨温对轨道重新调整，达到标准后锁定。当锁定轨温偏离设计规定值时，应先进行应力放散，再重新锁定。

5.3.2 高架线路工程整体道床

5.3.2.1 施工准备

① 基底处理。将基标测设后的桥面承轨台范围进行凿毛、清理，使桥梁与承轨台混凝土能更好地结合；为增强道床混凝土和桥面的结合，要用风镐在桥面承轨台范围内进行密集凿毛。凿坑呈梅花形布置，坑深1~2cm，坑距10cm。凿毛完毕立即将凿出的灰碴清理干净。桥面凿毛不宜过快，以距离道床浇筑施工面500m为宜，否则，经处理的桥面会重新被污染，达不到凿毛处理的效果。

除凿毛处理增强道床混凝土和桥面的结合外，还在桥梁承轨台范围内预埋门形钢筋。有3种预埋门形钢筋应加以处理：门形钢筋偏出承轨台范围时，用气割烧掉超出部分，再补焊成形；门形钢筋超高，可能导致轨排落不下去时，用气割烧掉高出部分，再补焊成形；门形钢筋过低，可能导致承轨台钢筋笼主筋难以穿过时，需加高重新成形。

② 钢轨支承架、支墩及承轨台模板上桥。

③ 支承块、钢筋、扣件上桥。根据施工情况可用轨道车运输，也可用汽车运输。

④ 画承轨台立模线。根据桥梁实际长度、承轨台及间隙的设计尺寸，弹出承轨台立模线，弹线时可根据桥梁实际与设计长度之差均匀调整承轨台间隙。

5.3.2.2 架轨、挂支承块、绑钢筋、调轨

① 将长轨或工具轨用支承架架起，并用“L”尺按基标将钢轨调至设计位置。支承架设置密度为2.3~3.3m，支承架尽可能设在承轨台间隙处，以便不打支墩一次性浇筑承轨台。当承轨台设计长度超过3.5m时必须用支墩法施工承轨台。

② 轨排组装及粗调轨道几何尺寸。将支承块按设计间距用扣件与钢轨连接，间距允许偏差10mm。将预制好的支承块吊装上桥，放置在绑扎好的钢筋笼的轨枕盒内，上好铁垫板。吊装适量的25m标准轨上桥作为浇筑道床用的工具轨，用运轨小车将工具轨运送至浇筑地点，小型龙门架吊送就位。用自制钢轨支撑架将工具轨架起，并粗调轨道几何尺寸，最后将支承块用扣件悬挂在钢轨上。

③ 绑扎承轨台钢筋。根据设计文件进行每片梁、每个承轨台模板线的弹设。若桥梁长度有误差，可在整片梁范围内的承轨台结构缝处进行调整。依据所弹设的模板线进行承轨台钢筋笼绑扎。绑扎钢筋笼时注意道床的防杂散电流要求，并按之进行相应处理。绑扎时需保证钢筋间距和保护层厚度，并不得与桥梁预埋筋、支承块钢筋碰接。

④ 精调钢轨。根据线路加密桩和控制桩，用万能道尺、直角道尺、锤球调整轨道的轨距、水平、高程和方向，使之达到规范要求。曲线地段在上述 4 项合格后，还须用 10m 或 20m 弦线检查曲线外股正矢。通过钢轨支承架螺旋构件精确调整轨道几何状态，使轨道中线与基标中心偏差≤2mm，轨道方向直线上用 10m 弦量，偏差≤1mm。

5.3.2.3 支墩浇筑

当承轨台长度大于 3.5m 时，需用支墩法施工整体道床。支墩应设在支承架附近，设置间距为 2.5~3.5m。支墩设于支承块下方，支墩尺寸弹性支承块为 700mm×500mm×170mm，普通支承块为 600mm×500mm×170mm，使支墩内、外侧浇筑砂浆的厚度不小于 40mm。支墩沿线路中线对称设置，并拆除钢轨支架。

5.3.2.4 立模

① 根据桥面已弹设墨线架立承轨台模板。对曲线段外轨超高较大或特殊承轨台，要制作特殊模板。模板安装必须平顺，位置正确牢固，立模位置偏差不大于 5mm，不垂直度不大于 2mm，表面不平整度不大于 3mm，高程误差不大于 5mm。

② 用支墩法施工时，在直线上可贯通立模，中间用木板隔离或设计间隙缝；在曲线上和不打支墩施工时须分块立模。支立模板时每隔 80cm 须用方木支撑，特殊地段可适当加密，以防浇筑混凝土时跑模、胀模。

③ 木模板立好后应保持其在线路中心方向上平顺，接头处平整、牢靠、不漏浆(可用塑料胶带粘贴)，底部漏浆可用中细砂填充。

5.3.2.5 浇筑道床混凝土

浇筑前对每车混凝土进行坍落度试验，坍落度控制在(140±30)mm。并应控制混凝土入模温度不大于 30℃，浇筑混凝土时用麻袋覆盖钢轨及扣件，以免对轨道造成污染，用插入式振捣棒振捣密实，并不得碰撞钢轨、支承块、模板、支承架。每一处振捣时间按 30~40s 控制。振捣完成后对道床混凝土进行抹面处理，抹面须经 3~4 遍方能完成。轨底至承轨台顶面的间距须做模具，在抹面时严格控制，并不得出现反坡，以免影响排水。浇筑混凝土 2~4h 后(视气温而定)松开钢轨扣件，使钢轨能自由伸缩而不带动支承块，以免温差较大，钢轨带动支承块使整体道床产生裂纹。混凝土初凝前要按设计位置预设无缝线路位移观测桩。

5.3.2.6 道床混凝土拆模及养生

混凝土强度达到 5MPa 后方可拆模，拆模时要均匀用力，避免用铁锤集中敲击一处而使模板变形。施工过程中发现模板严重变形时，要及时更换、维修。承轨台拆模后，要对不慎造成的掉角掉块的情况进行处理，用混凝土界面剂进行修补，既可达到设计强度，又不会引起修补表面的裂纹。

由于承轨台上表面带有 2%的设计排水坡度，故混凝土养护宜采取麻袋润湿后覆盖养护，既可保留住水分，又可节约施工用水和劳动强度。混凝土浇筑 12h 后，应覆盖麻袋，开始浇水养护，要保持混凝土处于湿润状态。混凝土养生时间不得少于 7d。

5.3.3 整体道床施工注意事项、工艺难点及防治措施

5.3.3.1 整体道床施工注意事项

① 整体道床施工分别有清理道床基底并凿毛、铺设小龙门吊走行轨、铺设道床钢筋、轨排铺设与调整、支承墩、道床混凝土、两侧水沟混凝土等工序。为确保施工正常进行，各工序应有适当间隔，以减少施工干扰，避免窝工，实现流水作业。

② 道床的基面必须干燥、无水、坚实和稳定，与混凝土接触的墙面和底板必须凿毛。

③ 小龙门吊是轨排、道岔、钢筋、混凝土等材料吊运不可少的机具设备，应根据施工进度要求配备足够的小龙门吊以及铺设一定长度的龙门吊走行轨道，以满足施工要求。

④ 在仰拱或底板设置的基标应妥善保护。

⑤ 在振捣混凝土时严禁触及钢轨支承架和支承块，支承块下的混凝土应振捣密实。

⑥ 整体道床早期养生与两侧排水沟混凝土应拉开一定的距离，以确保强度的自然增长，不致造成道床开裂、压溃等质量问题；混凝土初凝前及时进行抹面，做好排水坡度，中心水沟应一次抹平；混凝土终凝后及时洒水养护，并用草袋覆盖，避免表面开裂。

⑦ 道床混凝土浇筑前应按图样核对道床横向排水沟、道岔转辙及电务拉杆沟槽预留，通信、动力照明、信号、防杂散电流电缆等过轨套管埋设，无误后方可浇筑道床混凝土，避免道床成型后再开挖，造成道床先天病害。

5.3.3.2 整体道床施工工艺难点及防治措施

1）整体道床与有砟碎石轨道交界处的施工难点分析与解决方法

整体道床与有砟碎石道床的连接部位因刚度变化大，需设置过渡段来解决整体道床和碎石道床交界处弹性不连续问题。但由于整体道床与碎石道床施工不同步，所以两种轨道结构中心线会不一致，因此在整体道床与碎石道床交界处施工时，要求先进行精确的平面和高程测量，确保线路中心线一致，并且在施工时要注意将有砟轨道端道床捣实到设计要求的高程。

2）支墩块产生环形裂纹的分析与预防

整体道床混凝土固定支墩块浇筑后，如果气温较高，支墩块表面就易出现环形裂纹。其主要原因是由于支墩块混凝土水分逐渐损失而导致混凝土收缩，在混凝土收缩的同时，还受到支墩四周的模板和中间短轨枕的拉应力作用，当拉应力超过表面混凝土的抗拉强度时，混凝土将产生裂纹。采取增大短轨枕的粗糙度、在模板上涂脱模剂、在混凝土搅拌时尽可能应用最大量的集料、应用施工条件允许的最小用水量、浇筑时从底部到顶部仔细控制用水量并逐渐减少、加强捣实及夏天高温时在混凝土内适量掺加膨胀剂等方法，可控制环行裂纹的产生。

3）整体道床发生小裂纹的分析与预防

在隧道内和“U”形槽地段，需将整体道床同两侧结构连在一起浇筑，所形成的大型混凝土结构易出现条状裂纹。这是由于整体道床混凝土体积较大，结构水化热引起混凝土温度升高，当表面混凝土温度下降和水分蒸发速度大于内部混凝土的温度和湿度变化时，内部混凝土约束外部混凝土收缩，对表面混凝土产生拉应力而出现裂缝。所以应采取适当措

施控制混凝土温度和湿度的变化速度。

4）整体道床发生大裂缝的分析与预防

高架桥上整体道床大面积同时施工时，新的支墩块和整体道床在温差变化比较大时，易出现大裂纹，严重时支墩块移位。这主要是因为高架桥的梁和长钢轨因温度变化都会产生位移，因位移长度和方向不一致，导致当钢轨带动短轨枕相对梁发生移动时，使混凝土支墩块发生位移或使新的整体道床产生大裂缝；另外，如整体道床未在锁定轨温范围内施工，或一次架设钢轨较长，也可导致混凝土大裂缝的产生。为此，施工中采用短轨进行架轨，利用轨缝来调节钢轨温度，同时采用从长轨条中间位移量为零处向两端分段施工的方法，使两端始终处于自由状态，可解决桥上整体道床大裂纹的问题。

5.4 无砟轨道施工

无砟轨道是指采用混凝土、沥青混合料等整体基础取代散粒碎石道床的轨道结构，又称作无碴轨道，是当今世界先进的轨道技术。无砟轨道相比有砟轨道，更加适合高速行车要求。世界各主要掌握高速铁路技术的国家对无砟轨道开展了系统研究与工程实践。

国内从20世纪50年代起就开始进行无砟轨道的研究和设计，初期曾尝试采用支承块式、整体灌注式、纵向轨枕埋入式、沥青混凝土铺装宽枕、沥青灌注固化道床、板式无砟轨道等的研究和试验。20世纪90年代，随着京沪高速铁路可行性研究的深入，高速铁路无砟轨道研发被正式提上日程，在大量试验研究基础上，初步提出了弹性支承块式、长枕埋入式和板式3种无砟轨道形式。经过多年的努力，国内高速铁路建设取得了举世瞩目的成绩，形成了CRTS板式和CRTS双块式两大类型、4种典型形式的无砟轨道技术系列。与此同时，城市轨道交通减振轨道也得到了充分的发展，形成了减振器扣件(科隆蛋扣件)、弹性支承块无砟轨道、弹性长轨枕、弹性支承梯形轨枕轨道、钢弹簧浮置板轨道、减振垫无砟轨道等丰富减振类型的轨道结构，满足了轨道经过城区不同级别的减振降噪需要。

5.4.1 轨枕埋入式无砟轨道施工

5.4.1.1 轨枕埋入式无砟轨道施工

1）轨枕埋入式无砟轨道结构特点

轨枕埋入式无砟轨道主要由整体式穿孔混凝土枕和混凝土道床组成。它是由60kg/m钢轨、弹性扣件、WCK型轨枕、混凝土道床板、隔离层(或弹性垫层)及混凝土底座等部分组成。

长枕埋入式无砟轨道最先在秦沈线沙河特大桥和渝怀线鱼嘴二号隧道分别进行了试铺，使用情况良好，但个别轨枕与道床板连接处有裂纹产生。

目前，采用轨排支承架法由上至下施工，制造和施工简单易行，但现场混凝土施工量大。

2）轨枕埋入式无砟轨道施工工艺流程

轨枕埋入式无砟轨道采用国内较成熟的轨排支承架法由上至下进行施工，其道床结构中除横向穿孔轨枕需要工厂预制外，其余混凝土均为现场浇筑。

轨枕埋入式无砟轨道轨排支承架法施工工艺流程如图 5.4 所示。

图 5.4　轨枕埋入式无砟轨道轨排支承架法施工工艺流程

3）轨枕埋入式无砟轨道结构具体施工工艺

（1）基础处理

施工之前必须对桥面、隧底混凝土底座宽度范围内进行凿毛处理，用高压水或高压风清除浮砟及碎片，并宜加涂一层界面剂，做好施工排水工作，确保工作面无积水。

（2）基标测设

基标测设具体要求如下：

① 施工前根据线路测量等级设置的水准基点标，按二等测量等级增设控制线路中线、水平的控制基标和加密基标，并在混凝土底座施工前完成埋设。

② 控制基标一般在直线上每隔 100~200m、曲线上每隔 50m 的线路上测设一个，在线路变坡点、竖曲线起止点上均应设置控制基标。

③ 加密基标是根据控制基标加密作为施工基标，一般每隔 5m 设置一个，两基标间的间距偏差应在相邻两控制基标内调整。

④ 基标测量误差应满足线路中线偏移不大于 2mm，水平误差不大于±2mm，纵向距离偏差不大于 1/5000 的要求。

⑤ 使用测量仪器准确埋设基标，并用不低于 C15 级混凝土固定桩身，同时定出铜质桩帽的准确位置。

⑥ 基标一经埋设，严禁撞击，如发现桩身摇动或桩帽松动须进行复测。

（3）混凝土底座施工

混凝土底座施工包括布筋、立模、混凝土灌注、抹平养生几个环节，具体要求如下：

① 布筋。在现场焊接或绑扎底座钢筋骨架，同时放好钢筋保护层垫块。底座结构钢筋要与基础预埋钢筋网连接。

② 立模。根据设置的基准点，确定模板安装位置和高程，模板要采用具有一定强度、刚度和稳定性的钢模。

③ 混凝土灌注。混凝土灌注应连续进行，间歇不超过规范规定的时间：对于不掺外加剂的混凝土，其允许间歇时间不应超过2h；当温度高达30℃时，不应超过1.5h；当温度低至约10℃时，可延长至2.5h。

④ 抹平养生。混凝土初凝前进行混凝土面的提浆、压实、抹光工作，初凝后终凝前应进行3~6次压光，以提高混凝土抗拉强度，减少收缩量，收光后12h以内根据混凝土表面湿润情况进行养生。混凝土的浇水养护时间，对采用硅酸盐水泥、普通硅酸盐水泥或矿渣硅酸盐水泥拌制的混凝土，不得少于7d；对掺用缓凝型外加剂或有抗渗性要求的混凝土，养生期不少于14d。在混凝土强度达到2.5MPa以上后方可拆除模板。

（4）铺设隔离层或弹性垫层

在底座混凝土养生至少48h后，进行隔离层或弹性垫层的铺设。隔离层铺设时，应拉平，由一端向另一端平铺。粘贴时的关键部位是四周边缘，否则会产生气、卷边。

（5）轨排架设

① 轨排组装。轨排组装一般在轨排基地或就地组装，为确保轨道施工质量，必须熟知钢轨、轨枕及其连接扣件的使用技术条件、轨排组装作业流程、作业标准、工艺要求和质量标准。轨排组装具体作业顺序为：技术交底→铺放穿孔轨枕→轨枕间距精确定位→选配安放钢轨→安置扣件→轨排质量检查→装运存储待用轨排。

具体要求如下：

a. 选配钢轨。选配好轨排的左右股钢轨是正确组装轨排、顺利进行施工和确保线路质量的前提。选配钢轨工作人员必须熟悉有关钢轨断面尺寸及特性，以及钢轨尺寸公差和对钢轨外观的技术要求。轨排架设宜采用新轨施工，并以轨顶设计高程作为控制基准。新轨应无波浪弯曲和硬弯，表面不得有裂纹、扎痕。

b. WCK型轨枕。WCK型轨枕系侧面预留有5个横向孔的预应力混凝土枕。其外形尺寸及承载能力应符合设计规定，并要求悬挂准确，不得歪斜，埋入道床板，在线路中心线处轨枕顶面应高出道床板表面17mm。

②轨排架设与调整。用千斤顶将轨排大致就位后，采用轨排支承架架设承托轨排。支承架要与钢轨垂直，不得歪斜。

轨排调整以基标为准，先调整一股钢轨的高程和方向，以此为准再调整另一股钢轨至正确位置。钢轨高程和方向准确定位后，应对所有支承架的直立螺杆、轨卡螺栓再进行复拧。调整分为粗调和精调两个步骤：先调高低、水平，后调方向、轨距；先调桩点，后调左粗后精，反复调准。

③ 轨排架设质量检查。轨排架设完成后的允许偏差应满足表5.1的要求。

表 5.1 轨排架设的允许偏差

检查项目	允许偏差
轨枕间距	±5mm
轨距	±1mm，变化率不大于1%
水平	以一股钢轨为准，按设计高程偏差应在±2mm以内，两股钢轨相对水平不大于1mm，在6.25m距离内，不得有大于1mm的三角坑
轨向	以一股钢轨为准，距线路中线偏差应在±1mm之内，最大矢度不大于1mm/10m弦
高低	最大矢度不大于2mm/10m弦

（6）道床板混凝土施工

轨排经过精调验收合格后方可进行道床混凝土灌注，并采用C40级混凝土现场浇筑。具体要求如下：

① 灌注混凝土前要将轨枕润湿，以保证新灌混凝土与轨枕的黏结。

② 在混凝土灌注前，应预先将WCK型轨枕横向孔内纵向连接钢筋周边的缝隙用水泥砂浆填塞饱满。在灌注过程中应加强对轨枕底部及其周围混凝土的振捣，捣固时应避免捣固棒接触轨排与支承架，插点布置均匀，不得漏振。

③ 灌注混凝土过程中，应时刻注意轨排几何状态的变化。

④ 道床板混凝土灌注振捣密实后，道床板表面需抹面整平，抹面应形成自板面中心向两侧有2%人字横向排水坡。

⑤ 道床板顶面与轨枕顶面的高差应符合设计要求。

⑥ 道床板混凝土尺寸允许偏差：道床板顶面宽度±10mm；道床板表面与轨枕顶面的相对高差±3mm；道床板间伸缩缝±5mm。

（7）工具轨与支承架的拆除与备用

当道床板混凝土强度达到2.5MPa以后，即可拆除工具轨与支承架，并进行清洗与调正，以备下一施工单元倒用。

（8）铺设长钢轨无缝线路

待无砟轨道施工完毕后，拆除所有短轨，一次换铺长钢轨。长轨就位后，按无缝线路铺设工艺焊接长轨及线路锁定，形成跨区间无缝线路。

5.4.1.2 CRTS双块式无砟轨道施工

1）双块式无砟轨道结构及特点

双块式无砟轨道道床主要由双块式轨枕、现浇混凝土道床板和支承层（路基地段）或底座（桥梁地段）组成，属于埋入式无砟轨道，即把预制的双块式轨枕通过一定的方式浇筑到钢筋混凝土道床内形成整体，其主要代表类型是德国雷达（Rheda）2000型无砟轨道和旭普林型无砟轨道。国内在引进德国技术的基础上逐步形成具有自主知识产权的CRTS双块式无砟轨道技术。

CRTS双块式无砟轨道结构特点如下：

① 由2根桁架型配筋组成的特殊双块式轨枕取代了原雷达型中的整体轨枕，有利于提高施工质量和结构的整体性。

② 取消了原结构中可能开裂和渗水的槽形板，统一了隧道、桥梁和路基上的结构形

式，技术要求、标准相对单一，施工质量容易控制，更适用于高速铁路。

③ 由于桁架式轨枕与现浇道床混凝土为非预应力混凝土，最大限度地降低了混凝土体积收缩和温度应力导致的变形。

④ 两轨枕块之间用钢筋梁连接，有利于轨距保持稳定。

⑤ 道床表面简洁、平整、美观漂亮。

⑥ 采用专门的机械设备和调整定位装置及精确的铺设技术。

2）CRTS 双块式无砟轨道施工工艺

国内目前主要采用的 CRTS 双块式无砟道床施工方法有机组法、排架法和轨排框架法。机组法本质就是成套引进德国雷达（Rheda）双块式无砟轨道施工 2000 型定型设备，自动化程度较高，但设备投入很大。排架法对机组法设备进行了优化，但还是引进了散轨和精调等设备。轨排框架法引入了类似旭普林型无砟轨道采用的轨排固定框架，轨枕安装精度高，可以有效减少小轨距病害，但设备投入较排架法大，工效较低。各种施工法的工艺流程基本相同，下面以排架法为例进行讲述，其工艺流程如图 5.5 所示。

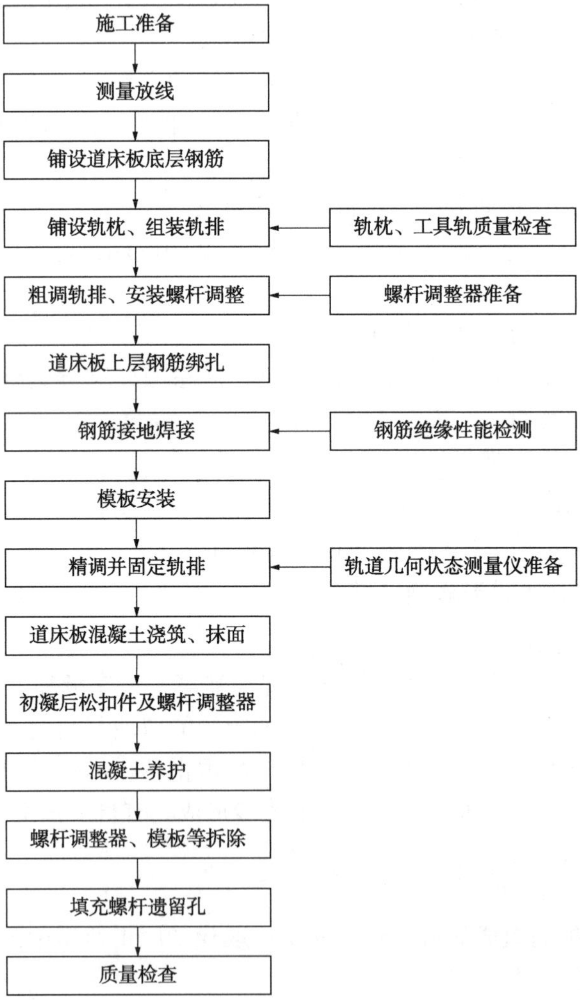

图 5.5　双块式无砟轨道施工工艺流程

（1）支承层与底座板施工

支承层施工可以采用人工模筑法或滑模摊铺机摊铺法施工，底板可以采用人工模筑法施工，均与其他板式无砟轨道施工方法大致相同。

（2）轨枕、工具轨等施工材料运输和线间存储

轨枕、工具轨和钢筋、模板等施工材料采用载货汽车或自制的轨道平板车经过二次倒运后运输到施工现场，在现场可采用移动式吊车或轮胎式门式起重机将双块式轨枕、工具轨等沿线路方向纵向散布。

双块式轨枕每 5 根一层，每 4～6 层一垛沿线路纵向分布堆放，每垛底部及层间用 10cm×10cm 方木支垫。每垛轨枕间距为 6.5～10m，堆放数量要满足铺设需要，特殊情况下，轨枕垛之间最小间距不得小于 0.5m。

工具轨、道床板钢筋和模板等亦可采用载货汽车或自制的轨道平板车运输，并紧靠轨枕边散布。路基地段施工材料可沿线路中心散布，桥梁和隧道地段施工材料应存放在线路两侧。

（3）铺设道床板底层钢筋

工作面清理完成后，利用复测合格的 CPⅢ控制网和全站仪进行道床板中线、边线以及轨枕边线的放线，各控制桩直线地段间距为 6.25m，曲线地段为 5m。在施工放线完毕后，人工在下部基础顶面按底层纵向钢筋设计数量及间距均匀散布。散布后的钢筋应平顺无重叠，并满足两根纵向相对钢筋搭接长度大于 70cm，且接头错开最少 1m 的要求。钢筋绑扎完成后，应在底层钢筋下设置混凝土保护层垫块。

（4）布枕、组装轨排

① 布枕。底层钢筋摆放完毕后，由跨线门式起重机上的散枕装置进行散枕，门式起重机司机将液压散枕器落下，听从指挥人员命令，将散枕器落到轨枕上面，从轨枕垛上一次夹取 5 根轨枕进行布枕。布枕时相邻两组轨枕的间距应控制在 5mm 的误差范围内，轨枕的边线控制在 10mm 的范围内，且要控制两组轨枕的左右偏差。

② 铺设工具轨。工具轨采用与正线轨型相同的 60kg/m 钢轨，进场后应按表 5.2 要求进行检验，合格后方可使用。工具轨在使用、拆卸、装载和运输过程中，应采取措施加强保护，防止变形、污染，并经常进行检验，确保工具轨能满足施工要求。

表 5.2 工具轨检测内容

<table>
<tr><th>序号</th><th>检验项目</th><th>技术要求</th><th>检验要求</th><th>检验方法</th></tr>
<tr><td rowspan="2">1</td><td rowspan="2">平直度</td><td>轨端 0～2m 范围：
垂直方向向上≤0.4mm/2m；
向下≤0.2mm/2m
水平方向≤0.6mm/2m</td><td rowspan="2">在钢轨两端和中部 3 个位置测量。垂直方向的平直度在踏面中心线上测量；水平方向的平直度在距离轨顶面下约 20mm 的侧面进行测量</td><td rowspan="2">（1）对自动检测数据进行检查；
（2）端头采用 2.0m 直尺，轨中采用 1.5m 直尺及塞尺进行手工复查</td></tr>
<tr><td>轨身：
垂直方向 0.25mm/1.5m
水平方向 0.45mm/1.5m</td></tr>
</table>

续表

序号	检验项目	技术要求	检验要求	检验方法
2	扭曲	钢轨端部和距其1m的横断面之间的相对扭曲不应超过0.45mm	在钢轨两个轨端测量	采用技术条件要求的扭曲尺测量
3	表面质量	表面裂纹：钢轨表面不应有裂纹，轨底下表面不应有划痕； 表面缺陷修磨(最大表面修磨深度)：钢轨踏面0.35mm，钢轨其他部位0.5mm； 钢轨10m长范围内表面缺陷不应多于3处，每10m可修磨一处	(1)轨头、轨底部位涡流自动探伤结果； (2)人工肉眼检查钢轨全表面	(1)自动检测； (2)肉眼检查

在双块式轨枕铺设达50m后，将轨枕承轨槽表面清理干净，即可利用起重运输车或跨线门式起重机等通过专用吊架将工具轨吊放到轨枕上。工具轨接头应使用鱼尾板连接，且每处不少于4个螺栓，以确保接头平顺，无错牙错台。工具轨接头轨缝宜控制在10~30mm内。左右两股工具轨接头应对齐，且不得位于承轨槽上。

③组装轨排。铺设完工具轨后，应检查工具轨的轨距及工具轨与轨枕的垂直度等，不合格时进行调整。合格后使用螺栓紧固机同步拧紧扣件螺栓，并用力矩扳手复检螺栓力矩，使用塞尺检查扣件弹条中部下颚与塑料轨距挡板是否密贴(间隙不大于0.5mm)。

(5) 安装螺杆调整器托盘

轨排组装完成后，应安装螺杆调整器托盘。直线地段每隔3根轨枕、曲线地段每隔2根轨枕安装一对螺杆调整器托盘，同时应在轨排端头轨枕间安装一对螺杆调整器托盘。调整器安装位置应在两轨枕中间。在遇到道床板钢筋时，将钢筋或调整器进行微量调整，保证调整器处于受力位置。螺杆调整器托盘安装前应清理干净并确保托盘伸缩灵活居中。托盘安装时应检查插销与插孔对应位置是否正确，确保托盘与轨底密贴，各部螺栓紧固到位。

(6) 粗调轨排

使用全站仪和轨排粗调机或人工粗调的方式对轨排进行初步调整，将轨排方向和高程调整到正确位置。采用轨排粗调机调整应按照“先中间后两端”的顺序进行，人工粗调应遵循“先中线、后高程”的原则进行。调整后轨顶高程允许偏差为0~-5mm；中线位置允许偏差为5mm。轨排粗调后的高程只允许比设计低，是因为后期精调时降低轨排的调整难度很大，且不利于轨排稳定。

轨排粗调到位后，应及时安装螺杆调整器螺杆，确保各螺杆受力均匀无松动，螺杆下部应安装波纹管或其他隔离套管。检查螺杆基本垂直后，拧紧侧面锁定小螺栓。

(7) 道床板上层钢筋绑扎、综合接地处理

① 上层钢筋绑扎。轨排粗调完成后，即可安装道床板上层钢筋，钢筋施工过程中不得扰动粗调过的轨排。对纵向钢筋与横向钢筋交叉处、纵向钢筋与轨枕架钢筋交叉处、纵向钢筋搭接范围搭接点，按设计要求设置绝缘卡并用塑料带绑扎，绑扎后剪去多余的塑料带。

② 综合接地处理。根据设计要求，利用道床板内两根纵向结构钢筋和一根横向接地钢筋作为综合接地钢筋，综合接地钢筋交叉处采用搭接焊工艺，用ϕ16mm的“L”形钢筋进行单面或双面焊接。单面焊焊缝长度不小于200mm，双面焊焊缝长度不小于100mm，焊接厚

度不小于4mm。接地端子采用焊接方式固定在道床两侧接地钢筋上。

③ 绝缘检测。首先，通过目测检查每处钢筋的搭接接触情况，绝缘卡安装是否良好，有无脱落现象；然后，用手摇的兆欧表测量钢筋间的绝缘电阻，道床板绝缘电阻实测值必须超过2MΩ。

(8) 安装纵、横向模板

道床板模板分纵向模板、横向模板。纵向模板长度分4m、4.6m两种类型，横向模板长度为2.8m。钢筋绝缘性能检测合格后，清除钢筋网内的杂物，根据提前弹好的模板边线安装道床模板，相邻的两块模板应采用螺栓连接，以保证相邻两块模板之间不出现错台，并在两模板连接面处贴双面胶或胶条，以防止模板间出现缝隙漏浆。模板安装后应加固牢靠，加固装置不得依托轨排进行固定。

(9) 精调轨排

精调轨排前需对前面已施工工序进行检查验收。由下往上依次检查基层表面杂物、钢筋绑扎、钢筋焊接、接地端子设置、保护层厚度、模板尺寸、轨枕间距、扣件力矩、施工缝布置等，各项尺寸及位置在监理旁站下经现场检查确认满足设计要求后，方可进行精调作业。

精调是关键的一道工序，它对轨道的几何尺寸最终位置能否达到设计及验收标准的要求起着决定性作用。最终线型调整应在混凝土浇筑之前1.5~2h开始进行。精调应使用钢轨调整器和GRP1000测量系统配合进行。将轨道状态测量仪(轨道小车)放置于轨道上，安装棱镜，使用全站仪测量轨道状态。利用测量仪棱镜、轨检小车自动测量轨距、超高、水平位置，接收全站仪观测数据并通过配套软件计算轨道平面位置、水平、超高、轨距等数据，与设计值校差后将误差值迅速反馈到轨检小车的电脑显示屏上，现场通过转动螺杆调整器竖向螺杆，调整轨排高程，通过转动钢轨调整器水平螺杆，实现水平调整。

轨排精调工作必须满足以下要求：

① 高温、大风、雨雪等恶劣气候条件下不得进行精调作业。

② 每次精调时需与上次或前一站重叠至少8根轨枕，同一点位的横向和高程的相对偏差均不应超过2mm。精调过程中，应先调整偏差较大处，相邻几对螺杆调整器同时调整，调整时步调协调一致。曲线地段调整时竖直和水平方向同时调整。

③ 轨排精调到位后，应对轨排采取相应的措施进行加固，防止混凝土浇筑时轨排横向移位及上浮，并采集数据作为最终的精调数据。

④ 精调合格后，对线路进行保护，禁止轨排上进行任何作业或行人。

⑤ 轨排精调好后，应及时浇筑混凝土。如间隔时间过长，或环境温度变化超过15℃，或受到外部条件影响，必须重新检查或调整轨排。

精调后支承点处的轨道位置误差控制在中线±0.5mm，高程-0.5~0mm，水平0.5mm。

(10) 混凝土浇筑

在进行无砟轨道道床板混凝土浇筑之前，应综合检查前面各工序的施工质量，尤其是轨道几何状态和各种预埋件、钢筋网架绝缘性能等，合格后方可进行混凝土的浇筑。

混凝土浇筑采用拌和站集中拌和、混凝土运输车运送，配置软管泵送混凝土，使用高频插入式振动器振捣密实、人工收面的施工方法。混凝土浇筑时，必须1个轨枕间距接1

个轨枕间距单向连续浇筑。让混凝土从轨枕块下漫流至前一格，不致在轨枕下形成空洞，当混凝土量略高于设计高程后，前移到下一格进行浇筑。混凝土振捣时振动器应快插慢拔，直到轨枕底部没有气泡为止，但也不得过振，以防止混凝土离析。振捣过程中应防止振动器触碰模板和钢轨支承架，并跟踪监测轨排几何形位的变化。浇筑完的混凝土，应经过 3 次抹面收光：第一次是在浇筑完成后，第二次是在混凝土刚初凝的时候，第三次是在初凝后快产生强度的时候。第三次收光之后，立即清理轨枕和钢轨面的污染。

（11）初凝后松螺杆调整器及扣件

混凝土浇筑后 0.5～1h（掺加缓凝剂时可延长至 2～3h），竖向调节螺杆放松 1/4 圈（即逆时针旋转 90°，高度降低约 1mm）。混凝土浇筑后 2～4h，当用手指压混凝土表面无痕迹时，提松横向模板和施工缝模板松开全部扣件，释放钢轨应力，否则，会因为钢轨温度力而产生的对轨枕的纵向力，影响新浇混凝土的结构，破坏轨枕和道床板混凝土的黏结性。螺杆调整器的放松需始终沿逆时针，否则将会抬高轨道，破坏轨道几何形位，导致无法恢复。

（12）混凝土养护

每浇筑 10～12m 道床混凝土，在浇筑完毕后 12h 以内应对混凝土开始进行覆盖洒水或喷养护剂养护，养护时间不宜少于 7d。混凝土达到设计强度的 75%前禁止在道床板上行车及碰撞轨枕。

（13）拆除模板、螺杆调整器及工具轨

拆除模板、螺杆调整器、工具轨应符合下列规定。

① 侧模应在混凝土强度达到 2.5MPa 以上，其表面及棱角不因拆模而受损时，方可拆除。

② 道床混凝土强度达到 5MPa 后，即可拆除螺杆调整器及工具轨。拆除模板、螺杆调整器及工具轨时，应避免对道床板混凝土的扰动。

③ 拆除下来的模板、螺杆调整器及工具轨应及时清理干净并涂油，利用道床板混凝土浇筑的间歇时间往前倒用，不得堆放在道床上。

④ 螺杆调整器的松解需始终沿逆时针旋转，应缓慢施力，避免破坏调整器。道床取出螺杆调整器后，应采用同强度无收缩混凝土及时封堵拆除螺杆后留下的孔洞。

5.4.2 CRTS 系列板式无砟轨道施工

5.4.2.1 CRTS Ⅰ 型板式无砟轨道施工

1）CRTS Ⅰ 型板式无砟轨道结构及特点

CRTS Ⅰ 型板式无砟轨道是在路基基床顶面或梁面上浇筑钢筋混凝土底座及凸形挡台，将高精度单元轨道板铺设在底座上，并在轨道板与凸台混凝土间用树脂填充，在底座及轨道板间灌注 5cm 厚的水泥乳化沥青砂浆（CA 砂浆）调整层，承受轨道板传来的荷载，并将其传至底座上。

同其他类型轨道结构相比，CRTS Ⅰ 型板式无砟轨道具有以下特点。

（1）桥上、隧道和路基上轨道结构形式基本相同，有利于轨道结构与线下工程的标准化设计。

（2）轨道板为工厂预制，质量易于保证；轨道板通用性较好，方便预制，建厂投资相对较小。

（3）可采用框架结构，经济性好。

（4）现场混凝土施工量少；水泥乳化沥青砂浆袋装灌注，施工工效高、进度快。

（5）轨道板下的 CA 砂浆调整层和轨下的充填式灌注袋可校正下部结构带来的误差。

（6）可修复性较好，水泥乳化沥青砂浆可实现上下部结构分离，维修时只需将损坏的单元板或 CA 砂浆调整层置换即可。

（7）钢轨铺设后，轨道精细调整工作量较大。

（8）水泥乳化沥青砂浆、凸形挡台填充树脂、充填式垫板材料的生产、施工等专业性强。

2）CRTS Ⅰ 型板式无砟轨道施工工艺

CRTS Ⅰ 型板式无砟轨道的施工工艺流程如图 5.6 所示。

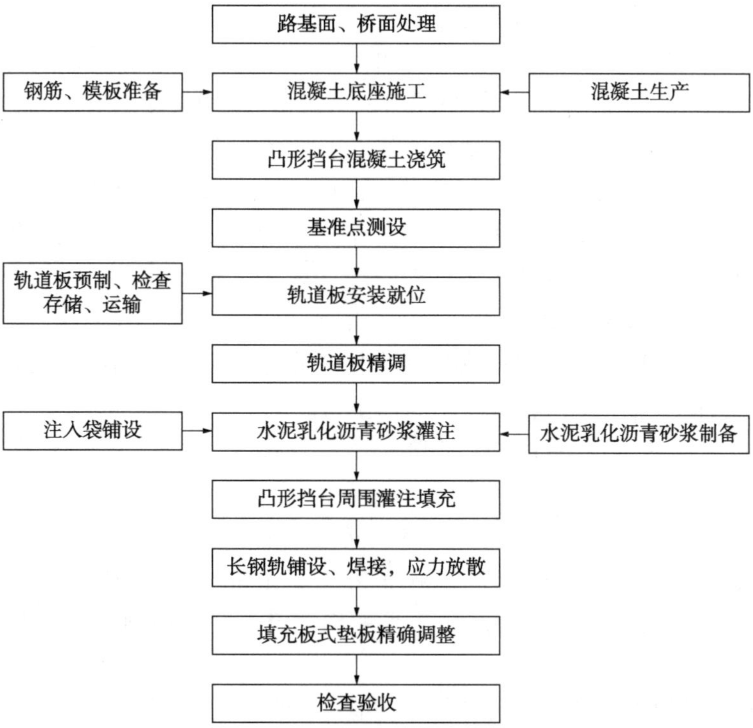

图 5.6　CRTS Ⅰ 型板式轨道施工工艺流程

（1）混凝土底座施工

① 底座板及凸形挡台结构形式。底座板为 C40 钢筋混凝土，双层配筋。凸形挡台分圆形和两个半圆形两种，梁端及路基上无轨道结束端为半圆形，其余为圆形，半径为 260mm，高度为 250mm，均与底座板连成一体。

路基上的底座板在基床表层上分段设置，标准底座宽 3000mm、厚度 300mm，通常每 4 块轨道板长度设置 1 道宽 20mm 伸缩缝，伸缩缝对应凸形挡台中心并按行车方向向前绕过凸形挡台。伸缩缝下部采用聚乙烯发泡板填充，上部 30mm 范围采用聚氨酯封闭。为了增加底座与 CA 砂浆调整层的摩擦力，轨道板底座顶面应进行横向拉毛、拉毛深度 1mm。

桥上底座板在梁面构筑并分段设置，箱形桥上标准底座板宽3000mm、厚200mm，简支梁、连续梁及其他形式桥梁上标准底座板宽2800mm、厚198.8mm，在每块轨道板端部对应位置均应设置伸缩缝，方法与路基底座板伸缩缝设置相同。

在路基上底座伸缩缝将凸形挡台分割成两个半圆形的凸形挡台，桥梁上底座伸缩缝对应凸形挡台中心位置，并按行车方向向前绕过凸形挡台。

② 路基面、桥面凿毛清理。

a. 路基基床表面清理。清理路基上的杂物和积水，局部需修整的地方用钢纤人工整平，清理完的地段限制通行。

b. 桥面凿毛清理。先对桥上预埋钢筋进行复位，按图纸对预埋钢筋清点，如有缺失，可按图纸及相关规范要求进行植筋。用小型风镐对桥面底座范围进行凿毛，局部用钢纤凿毛。凿完后人工将浮碴、杂物清理干净，并用吹风机将灰尘吹干净。清理的废弃物严禁向桥下和伸缩缝中倾倒。清理完毕的桥面限制通行。

处理完成后的路基表面、桥面应无杂物和积水，桥面凿毛的新鲜面不得小于50%。

③ 底座及凸形挡台钢筋绑扎。筋网根据现场情况可采用现场绑扎成型，也可采用在加工场分段绑扎钢筋网片再运输到工地现场组装连接成整体的方案。

现场绑扎时，人工将钢筋按设计间距摆放，在钢筋交叉点放上绝缘卡，然后用绝缘扎丝和绝缘扎带绑扎好。底层钢筋用预制的砂浆垫块垫起。对于凸台位置的绝缘钢筋或采用分段绑扎好的钢筋网片，在运输和搬运过程中注意对绝缘漆(卡)的保护，钢筋之间、钢筋和其他接触物之间尽量避免发生碰撞。

路基上在每一单元伸缩缝位置应安放剪力棒。先将剪力棒一端涂上沥青，裹上一层麻布，再套上塑料套筒。剪力棒应与混凝土断面垂直。

钢筋间距允许偏差为±20mm，保护层厚度允许偏差为-5~10mm；钢筋绝缘检测须合格。

④ 模板安装。模板应采用工厂加工而成的定型钢模。

路基上模板可采用方木或角钢支承，用钢针固定在路基上。为防止损坏桥梁顶面防水层，桥上不允许采用钻孔的加固方式，左右两幅内侧模板宜采用钢管互为支承的加固方法，外侧模板可直接支承在箱梁防撞墙上。

底座模板安装必须牢固稳定、接缝严密、不得漏浆。

⑤ 底座混凝土浇筑。立好模板后，清理底座范围内的杂物，用喷雾器将路基或桥面表面湿润。Ⅰ线混凝土施工时，混凝土运输车行走于另一线的路基上，对立好的模板直接布料；Ⅱ线混凝土施工时，混凝土运输车行走于Ⅰ线混凝土底座之上，通过移动溜槽进行布料。混凝土入模前进行温度和坍落度检测，坍落度不得超过设计要求范围。混凝土宜采用插入式振动棒振捣，振捣时不得漏捣、过振，尽量避免振捣棒触碰钢筋，以防钢筋发生移位或绝缘卡脱落，同时应加强检查模板支承的稳定性和接缝的密合情况，以防漏浆。振捣完成后，用抹光机对混凝土表面进行抹光，在底座边缘30cm范围内，人工用抹子对混凝土表面抹光，做出向外的2%的坡度。混凝土抹光后，用靠尺检查混凝土表面的平整度和顶面高程。

（2）凸形挡台混凝土浇筑

底座板混凝土硬化后，将凸形挡台范围内的底座混凝土凿毛，准备进行凸台施工，施工时注意不要损坏绝缘钢筋。

凸台精确放样需要先用全站仪对凸台中心进行定位，测量凸台前后左右模板位置底座混凝土高程，计算出此 4 个位置凸台顶面高程，再以放设的中心点为圆心安装凸台模板。根据已测 4 个位置的高程确定混凝土浇筑位置，在模板上做出标记。用膨胀螺栓和角钢将模板固定好。立好模板后，湿润底座混凝土，然后浇筑混凝土。轨道板精调采用基准器法时需要在凸台中心位置放入规定尺寸的木模，预留基准器的位置。

（3）基准点测设

基准点应埋设在凸形挡台顶部，并位干线路中心线上，纵向间距与凸台中心间距一致，是轨道板铺设的重要量测依据，其测设精度直接影响到轨道板的精调结果。当采用基准器法时，其测设主要方法如下：

① 用全站仪精确测定出基准点的设计坐标中心位置，并在凸形挡台上做出十字线。

② 在凸台预留槽中放入基准器，使其中心大致对准凸台上的十字中心线，用膨胀螺栓固定好。

③ 在凸台前后中线点拉上悬线，调节基准器的横向螺钉，使基准点位于悬线上，锁定横向调节螺钉。

④ 测定基准点的高程，根据实测高程与设计高程的差值拧动基准点螺杆上下移动，使基准点高程与设计高程相同，调整完成后用锚固砂浆将基准器锚固，进行编号并记录基准点三维坐标。

（4）CRTS Ⅰ 型轨道板的铺设

① 轨道板运输。轨道板在工厂集中预制，经检查验收合格后用载货汽车运往铺装现场。运输时，单元板中心尽量与车厢中心重合，装载高度不得超过 3 层，每层横向放置 2 根 80mm×80mm×2200mm 方木在单元板起吊螺母处支垫，且每块板支承位置上下一致。用尼龙带将单元板捆绑牢靠、稳固，保证运输过程中不发生相对位移。

② 轨道板存放。轨道板运到施工现场可在施工沿线每隔 200m 设一轨道板临时存放平台。轨道板长时间存放时，为防止其发生挠曲变形，应采用立放。短时间（7d 内）临时存放可采用平放，存放高度不得超过 4 层，每层之间用 80mm×80mm×2200mm 方木垫起，方木放置位置距板端 1m。

③ 轨道板粗铺。

a. 铺板前对所铺设处的底座板高程进行复测，确保板腔最小空间不小于 4cm（控制在 4~6cm 内），以避免 CA 砂浆充填层厚度不足。

b. 将底座板表面清理干净。利用 CPⅢ点放样出轨道板两边缘点并弹划墨线（轮廓线）。

c. 吊装前先在轨道板四角起吊螺栓附近布置 4 块支承垫木，支承垫木为 50mm×50mm×300mm 的杂木条，用变跨门式起重机将板吊起，施工人员扶稳轨道板缓慢下落，同时按底座板上弹好的轮廓线控制轨道板横向、纵向位置，将其落于支承垫木之上，并保证轨道板和前后凸台的间隙差值不要大于 10mm。

粗铺板直线段定位要控制横向误差±10mm；曲线段向超高侧偏移+ 5～+ 15mm，以利于后期精调。

（5）CRTSI 型轨道板精调

① 基准器法。基准器法轨道板精调技术形成于40多年前的日本东北新干线，该法根据每个凸形挡台中埋设的基准器的三维坐标经内业计算出对应三脚规的调整参数，通过调整游标来调整三角规，再根据三脚规气泡指示刻度进行轨道板调整。

② 速调标架法。速调标架法是先利用CPⅢ控制网进行凸形挡台加密基标（基准点）测量后，将全站仪设于待调轨道板端基准点上，完成定向后，精调软件遥控智能全站仪自动跟踪测量待调轨道板上2副精调标架4个棱镜的三维坐标，软件对轨道板纵、横向坐标和高程实测值与设计值进行校差后，将轨道板需调整量即时发送至与调整工位对应的显示器上，指导工人对轨道板进行纵、横向和竖向调整，并对轨道板的实际调整结果做出即时评价。

（6）水泥乳化沥青砂浆施工

水泥乳化沥青砂浆简称CA砂浆，由水泥、乳化沥青、聚合物乳液、细集料、混合料、水、铝粉和各种外加剂等组成，混合灌注于轨道板和混凝土底座之间作为CRTSI型板式无砟轨道的调整层，其设计厚度为5cm。其力学性能和耐久性能直接影响整个轨道系统的使用性能与维护周期，其拌和物是否具有良好的可工作性也直接影响施工进度，所以CA砂浆技术是无砟轨道的关键技术。

CRTSⅠ型板式无砟轨道CA砂浆施工，是在轨道板精调完成后，在板下布设灌注袋，将搅拌好的CA砂浆灌进袋子硬化而成。其主要工艺包括CA砂浆的拌制、运输、灌注和养生等。

① CA砂浆的拌制。

a. 根据灌注点的位置，就近选择地势较平坦的地点安放砂浆搅拌车。

b. 将干粉料、乳化沥青、P乳剂、消泡剂和引气剂用载货汽车运至搅拌现场，乳化沥青宜采用吨桶运输。

c. 检查砂浆搅拌车运转是否正常，试验人员检测车内和环境温度，并做好记录。

d. 将袋装的干粉料拆袋加入加料斗中。用吊车吊起，从砂浆搅拌车车顶加料口放入，乳化沥青和P乳剂用泵抽入储料仓，消泡剂和引气剂等外加剂分别由人工加入。每次加完乳化沥青和P乳剂后，必须用水清洗齿轮泵。

e. 现场试验人员开具CA砂浆施工配料单，砂浆搅拌车操作人员向电脑中输入配料单上的施工配合比，并设定预先确定的搅拌时间和搅拌转数等参数，启动按钮，开始搅拌。

f. 搅拌完成后，打开搅拌机检修口取样进行检测。测定砂浆的温度、空气含量和流动度，所检指标合格方可进行灌注。

② CA砂浆的运输。CA砂浆拌制完成后，用吊车将储料斗吊至带中转仓的运输车上，经左、右两线运输至灌注工作面。注意应保证CA砂浆在运输和灌注过程中一直在搅拌。

③ CA砂浆的灌注。CA砂浆灌注具体施工工艺如下：

a. 压紧及防滑移处理。CA砂浆灌注时浮力可以使板上浮或侧移（曲线超高段），故须在轨道板灌注前设置防止轨道板上浮的扣压装置和在曲线段设置防侧滑装置。扣压力分别为桥上15kN、路基上18kN，必须保证灌注CA砂浆时轨道板不能上浮。

b. 灌注前需复查轨道板的安装精度，用钢尺检查水泥乳化沥青砂浆注入厚度，并做好记录。厚度检查10个点，两边各3个点，中间4个点。

c. 清理轨道板下杂物和积水。先人工将混凝土块、木屑等杂物清理干净，再用高压风进行清理。

d. 放置灌注袋。检查灌注袋的型号是否与轨道板型号一致，是否有破损。将灌注袋平铺于轨道板上，两端向中间对折，从轨道板中部放入，然后拉直，灌注袋横向中心线和轨道板横向中心线重合。在直线地段，使灌注袋的袋口朝向轨道板外侧；在曲线地段，使灌注袋袋口朝向低的一侧。铺好后用木楔固定。

e. 用塑料布覆盖轨道板，以防CA砂浆污染轨道板并在袋口位置的底座上也铺上塑料布。

f. 将灌注漏斗放在轨道板上，使灌注口和袋口对齐，把灌注袋口套在灌注漏斗的出料口用尼龙绳捆好，准备灌注。在灌注点放置两个塑料桶，用来装漏斗中剩余的砂浆。

g. 带中转仓的运输车到达灌注点后，接好灌注软管，打开阀门，使砂浆缓缓流进灌注袋。注意观察砂浆在灌注袋中的流动情况，在砂浆即将充满木楔位置时，要及时拔掉木楔，在即将灌满的时候，放慢灌注速度，用手感觉每个支承螺栓的松动情况，每条灌注袋对应的两个支承螺栓有一个松动即停止灌注。

h. 当砂浆灌注饱满后，用扎带扎紧袋口，在灌注袋口部分，要留约20cm的砂浆，并用支承架支承。

i. 砂浆灌注40min后，将袋口砂浆慢慢挤入灌注袋，然后用铁夹沿灌注袋缝纫线夹住。

④ CA砂浆的养生。CA砂浆采用自然养生。由于CA砂浆在经过了24h后，会出现收缩现象，轨道板和砂浆充填层之间会产生空隙，所以，在24h后必须迅速拆除轨道板支承螺栓，让CA砂浆支承轨道板自重，但要注意避免外力对轨道板的冲击。待养生强度大于0.7MPa后，方允许在轨道板上行走；CA砂浆强度大于1.8MPa时机车方可通行。

在拆掉支承螺栓的同时，可沿袋口缝纫线将袋口砂浆切除，并用胶水或防水卷材将袋口封好。

(7) 凸形挡台周围灌注填充树脂

在CRTS Ⅰ型板铺设完成后，板两端圆弧与凸台之间有宽约40mm的间隙，该空隙现场用树脂填充，作为轨道板与凸台之间的纵向传力的媒介。其主要施工工艺如下：

① 施工准备工作。

a. 将凸台周围杂物、积水和灰尘清理干净，如有凸台施工的混凝土残留，也应凿除清理干净。

b. 在灌注树脂的轨道板表面周围和凸形挡台表面用木板或塑料布覆盖，以防树脂污染轨道板和凸台。

c. 确保灌注部位干燥。若凸形挡台和轨道板在灌注位置潮湿，需用酒精喷灯或热风机烘干。

② 灌注袋的安放。

a. 将聚乙烯泡沫条塞入灌注袋底部衬孔内，然后将灌注袋沿凸形挡台与单元板空隙塞入。

b. 用方木条顶紧泡沫使之与混凝土底座完全接触，并沿凸形挡台的弧形将灌注袋理顺。用手拉紧灌注袋的两个侧面，使其完全展开并使左右长度均等。

c. 分别在轨道板凹面和凸形挡台侧面涂上胶水，将灌注袋的两个侧面分别与其粘接，一般先粘凸形挡台的一侧，再粘轨道板的一侧，粘接时要避免出现褶皱。

d. 在直线地段，切除灌注袋多余部分，使灌注袋上沿和轨道板倒角下沿平齐。

e. 将侧面聚乙烯泡沫塞入轨道板中间，使其挡住灌注袋的侧面。

③ 树脂的搅拌。

a. 打开 A 组分桶盖，用手持搅拌机将桶底的沉淀物搅起。

b. 待搅拌均匀后，将 B 组分缓缓倒入，用手持搅拌机搅拌，使 A、B 组分充分混合均匀。注意将 B 组分倾倒干净，否则会影响树脂的硬化。

④ 树脂的灌注。将搅拌好的树脂倒入较小容器里，以方便灌注。

a. 在灌注口放好漏斗，将树脂缓缓倒入，即将灌满时，要放慢速度灌注，使树脂完全流平。

b. 树脂灌注至轨道板倒角下沿位置，停止灌注。在曲线段，要以灌注口为准，必要时在第一次灌注后约 10min 进行补灌。

c. 树脂灌满后，在表面会出现气泡，影响树脂表观质量，此时要用带针尖的工具将其刺破。

d. 树脂灌注完成后，用塑料薄膜撑紧后覆盖住树脂，并用封箱胶粘牢，防止在树脂凝固前杂物及雨水侵入。

⑤ 树脂浇铸体的修整处理。

a. 在曲线地段，树脂高出部分用钢刀凿除，表面修理平整。

b. 特殊情况下，在树脂硬化后需进行二次灌注时，可以在要灌注的树脂表面插入螺钉增加连接强度，螺钉长度应大于 40mm，螺钉插入深度控制在 25mm 以上，宜 10cm 间距均匀分布，并在原来的树脂表面拉毛，增加黏结力。

5.4.2.2 CRTSⅡ型板式无砟轨道施工

CRTSⅡ型板式无砟轨道系统，是指通过沥青水泥砂浆，将已精调到位的轨道板和浇筑在梁面滑动层上的底座板混凝土黏结在一起的无砟轨道。从轨道板生产预制到现场安装全部实现自动化控制，机械使用率较高，具有高精度性、高平顺性、高稳定性、维修少等特点。

1）桥上 CRTSⅡ型板式无砟轨道施工工艺

桥上 CRTSⅡ型板式无砟轨道的施工工艺流程：施工准备→桥上两布一膜铺设→硬泡沫板铺设→桥上底座板混凝土施工→线间和两侧堆砟（设计有要求时）→圆锥体安装定位→轨道板粗放→轨道板精调→轨道板沥青水泥砂浆灌注→轨道板纵向连接→轨道板锚固和剪切连接→侧向挡块施工。

2）桥上 CRTSⅡ型板式无砟轨道施工方法

（1）滑动层施工

滑动层铺设前首先检查桥面，核对梁面高程、平整度，检查梁面防水层质量等，检查验收合格后，对桥面进行清洗，保证桥面清洁，表面无残留的细小石子、砂粒等杂质。根据测量放样的中线点，用墨斗弹出底座板的边线，因两布一膜的铺设宽度比设计宽 10cm，弹线宽度比设计的要宽 10cm，以便于施工。

① 两布一膜滑动层铺设。两布一膜滑动层的铺设方向，从桥梁的固定连接端开始至支座活动端为止，由一层土工布+聚乙烯薄膜+一层土工布组成。由于土工布整卷能够达到一跨梁的长度，所以为整体铺设。

铺设第一层土工布：先将黏结剂在土工布范围纵向两边和中间 30cm 宽在桥面上用刮板刮涂均匀，人工沿着墨线推着辊轴进行铺设。该层土工布可以连续铺设，也可以接缝，搭接长度不小于 20cm，且最小单块长度不小于 5m。

铺设聚乙烯薄膜：在第一层土工布上铺设聚乙烯薄膜，薄膜不得起皱。接缝采用熔接的方法，接缝长度和最小单块长度的要求同第一层土工布，熔接采用电烙铁使其接缝充分融合，满足滑动系数的要求。

铺设第二层土工布：连续整块铺设，不留对接缝，铺设前将该层土工布先用水润湿，这样铺设时可使土工布吸附在聚乙烯薄膜上便于铺设，不易起皱。两布一膜铺设完成后任何一层都不得起皱或破损，如出现起皱应立即处理，若出现破损，第一层土工布和聚乙烯薄膜的处理方法是：全部更换或以破损处为中心，截去不小于 4.6m 的范围，搭接一块不小于 5m 的土工布(聚乙烯薄膜)；第二层土工布若出现破损，则要全部更换掉。

两布一膜铺设完成后，上面不得行车，施工人员作业区内禁止吸烟。安装底座板钢筋笼时，选择大平面的混凝土垫块，以免钢筋笼将无纺布刺破。底座板混凝土浇筑完毕后。将土工布和聚乙烯薄膜的外露部分，紧贴底板座混凝土剪去。

② 硬泡沫塑料板铺设。为了平衡梁段两端高低不平，减弱底座板因温度变化产生变形形成的剪切力，要在梁缝两端各 1.5m 范围设硬泡沫塑料弹簧板。铺设前先将桥面彻底清洗干净，防止桥面残留的细小石子、砂粒等杂质损伤硬泡沫塑料板。桥梁固定端处的硬泡沫塑料板与桥面采用胶合剂粘贴处理，先将胶合剂用刮板均匀满涂在桥面上，然后将硬泡沫塑料板粘贴在桥面上。桥梁活动端处的硬泡沫塑料板直接铺设在滑动层上，该处的硬泡沫塑料板不用胶合剂黏结。硬泡沫塑料板可采用榫接或阶梯连接，四周多余部分切直接缝要严密不得有通缝。泡沫板必须在桥梁接缝的中心线处对接，为避免混凝土的渗入在硬泡沫塑料板上覆盖一层薄膜。铺设的硬泡沫塑料板不能破损，安装钢筋笼时要选择合适的垫块间距，以免钢筋将硬泡沫塑料板刺穿，如有损坏必须更换。

(2) 底座板混凝土施工

底座板混凝土施工主要包括钢筋的制作安装，模板安装，混凝土浇筑，后一带连接器的张拉及混凝土浇筑。

① 钢筋的制作安装。

a. 钢筋加工连接。底座混凝土钢筋采用 HRB500 型精轧钢筋，因为国内铁路信号传输采用轨道传输，为避免由钢筋笼内产生磁场影响信号传输，其纵、横向连接均采用绝缘卡连接进行绝缘。底座板钢筋加工制作前复核钢筋加工表与设计图，检查无误后，按下料表放出实样，试制合格后成批进行制作。对不同曲线段的底座板根据不同的超高地段，选择加工区段内相对应超高的钢筋笼进行加工，加工完成后钢筋笼必须进行“身份”注明，并注明超高、适应的墩跨、左右线、方向等。钢筋笼的制作是在固定的钢筋模具上进行，并根据不同超高范围安装钢筋间距定位卡。绑扎前模具必须经过检查和复核，防止钢筋间距定位卡放置出现偏差，所有钢筋不得进行搭接焊，采用绝缘卡连接。绝缘卡采用硬质绝缘有机合成材料制成，分为同向和异向两种形式、绝缘卡设圆形卡口，弹性小、硬度大，将钢筋压入卡口内就能将钢筋牢靠固定，起到隔离作用。在纵、横向钢筋交叉点处，安装异向绝缘卡，绝缘卡上下两个方向的卡口(互相垂直)分别卡住纵、横向钢筋；通长钢筋则采用同向绝缘卡，两个卡口分别卡住主筋和连接筋。上下两层钢筋网之间的构造钢筋则采取涂层钢筋，以保证两层钢筋网之间不形成回路。钢筋交叉点采用强度高、耐久性好的有机合成材料代替扎丝绑扎，严禁用铁丝绑扎或焊接，绑扎完的钢筋骨架必须能保持稳定，运送钢筋笼时钢筋的位置不变。

b. 钢筋笼存放。钢筋笼加工完成、检查合格后，挂上注明超高范围、墩跨、左右线以及方向的标牌，存放至钢筋笼存放区。每个存放台座长为 15m、宽 3m，分 4 层，每层间距 50cm，采用 40mm 钢管搭设。为了保证施工进度，另外在存放台座上设置钢筋笼存放区，每个存放台座分 2 层设置，尺寸同钢筋厂存放区相同。

c. 连接器安装。底板座后浇带的钢筋连接器由一块钢板组成，钢板的一边用防松螺母与 HRB500 型精轧钢筋焊接(也可以采用 HRB500 型精轧钢筋与连接器钢板直接焊接)。另一边的精轧螺纹钢筋通过钢板的预留洞穿过钢板，用分置于钢板两边的螺母与钢板连接，在其施工完后铺设底座板钢筋。

为了避免底座板混凝土因温度变化和收缩引起变形而产生的强制力传入下部结构，特别是传入桥梁支座和桥墩，在底座板浇灌混凝土前，人工拧紧底座板后浇带中与精轧螺纹钢筋连接的螺母，在后浇带接缝处用不导电的金属网格遮挡。混凝土浇筑硬化结束后，立即松开后浇带中连接器中的螺母，等到全桥底座板施工完成后，在 24h 内将所有的后浇带螺母再次拧紧，并同时浇筑后浇带混凝土。

d. 钢筋笼安装。在吊装绑扎的钢筋笼前，必须安装较大面积的混凝土垫块，以确保混凝土保护层厚度。钢筋笼吊装采用悬臂门式起重机垂直提升吊装就位。吊装不能损坏桥面上的滑动层、硬塑料泡沫板和防水层，如有损坏应及时更换。由于底座板整体施工要求精度高，吊装钢筋骨架时钢筋在钢筋骨架中的位置不能变动，否则，会直接影响定位锥锚杆的安装。

② 底座板模板安装。模板安装前采用全站仪每隔 6. 5m(一块轨道板的长度)放 1 个底座板的左右边线及中线点，并根据放样点用墨斗弹出底座板的左右边线(弹线宽度比设计宽 10cm，因两布一膜铺设宽度比底板尺寸大 10cm)，模板沿着墨线安装；对梁面高程进行测量，根据超高选择合适的模板组合，并根据所测高程的情况，从根部采用调节螺栓调整模板高度。模板使用前先清污、满涂脱模剂，模板安装采用凸缘螺杆式调节杆件和方木组合加固，模板接缝处采用双面胶条填塞，根部内贴角钢。每 75cm 一道调节螺杆有效地将角钢固定于滑动层上，内用垫块支承，有效地解决了根部漏浆、烂根、线型的平顺性等问题。

③ 混凝土施工。混凝土浇筑采用泵送混凝土或门式起重机(悬臂)加吊斗。混凝土从装车运输到灌注结束，不得超过 90min，为避免离析，混凝土的自由落度不大于 1m，新拌混凝土的温度不允许超过 30℃，环境温度低于 5℃或超过 30℃时，必须测量和记录混凝土的温度(以便采取相应的措施)，记录每次混凝土灌注的起止时间、持续时间及每个施工段从

施工到拆模期间的环境温度和气候情况。混凝土灌注和振捣时，应派专人检查模板的稳定性和接缝有无变化，混凝土施工应安排有经验的混凝土工进行操作，提浆整平采用混凝土三辊轴整平机施工，振捣到没有气泡冒出和表面封闭时为止。混凝土灌注时必须稍微凸出一点，然后用刮板刮平。并刮到施工设计图中规定的高度为止，最后用毛刷进行表面刷毛处理。待底座板混凝土初凝后将超高面做出2%的倒角反坡，以利于底座板混凝土表面排水。底座板施工完成后，进行后浇带的施工。底板施工过程中所有的后浇带连接器是拧紧的，在段落混凝土浇筑完24~48h后松开，当全部的底板混凝土施工完成后，以800m临时端刺为施工单元，在24h之内将全部的连接器拧紧，48h内浇筑混凝土。

（3）轨道板铺设

① 轨道板现场粗铺。底座板粗铺前首先要进行轨道基本点（GRP）的测设，并经过复核满足要求的方可进行轨道板粗铺。粗铺前先进行定位锥的安装，圆锥体用硬塑料制成，高120mm，最大直径135mm，圆锥体有一中心孔，直径20mm，在上缘设有凹槽或孔，利用它可借助夹具将圆锥体从圆筒形窄缝中取出。固定圆锥体前，清洗混凝土底座板，测出轨道基准点和安装位置，轨道基准点GRP和安装点位于Ⅱ型板的横接缝中央且接近轴线，圆锥体的轴线与安置点重合。用电钻钻孔，孔径20mm，直线上孔深为15cm，有超高的线路上为20cm，将锚杆用合成树脂胶泥胶粘于钻孔内。锚杆的胶粘需注意：孔要绝对垂直于底座板；安装锚杆前先将锚杆上涂润滑脂，以便于精调灌浆后拆除锚杆；保证每个孔内锚杆能承受30kN的拉拔力；锚杆必须伸出底座板表面35cm方可保证轨道板的正确安装。轨道板采用沿线存放的方式储存，存放地点在悬臂式起重机横移范围内。轨道板运到铺设地点后应核对轨道板的编号，检查合格后的轨道板才能进行吊装铺设。轨道板安装前，要在精调装置的安放部位放上由发泡材料制成的T形模件，用硅胶固定，在垫层灌浆时作密封使用，以防砂浆溢出。轨道板采用悬臂式门式起重机进行轨道板的垂直提升，起吊横梁上装有距离定位器，直接对准轨道板，挂上吊钩以后起吊，转到铺设地点的正上方下落，放在已安放好的长为30cm、宽为5cm、厚为3.3cm的木条上，并和定位圆锥结合紧密。接近混凝土底板时必须缓慢下降，以便放置时不损伤轨道板。轨道板粗铺的允许偏差控制在1cm内。

② 轨道板精调。测量仪器必须达到以下要求。

a. 智能全站仪：测角精度<1″，测距精度$(1+1\times10^{-6})$mm。

b. 电子数字水准仪：高程测量标准偏差每千米往返水准测量使用因瓦水准尺时<0.9mm，使用标准水准尺时<1.5mm；测距标准偏差<1cm/20m$(5\times10^{-4}$mm)，并含精密水准配件。

精确定位装置安装在轨道板两侧的指定位置，旋紧高度调节轴使所有的支承点几乎相同，使其保持一天的均匀受力，以便提前产生沉降。轨道板精调前，要旋开中部轴杆，使之有约10mm的余量。精调时使用专用三角架将全站仪安置在轨道定位标志点GRP点上，开启无线电装置建立设备间的通信；将带有棱镜的测量标架架设在所需要精调轨道板的第一、最后、中间支点以及已精调好的轨道板的承轨台上，并通过固紧调节装置单面与支点面相触。利用全站仪进行程控设站，通过已精确调好轨道板上的棱镜进行定向，铺设第一块板时则不用参考此数据，根据6个显示器上的测量数据，使用调节装置千斤顶对轨道板进行纵向、横向和高程调整，先调整板四角的方向、高程再调整板的中间高程，最后进行完测，数据满足要求后可转入下一块板，否则，重新测量调整至合格后转入下一块板的作业。

（4）水泥乳化沥青砂浆灌注

① 安装轨道板扣压装置。在轨道板精调完成以后，不得再踩到轨道板上面去，以防轨道板移位。同时，为了保证在垫层砂浆灌浆时轨道板不浮起，应安装钢构件扣压装置。在轨道板的中央两侧各设“L”形固定装置，两块板的接缝处中间部位设置“一”字形固定装置，利用预埋在混凝土底座板中的锚杆向下压住。安装“一”字形固定装置前先要拆除圆锥体，利用在轨道板粗放时固定圆锥体的锚杆压紧，用翼形螺母拧紧、以防轨道板移动。在超高大于45mm时，固定装置设在轨道板的侧面中部和底座板上，超高为0时，只在中部设“一”字形压紧装置。轨道板垫层砂浆硬化后再拆除锚杆。

② 轨道板封边。

a. 轨道板封边准备。轨道板和混凝土底座板之间有2~4cm厚的缝隙，为防止灌浆时砂浆从轨道板侧面溢出，在轨道板精调完成且安装扣压装置后，应对每块轨道板的两侧端部进行封边处理。在密封工作开始前，应将混凝土底座板的表面，括轨道板以外的部分清扫干净，并进行润湿处理。

b. 轨道板两侧封边。轨道板两侧封边可采用稠度较大的砂浆来完成。封边砂浆用砂浆搅拌机在施工现场配制，人工操作，并确保轨道板与底座板之间密实粘连不脱落。

c. 轨道板端部封边。轨道板端部应采用稠度较大的沥青水泥砂浆或力学性能相近的材料封边，高度应高于轨道板底面至少2cm，封边砂浆浇筑后要压实并均匀抹平。灌浆时为防止轨道基准点被污染、掩盖，可使用一段短管来保护标志点。

③ 轨道板充填层砂浆灌注。

a. 灌浆前的准备。混凝土底座板和轨道板底面预先浇湿，可采用喷雾器或带喷嘴的高压水枪进行润湿。充填层砂浆的拌制，用移动式搅拌设备在灌浆地点生产充填层砂浆，砂浆从搅拌设备注入中间储存罐，一块板的灌注必须连续完成。

b. 轨道板的充填层灌浆。轨道板灌浆时将已装满料的中间储存罐从搅拌设备下方向后面旋转伸出，并同时被吊装到桥面高度。充填层砂浆通过一条软管注入轨道板的灌浆孔，软管的两端各设有截断装置。一般情况下灌浆过程利用3个灌浆孔的中间孔进行，灌浆孔中有PVC管，充填层砂浆从管中注入，通过其他两个灌浆孔和排气孔观察灌浆过程。所有的气孔处冒出充填层砂浆，证明砂浆充填层全部灌满，用小木塞塞住排气孔，灌浆孔内充填层砂浆表面高度至少要达到轨道板的底边，不能回落到底边以下，灌浆过程即告结束。储存罐可重新转回到搅拌设备下面改换到下一块轨道板的施工。充填层砂浆灌注时砂浆保持在搅动状态，不断测量搅拌器的传动电动机耗用电流，砂浆的稠度越大电动机耗用电流也越大，当耗用电流超出某一固定值时砂浆的稠度也就超出设计值，储存罐内的砂浆必须倒入配备的废物容器中，用新材料继续灌浆。

（5）轨道板纵向连接及灌注孔填补

① 清洁接缝和拆除安装件。在灌缝开始前，将所有的安装件和组装辅助件清除到连接接缝区以外，并清理干净连接接缝区表面。

② 填充窄接缝。充填层砂浆灌注后填充窄接缝。首先，安装模板，设在轨道板的外侧

固定在窄接缝的侧面，用螺杆张紧，此模板也用于宽接缝的填充，然后，进行窄接缝砂浆灌注，高度控制在轨道板上缘以下6cm，砂浆颗粒规定为0~10mm，填充时的环境温度不得高于25℃。

③ 张拉装置的安装和张拉。充填层砂浆的强度达到9MPa和灌注窄接缝砂浆强度达到20MPa时可对轨道板实施张拉。强度达到后再将内模板拆除。

④ 填充宽接缝。填充宽接缝时的环境温度不允许高于25℃。

安装配置钢筋：根据配筋图配置钢筋，每个宽接缝安放两个钢筋骨架并附加一根宽8mm、长2.45m的钢筋，安装在横向接缝的上方，配筋要绑扎牢固，并进行绝缘处理。

灌注宽接缝：采用添加抑制剂和膨胀剂的灌注砂浆填充，材料28d以后达到的抗压强度至少为45MPa，最大颗粒粒径为10mm。填充时应灌注稠度较大的砂浆，以避免在超高的区域内出现“自动找平”现象。灌注的材料用插入式振动器捣实，表面与轨道板表面齐平并找平，并通过使用合适的楔形垫块生产轨道板连接带。

⑤ 填充灌浆孔。宽接缝填充时也要将灌浆孔填充封闭。灌浆孔填充与连接接缝区的填充使用同样的灌注混凝土和同样的操作方法。

（6）轨道板锚固连接

在接缝混凝土达到设计值后，即可对轨道板进行锚固连接。锚固连接的施工工序如下：

① 应按设计位置进行轨道板钻孔，钻孔应垂直于轨道板板面进行。应采用无振动钻孔设备及专用钻头进行钻孔施工。

②钻孔时必须严格控制钻孔位置和钻孔深度，钻孔后立即将孔内杂物清除，确保孔内洁净、干燥、无杂物。如不能立即植筋施工，则 应采用保护盖将孔密封。

③ 剪力销表面应事先均匀涂抹一层植筋胶，并确保表面无遗漏之处。在已钻好的孔内注入适量植筋胶，注入应采用胶枪等专用设备，以保证植筋胶注入到孔底，剪力销植入时应轻轻旋入，并避免与孔壁接触。剪力销顶部的孔用植筋胶密封，植筋胶顶面不低于轨道板顶面，也不得溢出污染轨道板。

（7）侧向挡块施工

侧向挡块可分为C型和D型两种形式，其中，C型挡块为侧挡型，D型挡块为扣压型（压住底座板）。一般在每孔简支梁上设2对D型挡块，其余为C型挡块。常规区地段的侧向挡块可安排在轨道板安装完成后施工，易产生横向移位地段的侧向挡块应在早期安排，曲线超高地段尚应在底座板连接前设置临时（或过渡）侧向挡块。侧向挡块施工工序流程如下：

① 施工准备。

a. 混凝土底座板与侧向挡块的接触面应平整光滑无错台，对有错台的部位应打磨处理，打磨范围应超出接触面两侧各10cm。

b. 用于锚固侧向挡块的预埋套筒和齿槽必须进行检查和验收。预埋套筒平面位置允许偏差为5mm，齿槽的深度不得小于30mm，施工前应对齿槽进行凿毛处理。

c. 施工前，侧向挡块与轨道板、底座板接触面按设计铺贴高强度挤塑板等隔离材料，防止侧向挡块混凝土与轨道板及底座板粘连。隔离材料应与轨道板或底座板接触严密，高强度挤塑板与弹性限位板之间的缝隙通过胶带密封。

② 钢筋绑扎。侧向挡块连接钢筋的位置、长度、数量及规格应符合设计要求，钢筋表面应清洁。

③ 模型安装。

a. 侧向挡块施工宜使用组合钢模具，并应考虑曲线超高引起的高度变化。

b. 按设计预埋相应的弹性限位板，弹性限位板与钢筋连接并与底座板密贴。弹性限位板与底座板混凝土全面积贴靠，并固定牢靠，避免在浇筑混凝土时发生偏移。

④ 混凝土浇筑及养护。混凝土浇筑之前清理浮碴、碎片、油渍等并湿润基础面，混凝土浇筑时，可使用微型振动器振捣密实。混凝土浇筑完成后的侧向挡块应及时养护。

5.5 无缝线路施工

5.5.1 无缝线路认知

5.5.1.1 无缝线路基本概念

所谓无缝线路就是把钢轨焊接起来形成的线路，国外又称焊接长钢轨线路，因其消除了线路上的大部分轨缝，故一般又称为无缝线路。

新线无缝线路铺设时通常是在焊轨厂将无孔标准轨焊接成250~500m 的长钢轨，然后用专用长轨运输车运送到铺轨现场铺设，再在现场采用气压焊或接触焊等方式焊接形成1500~2000m 的单元轨节，最后经过应力放散与锁定焊接形成跨区间无缝线路。2004 年上海铁路局铺设的上海至南京的无缝线路长度就达到了 303km，是当时国内最长的一条跨区间无缝线路。

5.5.1.2 无缝线路的基本特点及分类

1）特点

与普通线路相比，无缝线路在其长钢轨段内消灭了轨缝，从而消除了车轮对钢轨接头的冲击，使得列车运行平稳，旅客舒适，延长了线路设备和机车车辆的使用寿命，减少了线路养护维修工作量，并能适应高速行车的要求，是轨道现代化的发展方向。

2）分类

无缝线路根据处理钢轨内部温度应力方式的不同，可分为温度应力式和放散温度应力式两种类型。

（1）温度应力式无缝线路

在自然界中，随着气温的变化，钢轨的热胀冷缩是自然规律，其伸缩量同轨温的升降值成正比。无缝线路虽然在相当长的一段距离之内消灭了钢轨接头，但是在钢轨温度发生较大变化时，并不能完全消灭钢轨的伸缩，如果不给这种伸缩留出一定的空间，就会产生巨大的温度力，造成钢轨的变形和破坏，发生胀轨跑道和断轨事故。

为了解决这一问题，在温度变化不太大的地区，可以用强有力的连接零件（包括接头连接零件、中间连接零件和防爬设备）把无缝线路锁定起来，加上轨枕和道床上的加强措施，把钢轨的伸缩限制在一个很小的程度。同时在长轨条的两端加入标准轨，留出一定的轨缝，使长轨条有一定的伸缩空间。靠长轨条两端的这些轨缝，就足以调节长轨条的限制伸缩量，使无缝线路处于稳定状态。因为在温度变化不大的地区，钢轨的伸缩量本身就不是很大，加入标准轨预留出的轨缝可以满足长轨条在限制范围内的伸缩量。

由于钢轨不能自由伸缩，在轨温不断变化的条件下，长轨条内部经常积蓄一定的温度力，我们把这种无缝线路叫做温度应力式无缝线路。温度应力式是无缝线路的基本结构形式。温度应力式无缝线路的钢轨由一根长轨条及两端 2~4 根标准轨组成，标准轨接头采用夹板式的接头方式，预留轨缝如图 5.7 所示。

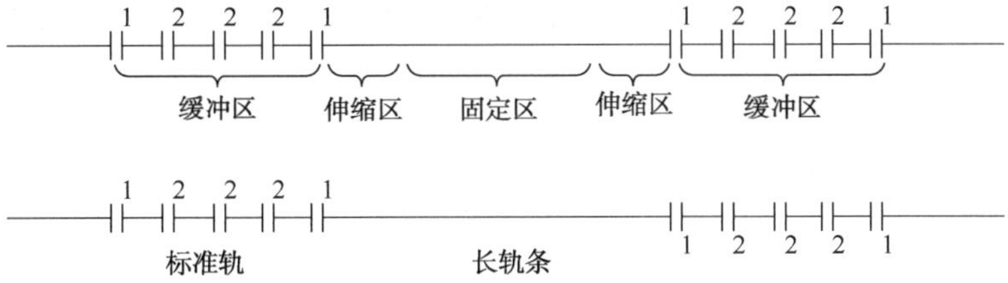

图 5.7　长轨条及标准轨示意图

1，2—分别为长轨条与标准轨之间和标准轨与标准轨之间的轨缝

长轨条在用扣件锁定后不能自由伸缩，轨温升高到一定程度时，限制伸长量传递至接头 1 处，由轨缝 1 来调节，轨缝 1 调节后仍不能满足时，传递到轨缝 2 继续进行调节。如锁定不良，伸长量太大，可将标准轨换短，以满足伸长量和预留轨缝的需要。相反，限制缩短量也可通过轨缝 1、2 调节。如锁定不良，缩短量太大，可将标准轨换长，以满足缩短量和预留轨缝的需要。一般情况下，如果无缝线路处于稳定状态，又按规定预留了轨缝，仅轨缝 1 就可以满足钢轨伸缩的需要，而且不会出现瞎缝和超大轨缝。调节轨之所以要配置 2~4 对，是为了留有余地和在中间轨缝中设置绝缘接头。因为两长轨条之间的 2~4 对标准轨具有这一特殊作用，所以我们称它为“调节轨”，它所在的范围叫做“缓冲区”，而把长轨条不能伸缩的区段称做“固定区”，长轨条两端大约 100m 范围内随轨温的变化还能够伸缩的区段叫做“伸缩区”。

在使用过程中，长轨条随温度的变化产生一定的温度力。为控制钢轨的伸缩量，要求轨道具有较强的纵向阻力。温度应力式无缝线路结构简单，铺设及维修方便，在轨道中广为应用。目前，我们常称的无缝线路，均为温度应力式无缝线路。在国内，根据计算，全年轨温变化幅度小于 90℃ 的地区，均可采用 50kg/m 钢轨的温度应力式无缝线路。例如北京地铁采用的就是温度应力式无缝线路。

(2) 放散温度应力式无缝线路

放散温度应力式无缝线路又分为自动放散温度应力式无缝线路和定期放散温度应力式无缝线路两种。一般在温差较大的地区，为了消除和减少长轨条内温度力的影响，可以采用放散温度应力式无缝线路。

① 自动放散温度应力式无缝线路。在特大桥和大桥上铺设的无缝线路，伴随气候的变化，无缝线路中既有长轨条的伸缩又有桥梁本身的伸缩，两种伸缩加在一起，会产生很大的力。这种力必须随时放散出去，以免对桥梁支座和桥墩产生不良影响。所以，我们在这些桥上设置温度调节器，即钢轨伸缩接头，并使用特殊的中间连接扣件，不设防爬器，使

钢轨在垫板上能随温度的变化而自由伸缩，以自动放散长轨条钢轨和桥梁的伸缩力。我们把这种设有钢轨伸缩接头的无缝线路称作自动放散温度应力式无缝线路。自动放散温度应力式无缝线路由于设备复杂，缺点很多，所以很少使用。

② 定期放散温度应力式无缝线路。在年温差较大的地区，由于长轨条的伸缩量很大，在运营中单靠调节轨的轨缝来自行调节长轨条的伸缩量是远远不够的，长轨条中存在较大的温度力也使线路难以保持稳定。因而在每年的春季和秋季的适当轨温条件下，松开连接零件，放散温度力，预先使钢轨自由伸缩一个较大的值，使余下的伸缩量能像温度应力式无缝线路那样通过轨缝自行调节。同时调节缓冲区标准轨长度，以保证轨缝不超限。这个过程称为“放散”，这样的无缝线路称作定期放散温度应力式无缝线路。

5.5.2 无缝线路铺设

5.5.2.1 钢轨焊接方法

1）钢轨焊接方法对比

钢轨焊接方法主要有四种，分别是闪光焊、气压焊、铝热焊和窄间隙电弧焊。国内主要采用闪光焊(又称闪光接触焊)、气压焊和铝热焊。

国内三种钢轨焊接方法所占的接头数量比例为：闪光焊约占87%，气压焊占10%，铝热焊占3%。

从焊接质量看，闪光焊的质量最稳定，统计的折损率仅为0.007%，铝热焊最差，折损率为0.5%。可见闪光焊是最主要且最可靠的钢轨焊接方法。

2）焊接工艺介绍

长钢轨焊接基本工艺流程：选配轨轨头校直→轨端处理→焊接→正火→焊缝粗打磨→焊缝冷却→钢轨四向调直→焊缝精打磨→探伤、验收→存储。

(1) 闪光焊焊接方法

将待焊钢轨分别上下夹紧，钢轨两端相互接近直至接触，电流通过待焊钢轨端部产生的热量，不断形成金属过梁，随着过梁爆破产生闪光、飞溅使被焊端面加热至表面熔化状态，随后加压顶锻，在压力下两端金属相互结晶，使两节钢轨焊接在一起。

闪光焊的焊缝缺陷有：灰斑、裂纹、烧伤、未焊合。

(2) 气压焊焊接方法

将需焊接的钢轨端面对准并紧密贴合，用火焰加热端面周围到塑性状态，然后对贴合面加压顶锻。钢轨气压焊的焊接温度较低，只加热到1250℃左右，且为固相结合，故具有焊接强度高等一般压接法所具有的优点。

气压焊的焊缝缺陷有：光斑、过烧、未焊合。

(3) 铝热焊焊接方法

铝热焊是热剂焊的一种。铝热焊是在待焊件之间留出一定的间隙，周围用模具围上，然后点燃坩埚中的焊剂，通过氧化还原反应，放热生成液态金属，将液态金属注入焊件之间的间隙，完成金属的焊接。

铝热焊的焊缝缺陷有：夹碴、气孔、夹砂、缩孔、疏松、未焊合、裂纹。

(4) 窄间隙电弧焊焊接方法

将钢轨待焊端部预留一定的间隙，轨底衬上模具，预热后采用手工焊条进行焊接，轨底第一道焊接采用单面焊双面成型，第二层以上采用单道焊接，每道焊接完后进行除碴。轨底焊完后，用模具围住轨腰和轨头两侧，采用连续焊接的方法焊接轨腰和轨头，焊接过程不进行除碴。焊后对接头进行热处理和打磨。

3) 焊后热处理

钢轨焊后热处理对于接头性能改善比较重要，通过热处理，一方面可以细化焊接接头组织晶粒，提高接头韧性，防止接头断裂；另一方面对于热处理钢轨可以对接头再次欠速淬火，恢复接头硬度，可降低接头处的磨耗。

4) 钢轨焊接接头性能的基本要求

作为钢轨焊接接头，一般的要求是内部没有焊接缺陷，力学性能做到与母材匹配；在外观上除了一般焊接接头的要求，如咬边及其他一些外观缺陷有要求外，对焊接接头的平直度有较高要求。

钢轨焊接接头的性能受钢轨母材、焊接设备、焊接条件和焊后处理等因素影响。不同方法的焊接接头的力学性能和服役状态存在较大的差异，但也存在一些共同的特点，比如焊接热影响区的存在引起的接头区域等不均衡的磨耗、形成软带区域导致接头区域鞍形磨耗轮廓和应力集中区域容易产生疲劳裂纹源。

5) 焊接接头外观精整

钢轨焊接接头焊后打磨主要有粗磨和精磨两个工序。粗磨主要是恢复接头区域钢轨轮廓，精磨是保证接头及相邻区域踏面和工作边的平顺状态，提高列车通过时的平稳性。

6) 国内钢轨焊接施工方式

(1) 新线施工焊接

多年来，随着国内列车提速以及高速铁路的发展，逐步形成了如下新线施工焊接方式：

① 钢厂生产的100m定尺钢轨进入焊轨基地，用固定式闪光焊焊接成500m长钢轨。

② 用长轨列车把长钢轨运至铺轨基地，施工单位使用铺轨机铺轨后，再用移动焊轨车用移动闪光焊机进行单元焊接与锁定焊接。

③ 在道岔内部采用铝热焊。

(2) 既有线路换轨

既有线路换轨与新线施工类似：由运轨车把500m长轨卸到铁路路肩，然后用移动焊轨车把放在路肩上的长钢轨焊接成1.5km左右长钢轨，这时的焊接称为线下焊；然后用换轨车把1.5km长钢轨换到线路上，再用移动焊轨车把长钢轨的一端与正线焊接，这称为线上焊。2012年之前，既有线换轨线下焊已经普及了移动焊轨车，但线上焊仍大量使用小型气压焊或铝热焊。

5.5.2.2 钢轨铺设方法

无缝线路的长钢轨铺设方法有：分段换轨法、长轨排铺设法、单枕综合铺设法、推轨铺设法。

1) 分段换轨法

国内自20世纪50年代推广无缝线路以来，对焊接长钢轨的铺设，只是在营业线上进行，按其作业类型，可称为“分段换轨法”。近些年某些新线在铺设轨排后，也采用此法换铺长钢轨。其基本作业程序为：

① 将长钢轨运送至需要更换的线路区段，并摆放于线路两侧。

② 将摆放于线路两侧的焊接轨，按所需铺设的单元长度于现场进行焊接。

③ 由一台收轨机将拟拆除的旧钢轨收放于轨枕中间，同时由另一台收轨机将摆放在线路两侧的单元轨收放于轨枕槽内。

④ 调整轨距并安装钢轨扣件同时予以紧固。

⑤ 将拆除的旧钢轨予以回收装运。

分段换轨法的特点是作业简便易行，使用的主要机械为两台收轨机。

2）长轨排铺设法

自 1969 年开始，德国就采用长轨排铺设法铺设长钢轨。其作业程序与传统的短轨排铺设程序基本相同，即轨排组装、轨排运输和铺架、轨排连接和整理，但是长轨排可达 180m。

（1）轨排组装

为了尽可能缩短长轨排的运输距离，通常轨排组装基地设置在距离铺设工地几千米处，可在车站的轨道上或直接在线路轨道上组装轨排。组装前，预先将长钢轨存放在线路两侧鞍座上并在线路两侧各铺一根与线路相平行的辅助轨，以作为龙门吊机行走轨；组装时，先由门式吊机吊卸轨枕车上轨枕，并按要求的轨距将轨枕铺设在线路轨道上，随后由置放在线路一侧的臂杆可回转的多台小吊机将长钢轨吊放于轨枕轨槽内，最后放置钢轨抑件并予以紧固。

（2）轨排运输和铺架

① 轨排运输。在轨排和线路轨道之间使用可变斜辅助轨进行连接；自行液压式起重小车通过可变斜辅助轨驶入轨排轨道，并在轨排上按相等距离排列，排列后由起重小车上夹轨装置将轨排夹紧；落下起重小车液压支腿，将轨排吊起直至运载小车进入轨排下面为止；由牵引车辆将轨排运载小车推至轨排下面，并在每台起重小车下面安置一台运载小车；由起重小车在缩回液压支腿的同时将轨排坐落于运载小车上，此时，可用牵引机车将运载小车随同运载的轨排与起重小车推送至现场铺设地点。

② 轨排铺架。轨排铺架的前期工作是先在现场铺设长度略长于轨排长度的辅助导轨，并与正式轨道连接。由牵引机车将运载小车随同轨排和起重小车推送至辅助导轨上；由坐落在轨排上的起重小车通过下落液压支腿将轨排吊起，脱离运载小车；运载小车从轨排底下退出，同时由牵引车辆将辅助导轨向前拖拉，让出轨排铺设位置；由起重小车将轨排下落于铺设位置，随后起重小车自行跟随运载小车返回组装基地。

由牵引机车将运载小车随同轨排和起重小车推送至辅助导轨上；由坐落在轨排上的起重小车通过下落液压支腿将轨排吊起，脱离运载小车；运载小车从轨排底下退出，同时由牵引车辆将辅助导轨向前拖拉，让出轨排铺设位置；由起重小车将轨排下落于铺设位置，随后起重小车自行跟随运载小车返回组装基地。

（3）轨排连接和整理

将新铺轨排两端与正式轨道及辅助导轨进行连接，并按线路方向予以拨正，同时将钢轨上手紧的扣件予以紧固。

3）单枕综合铺设法

① 新建铁路有砟道床的正线轨道铺设宜采用单枕综合铺设法，主要设备由牵引车、铺轨机、枕轨运输列车、运枕龙门吊等组成。

② 单枕综合铺设法施工基本作业程序为：施工准备→设备编组进场→长钢轨抽放拖送→轨枕转运→布枕→钢轨入槽就位→轨枕方正→安装扣件→转入下一循环，长钢轨抽放拖送。

4）推轨铺设法

对于长大隧道内的整体道床以及无砟轨道，由于轨枕块与道床已浇筑在一起，铺设长轨时可采用长轨运输车运输长轨条，利用推轨车将长钢轨一次推入承轨台落槽后上紧扣件，推轨车和运轨车立即在其上行走通过，实现连续作业。

对于有砟轨道，当沿线交通条件较好，单根轨枕运输方便时，也可以先人工布放单枕，然后采取推轨铺设法铺设长钢轨。

推轨铺设法相当于单枕综合铺设法中的一个铺轨工序，但机具略做改造，十分简单，铺设速度较快，避免了换轨法铺设长钢轨需要二次铺轨的缺点，也避免了单枕综合铺轨法需要昂贵大型专业机械的缺点，是必须掌握的一种长钢轨铺设方法。

5.5.3 无缝线路应力放散及锁定

无缝线路应力放散及锁定是一次铺设跨区间无缝线路施工中继预铺底作、铺枕铺设长轨、铺作整道、单元轨焊接之后的又一道关键工序，是一次铺设跨区间无缝线路成功与否的关键。由于铺设长钢轨时的轨温与单元轨设计锁定轨温并不一致，另外在铺作整道、动力稳定、焊轨等作业时，造成钢轨温度的变化，所以钢轨内部会产生温度应力。为了防止无缝线路的长轨条因气温变化和车辆运行等引起的折断或胀轨跑道，必须对长轨条进行应力放散处理，并进行强有力的锁定，以确保线路的高稳定性。

无缝线路应力放散与锁定主要设备包括钢轨拉伸器、撞轨器、锯轨机、滚筒、轨温计、工地焊接设备等。

5.5.3.1 应力放散方法

1）应力放散的环境

无缝线路有下列情况之一者，应放散或调整应力后重新锁定，并使其符合设计要求：

① 实际锁定轨温超出设计锁定轨温范围。

② 相邻两单元轨节锁定轨温之差大于5℃，左右两股钢轨的锁定轨温之差大于3℃，同一设计锁定轨温的长轨条最高与最低锁定轨温之差大于10℃。

③ 钢轨产生不正常的过量伸缩。

④ 无缝线路固定区钢轨出现严重的不均匀位移。

⑤ 原因不明，施工时未按设计规定锁定的线路。

2）滚筒放散法

滚筒放散法是在设计的锁定轨温范围内，把需要放散应力的长轨条先松开，并拆除扣件，然后抬起钢轨，放上滚筒，将钢轨落放在滚筒上，撞击长轨条数次，使长轨条基本上能自由伸缩。一旦轨温合适，即撤滚筒、紧扣件，进行锁定。

滚筒放散法最好在轨温较设计锁定轨温略高时进行，并与撞轨配合使用，以消除滚筒本身摩阻力的影响，才能使应力放散均匀彻底。

3）综合放散法

综合放散法是在设计的轨温范围以下时，利用拉轨器和撞轨器配合作用，通过均匀拉伸长轨条，以提高它的零应力轨温，使锁定轨温一步到位的方法。拉伸长轨条时，应做到匀、准、够。其过程是：

① 形成零应力：在放散段自然温度的条件下，轨下垫滚筒，全部配件必须松开，使钢轨能自由伸缩，以 50m 或 100m 为单元进行观测，并用撞轨器沿钢轨走行方向依次撞轨。当钢轨发生反弹现象时，即视为零应力。

② 计算拉伸量：钢轨放散至零应力状态后，根据锁定轨温和实际轨温计算出钢轨拉伸量，用拉伸器和撞轨器联合作用拉出该伸长量后即锁定钢轨。

5.5.3.2　无缝线路锁定方法

1）钢轨温度的测定

① 钢轨温度是无缝线路设计、铺设和维修的重要参数。影响轨温的因素比较复杂，根据调查观测资料分析，一般规定最高轨温比当地最高气温高 20℃，最低轨温与当地最低气温相同，中间轨温为最高和最低轨温的平均值。

② 线路上的钢轨由于背阴状况、太阳直射与否等的影响，轨顶、轨腰和轨底的温度可能都有差别，同一股钢轨不同位置也有差别。因此，在测量轨温时，要多测几个位置，然后取其平均值。

③ 钢轨轨温目前多采用半导体点温计和钢轨测温计测量。

2）锁定轨温

无缝线路的锁定轨温是指长轨节温度应力状态为零时的轨温（又称零应力轨温）。在铺设无缝线路时，把长轨节的始端和终端落槽时分别测得的轨温取平均值，作为该段无缝线路施工的锁定轨温。设计无缝线路时采用的设计锁定轨温，通常是在保证无缝线路的强度与稳定条件下，由计算确定，即这样的轨温要保证无缝线路冬天钢轨不被拉断，夏天不发生胀轨跑道。一般算得的设计轨温比中间轨温略高。

3）线路锁定

① 线路锁定前应掌握当地轨温变化规律，根据各施工区段的时间间隔，选定轨温及施工时间。

② 考虑到施工的方便，线路锁定时允许锁定轨温变化范围为±5℃。

③ 锁定轨温应准确、可靠，符合设计规定。

④ 整正轨枕及轨距后，应两股钢轨同步锁定，同时在钢轨上设置纵向位移观测的“零点”标记。

⑤ 必须准确确定无缝线路锁定轨温，相邻两段单元轨节锁定轨温之差不得大于 5℃，左右两股钢轨的锁定轨温差不得大于 3℃，同设计锁定轨温的长轨条最高与最低锁定轨温之差不大于 10℃。

⑥ 锁定轨温与锁定日期应列入竣工资料。

4）整正轨道

线路锁定后，应立即按下列要求整正轨道，并开始观测钢轨位移情况：

① 捣固道床，特别应捣实经方正的轨枕下的道床，水平和高低差应符合设计规定。

② 夯拍整理道床，使断面符合设计要求。

③ 钢轨位移观测记录应列入竣工资料。

④ 起道时，着力点应离开焊缝。

5.5.3.3 无缝线路应力放散及锁定控制要点

① 左右两股钢轨宜同步锁定，线路锁定后方可撤除钢轨拉伸器。

② 钢轨拉伸器撤除后，已锁定单元轨节自由端会产生回缩量，下一单元轨节拉伸锁定时，应将该回缩量计入单元轨节拉伸量。

③ 无缝线路实际锁定轨温应控制在设计锁定轨温允许范围内。

④ 无缝线路锁定时应准确确定并记录锁定轨温。相邻单元轨节间锁定轨温差不应大于5℃；同一区间内单元轨节的最高与最低锁定轨温差不应大于10℃；左右两股钢轨锁定轨温差不应大于3℃，当设计速度小于或等于160km/h时，可放宽到不大于5℃。

⑤ 轨下胶垫应放正无缺损，扣件安装齐全，扣压力符合设计要求。

⑥ 线路锁定后，应每月观测钢轨位移情况并做好记录。伸缩区最大伸缩位移量不应超过20mm，固定区最大伸缩位移量不超过5mm。位移观测桩处相对位移换算轨温加上锁定轨温超出设计锁定轨温允许范围时，应迅速查明原因并处理。

5.5.4 无缝线路轨道精调

铺设无缝线路后应进行轨道精调整理作业，使轨道工程施工质量符合相关质量验收标准的要求。

5.5.4.1 轨道精调整理主要机械设备

轨道精调应配备轨道几何状态测量仪、全站仪、气象传感器、CPI棱镜组件、内燃电动扳手、钢轨精磨机、轨温计、调整部件等。

5.5.4.2 轨道精调整理工艺流程

轨道精调整理工艺流程如图5.8所示。

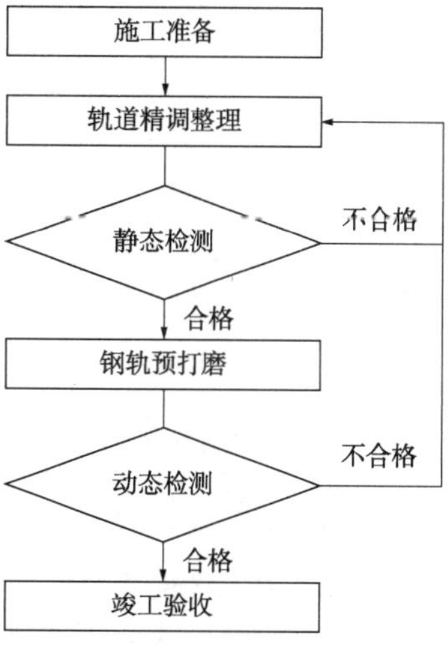

图5.8 轨道精调整理工艺流程

1）施工准备

① 轨道整理前应检查轨道几何状态测量仪、全站仪等测量仪器的工作状态，并根据轨道结构类型和设备数量，提前配备相应数量调整件。

② 按照连续贯通里程，连续两个CPⅢ控制点之间按扣件节点沿里程增加方向单独连续编号。

③ 在轨道几何状态测量仪中输入线路平、纵断面资料及CPⅢ轨道控制网等资料，并对轨道CPI控制网进行复测。复测结果在限差以内时采用原测量成果，超限时应检查原因，确认原测量成果有错时，应采用复测成果。

2）轨道精调整理

轨道精调整理应符合铁路无缝线路施工的相关规定，在规定的作业轨温范围内进行，并遵循“先轨向，后轨距”“先高低，后水平”的原则。具体步骤如下：

① 轨道静态调整应通过全站仪自由设站，采用轨道几何状态测量仪进行检测，确定轨道几何形位调整量。测量时，全站仪与轨道几何状态测量仪的观测距离宜为 5~80m，使用轨道几何状态测量仪按照距全站仪由远及近。对轨道进行逐个扣件节点连续测量。区间轨道应连续测量，两次测量搭接长度不应少于 20m。测量完成后，用软件进行调整量模拟试算，并对轨道线型优化，形成调整量表。

② 轨道精调时先确定基准轨，将基准轨轨向、高低调整到位后，再依据基准轨通过轨距、水平调整另一股钢轨。现场根据调整量表，对计划调整地段进行标识，严格按照确定的原则和顺序进行轨向、轨距、高低、水平的调整，具体方法如下：

a. 轨距、轨向调整（轨道平面调整）：区间轨道通过更换轨距块或移动铁垫板来实现。

b. 高低、水平调整（轨面高程调整）：区间轨道、车站道岔均通过更换轨底调高垫板来实现。

③ 对调整完毕的区段，用轨道几何状态测量仪进行检核测量，并对超限尺寸进行反复调整，直到确认轨道状态符合标准要求，并按相关规定提交检测成果资料。

3）轨道精调整理合格标准

轨道精调整理后应符合下列规定。

① 无砟轨道静态平顺度允许偏差应符合表 5.3 的规定。

表 5.3　无砟轨道静态平顺度允许偏差

序号	项　目	允许偏差	备　注
1	轨距	±1mm	相对于标准轨距 1435mm
		1/1500	变化率
2	轨向	2mm	弦长 10m
		2mm/测点间距 $8a$m 10mm/测点间距 $240a$m	基线长 $48a$m 基线长 $480a$m
3	高低	2mm	弦长 10m
		2mm/测点间距 $8a$m 10mm/测点间距 $240a$m	基线长 $48a$m 基线长 $480a$m
4	水平	2mm	不包含曲线、缓和曲线上的超高值
5	扭曲	2mm	基长 3m 包含缓和曲线上由于超高顺坡所造成的扭曲量
6	与设计高程偏差	10mm	站台处的轨面高程不应低于设计值
7	与设计中线偏差	10mm	

② 线间距允许偏差 0~+10mm。

③ 扣件的轨距块应顶严靠紧，离缝不得大于 6%，最大离缝不应大于 0.5mm；扣件坚固，扣压力小于规定的不得大于 8%；胶垫无缺损，偏斜量大于 5mm 的不得大于 8%。

4）钢轨预打磨

线路验收前应对全线钢轨进行预打磨作业，打磨应采用打磨列车、钢轨波纹研磨机等机械。

使用打磨列车对正线打磨时，根据轨面状态，可采用停车打磨、列车运行打磨、成型打磨等作业方式。道岔尖轨及可动心轨、辙叉和钢轨伸缩调节器尖轨，应用手工操作的钢轨波纹研磨机进行打磨，严禁用普通打磨列车打磨。

钢轨预打磨后应达到以下要求：

① 消除钢轨微小缺陷及锈蚀等；

② 消除钢轨在轧制过程中形成的轨面斑点及微小不平顺；

③ 消除轨头表面约 0.3mm 厚的脱碳层；

④ 钢轨表面应光滑、平顺、无斑点，使其适应列车速度，钢轨顶面平直度 1m 范围内的允许偏差为 0~0.2mm；

⑤ 钢轨头部工作边实际横断面相对理论横断面允许偏差为±0.3mm。

5）轨道动态检测

轨道静态调整符合标准要求后，线路开通前应由综合检测列车或轨道检查车进行动态质量检测，并依据检测数据进行调整。轨道动态调整应符合下列规定。

① 分析动态检测数据，查找超限点。

② 采用轨道几何状态测量仪、轨距尺、塞尺等工具，对超限点进行核对检查。现场核对检查应符合下列规定：

a. 首先必须对区段范围内的扣件、垫板进行全面检查，确认无异常后，再开始轨道几何尺寸检查。检测调整方法同轨道静态调整方法。

b. 局部短波不平顺应对轨道超限处前后各 50m 范围内进行全面检查，必要时扩大检查范围。

c. 长波不平顺应采用轨道几何状态测量仪在波峰或波谷里程前后各 150m 范围内进行测量。

d. 连续短波不平顺，可以采用轨道几何状态测量仪测量方法进行测量。

③ 根据现场核对检查资料计算调整量，形成调整量表。

④ 轨道动态调整方法、精度要求等与轨道静态调整相同。

轨道动态调整完毕，应对轨道几何尺寸、扣件、垫板状态进行全面复检，并对超限尺寸进行反复调整。直到确认轨道状态符合标准要求，并按相关规定提交检测成果资料。至此，轨道主体施工全部完成，可准备进行竣工验收。

5.6 地铁车辆段轨道施工

5.6.1 库内立柱式检查坑整体道床的无轨施工

在城市轨道交通车辆段的库内立柱式检查坑整体道床施工中，如采用人工架轨常规施工工艺，则需土建单位与铺轨单位交叉施工。只有在铺轨单位完成立柱式检查坑整体道床后，土建单位才能开始地坪回填施工。这不仅工程交接繁琐，而且施工难度大，施工质量易受干扰。无轨施工新工艺能有效规避上述问题，弥补立柱式检查坑整体道床浇筑的缺陷，并极大地提高施工工效和施工质量。

5.6.1.1 人工架轨常规施工工艺

在土建单位完成轨道梁和立柱式预插纵筋施工后，铺轨单位进场：首先，根据场段的控制点测设库内的股道线路控制桩，再依据控制桩进行测设加密基桩，以控制股道的方向和高程；然后，采用简易桁吊和吊链、钢轨支撑架进行人工架轨；随后，根据加密基标，利用斜撑和钢轨支撑架对轨道进行精调；在满足浇筑前验收规范要求后，由土建单位负责立柱式箍筋绑扎和模板安装。

1）人工架轨施工工艺流程

人工架轨施工工艺主要包括轨道、土建等相关专业，首先需对基地坐标进行测设，保持测量的精确；然后对钢轨架设、安装并进行粗调，在安装模板之后再进行精调、报检；最后进行立柱、道床的混凝土浇筑工作。人工架轨常规施工工艺具体流程如图 5.9 所示。

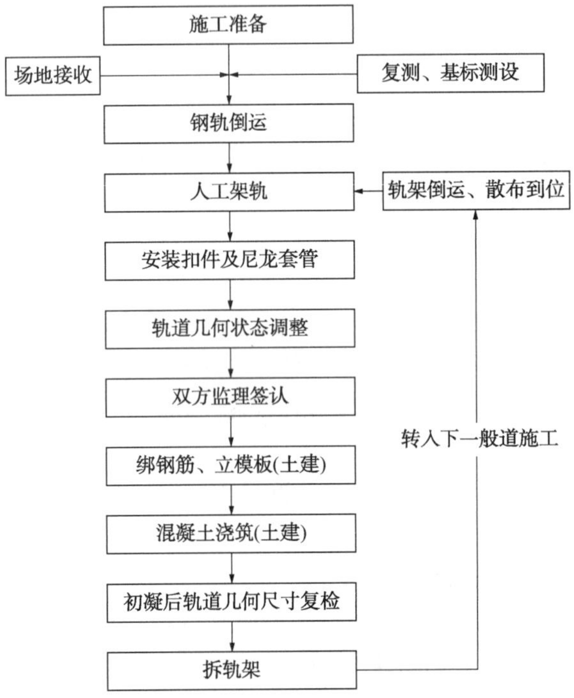

图 5.9 库内立柱式检查坑整体道床施工流程

2）常规施工工艺弊端

① 由于立柱式检查坑轨面距底板高差较大，要利用简易门式桁吊和倒链架轨，故人工架轨难度大，安全风险大。

② 轨道精调需斜撑长度较长。当利用钢轨支撑架和斜撑对轨道进行精调时，轨道精调质量不易控制，精调难度较大。

③ 因立柱式检查坑道床浇筑空间较小，立柱及钢轨尺寸受限，故混凝土浇筑振捣难度大，道床浇筑质量控制较难。而且，道床浇筑时需对扣配件成品加以保护，保护难度较大。

④ 人工占用作业面较大，施工工效较低。

5.6.1.2 无轨施工新施工工艺

采用加工精密扣件模具的无轨施工新工艺，可以有效规避常规施工工艺的弊端。

1）无轨施工的基地试验

为确保施工工效和施工质量，需验证新工艺的适用性，故先进行基地试验。在车辆基地内搭建试验场地，完全按照库内立柱式检查坑整体道床的施工技术标准和要求进行施工。

2）施工工艺流程及相关技术要求

无轨施工工艺和人工架轨施工工艺主要区别在于钢轨的倒运、架设以及钢轨扣配件的安装是在浇筑立柱混凝土之后开展。此工艺实现了立柱浇筑的无轨施工，施工质量和工效可大幅度提高。其道床剖面及工艺具体流程如图 5.10 及图 5.11 所示。

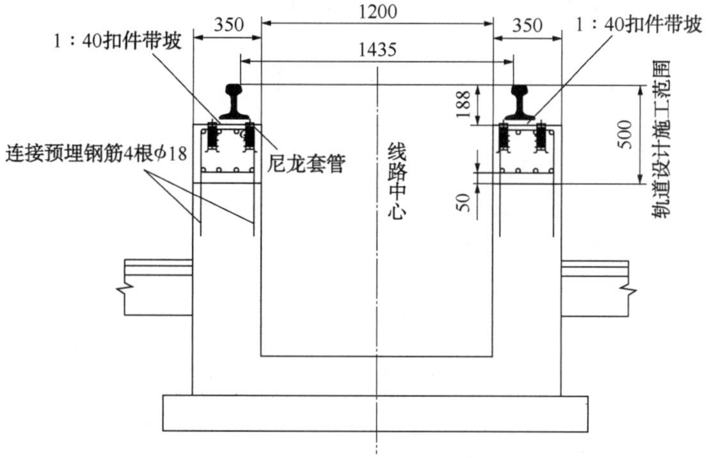

图 5.10 库内立柱式检查坑整体道床结构剖面(尺寸单位：mm)

① 施工准备。a. 根据短柱的几何尺寸加工所需要的木模板。②加工型钢模具：选用厚度为 8～10mm 钢板制作胎模，胎模的几何尺寸偏差要控制在 1mm 以内；胎模完成后型钢下料，加工型钢模具。

② 道床钢筋在加工棚内集中下料、加工后运至现场进行绑扎，钢筋绑扎时钢筋数量、间距应与设计配筋图一致。

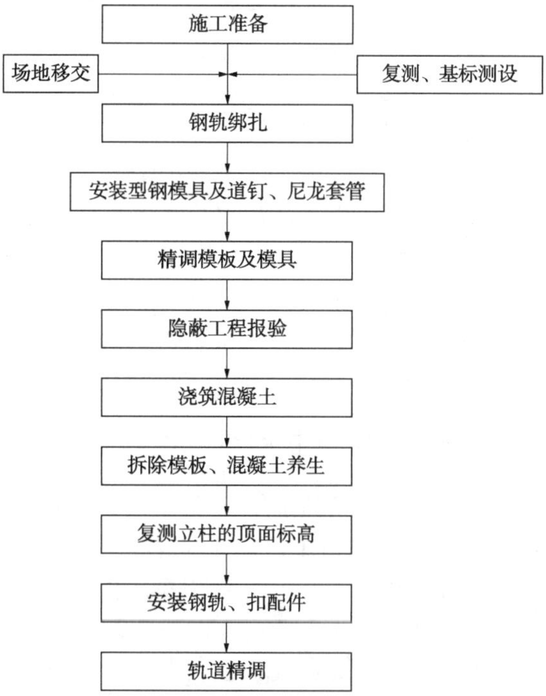

图 5.11 无轨施工工艺流程

③ 安装木模板。定位放线，按图纸要求，相邻 2 个柱子的间距为 1.25m。安装木模板前，要将柱子立柱下部基础位置凿毛，并将立柱基础内浮碴及碎片清理干净，保证新老混凝土有较强的粘贴力。在木模板与混凝土基础的接缝处用双面胶带密封处理后进行模板安装。模板施工技术要求：模板安装位置偏差不大于±5mm，垂直度为 2mm，宽度允许偏差为±5mm，表面不平整度不大于 2mm(1m 靠尺检查)，高程允许偏差为±5mm；模板支立时，须清除模板上的杂物；对于严重变形、挠曲的模板禁止使用；模板支立应牢固平整，应保证其在线路方向上平顺、接头处须平整，在模板接缝处用塑料胶带粘贴，底部有缝隙的，用水泥砂浆堵塞严密；立模前，须在模板内侧均匀涂抹水性脱模剂。模板安装装好后要进行加固处理，横纵向用 50mm×70mm 的方木连接固定。

④ 安装型钢模具、螺旋道钉(以下简称为“道钉”)、尼龙套管及螺旋筋。在短柱模板安

装完毕后，将型钢模具固定在柱头上，并对模具的水平度、直线度进行精调。道钉、尼龙套管及螺旋筋安装好后，道钉要求必须在同一条直线上，误差控制在±1mm 之内；型钢模具的水平高度控制在 0~3mm。

⑤ 模板、钢筋、型钢模具、道钉尺寸检查并确认符合要求后，方可进行隐蔽工程报验。

⑥ 浇筑立柱混凝土。浇筑混凝土前，应再次检测模板，确认符合验收标准后方可浇筑。浇筑时应对道钉进行覆盖，以减少混凝土的污染。在浇筑过程中要掌握好振捣时机，不可早振、漏振和过振。插入式震动棒的操作要点是：直上直下，快插慢拔；插点要均匀。混凝土入模后，分层捣固；捣固要均匀，不得漏捣。立柱顶面需抹面整平，之后进行收光、压光。抹面平整度 3mm，抹面高程允许偏差为 0~3mm。

⑦ 拆模及道床养护。拆模时间应以保证混凝土表面及棱角不受损为准。一般混凝土强度达到 5MPa 时方准拆模。拆除侧模时必须注意对立柱上部道床部分使用土工布或塑料薄膜材料覆盖，并结合现场温度适当洒水养护。拆模后道床表面应光洁，不得有蜂窝、露筋及空洞等现象，如有硬伤或掉角等缺陷应及时修补完好，麻面每侧不得超过该侧面积的 1%。如果道床混凝土与立柱混凝土之间存在色差，可采用 SJ-40 聚合物修补砂浆或高强灌浆料进行表面处理，以确保色差平顺过渡。

⑧ 复测立柱的顶面标高。拆模后对柱顶面标高进场复测，对略高于设计高度的立柱顶面打磨，使其满足设计要求。

⑨ 安装钢轨扣配件。扣件严格按照组装图进行安装，应提前将尼龙套管与螺旋道钉拧紧，且在拧紧前需涂抹黄油，然将用小型装载机将钢轨吊放在立柱上。

⑩ 轨道精调。按照先调水平、后调轨距的调整顺序，遵循先粗调后精调的原则，反复调至符合标准为止。精调定位：采用弦线法和万能道尺等工具进行精调定位作业。具体调整方法如下：a. 目测观察配合万能道尺和 10m 或 20m 长弦线丈量调整，使钢轨平直圆顺；b. 在整个调轨作业中，调轨工作往往需要如此反复调整，才能达到要求。

5.6.2 拼装式检查坑轨道道床技术

拼装式检查坑轨道道床主要由现浇基础、预制 H 型道床板及预制立柱组成。主要施工特点：预制 H 型道床板及预制混凝土立柱在专用场地进行预制。在板柱预制时可开始现场基底钢筋的绑扎。待预制 H 型道床板及预制混凝土立柱生产完成后运至现场拼装架设。预制整体拼装混凝土立柱根据设计要求设置一定纵向间距，在吊装孔处利用铺轨工装对钢轨的轨距、水平、高程和方向进行精调和固定。轨道精调完成之后，浇筑细石混凝土基底，每个板柱组合轨道结构之间的细石混凝土浇筑至与型预制板上表面平齐。预制整体拼装混凝土立柱通过细石混凝土与下部现浇混凝土基础连接成一体。

5.6.2.1 施工工艺

1）施工流程

拼装式检查坑轨道道床施工的具体流程如图 5.12 所示。

2）施工准备

铺轨前必须对土建施工垫层进行验收，确保垫层的标高、中线均符合要求，验收合格后方可进行铺轨。并核实其他专业预留、预埋等。

3）测量放线

拼装式检查坑轨道道床施工前，进行 CPⅢ网复测，通过复测和平差分析，为轨道的粗调精调提供基准。由测量人员根据车辆段施工控制基标逐一测设出每股道的线路中线控制基标，主要设在检查坑线两端和检查坑中部，再根据每股道的中线控制基标测设出每股道的铺轨施工加密基标。将铺轨施工加密基标设在轨道中心线位置，每 5m 设置一个基标，作为铺轨施工时轨道的方向和标高控制点。

4）基底混凝土浇筑

基底浇筑混凝土高度为 500mm，为了方便后续施工，在土建施工完成后的垫层上先行浇筑 250mm 基底，加强后期二次浇筑基底混凝土的黏结性，在混凝土初凝前，对基底表面做好凿毛处理。

5）基底钢筋绑扎

钢筋在加工棚集中加工，按照轨道中线和边线，用石笔沿墨线定出纵向和横向钢筋的位置。按照设计图纸及相关规范要求进行基底钢筋绑扎施工。

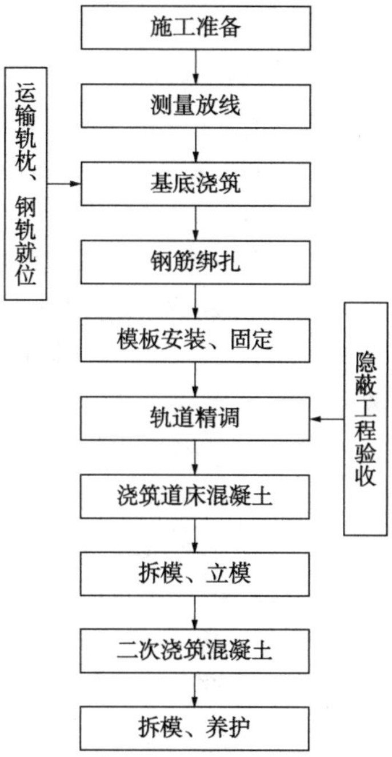

图 5.12 拼装式检查坑轨道道床施工流程

6）预制构件运输与拼装

预制构件拼装前应对每块立柱外观质量、道床板平整度进行检查，道床板四周棱角有无破损和掉角，有无可见裂缝。待基底第一次混凝土浇筑完成并达到强度后，利用自制运输小车，将立柱运输到施工现场，根据铺轨基标确定轨道中心位置，利用小门吊进行预制立柱及道床板吊装架设，采用铺轨专用工装精调爪来控制调节轨道方向及高程，离地面架设高度不小于 500mm。精调爪底部采用膨胀螺栓固定于基底混凝土垫层上，防止道床板在浇筑过程中上浮。

7）钢轨转运、架设安装

钢轨按要求转运到位。库内轨道铺设时按轨温 20℃时轨缝为 8mm 计算，铺设时根据现场实测轨温确定实际预留轨缝值。钢轨吊装使用简易铺轨小门吊，吊轨前，钢轨必须放顺直，轨面朝上，放正，用钢轨夹夹住钢轨或用吊装带连接牢固，在试调安全后开始吊装钢轨，钢轨吊起后，根据预制整体拼装混凝土立柱承轨槽位置调整钢轨。采用专用的精调爪将预制整体拼装混凝土立柱道床板架起，同时安装撑杆。

8）扣件安装

① 扣件安装位置要以起始点往后排，暂不以轨缝中心计算。

② 接头位置扣件安装时，应使用 DJK5-1 型接头扣件。

③ 铁垫板放置钢轨内侧，尤其注意不能放错，安装间距允许偏差不大于 5mm，并与钢轨精确垂直偏差小于 5mm。

④ 轨下垫板和板下垫板采用橡胶材料，且满足设计图纸要求，垫板两边与钢轨底部齐平，使下面两端挡条卡住铁垫板两侧。

⑤ 轨距块安装：内 8#外 10#。

⑥ DJK5-1 型弹性分开式扣件安装 A 型弹条。

⑦ 放置 T 型螺栓(右旋转 90°)弹条及平垫圈，用螺母拧紧弹条，扭矩 100~120N·m。

9）轨道调整

① 轨道初调：在钢轨、扣件安装完成后，即可以测量基桩为依据，借助于 L 尺和万能道尺，通过调整精调爪先调高低，再调水平，对轨道进行初调。

② 轨道精调：精调时水平、方向同时进行，利用测量精调小车对轨道方向及高程进行精调，按水平—方向—水平—方向—水平—方向的顺序进行循环调整作业，直至满足限差要求。精调合格后需立即使用轨道横向固定装置固定轨排的位置。

10）道床模板安装

道床模板采用 400mm×2000mm 普通钢模板。安装模板前涂刷脱模剂，并且要复查轨道标高及轨道中心线位置是否符合设计要求，检查预埋件及预留孔洞是否遗漏、位置是否准确，确保模板安装正确。模板的内侧面要求平整，接缝严密，不得漏浆，在浇筑混凝土过程中发现变形、松动等现象，要及时修整加固。

11）混凝土二次浇筑

混凝土浇筑前，应做好成品的覆盖保护，道床采用 C40 细石混凝土，由混凝土搅拌车运输至施工作业面，利用地泵或料斗进行浇筑，在混凝土浇筑过程中，要利用振捣器加强对预制整体拼装混凝土立柱底部及周围混凝土的捣实，安排专人对轨道的高低、水平、方向等进行复核。道床混凝土初凝前，表面需抹面平整。

12）拆模及养护

拆除模板应在混凝土强度能保证其表面及棱角达到一定强度不受损坏时，方可拆除。在自然气温条件下(高于-5℃)即用土工布覆盖并及时浇水养护，保持混凝土具有足够湿润状态，养护时间不少于 7d，混凝土强度达到 75%时道床上方可载重。

5.6.2.2 施工过程要点控制

① 为保证检查坑道床混凝土材料同基础结构间具有紧固的连接特性，在安装模板前，对基础结构凿毛处理，用水对表面上存在的浮渣进行清洗。在混凝土材料浇筑之前，需用清水润湿处理。

② 预制整体拼装式，基底需二次浇注，为保证上部结构不变形，且道床的线型及线路能够满足要求，则需要保证基底模板支撑杆必须稳固，在浇筑混凝土时，需要对斜支撑杆情况进行随时的观察，避免受到人为因素影响使线路几何尺寸发生变化，或者出现支撑杆脱落等问题，影响道床施工质量。

③ 强化模板精度控制，模板接缝做好处理，必要时，采用硅胶进行封闭，避免混凝土材料在浇筑中发生漏浆。

④ 为了更好地控制立柱高程，混凝土浇筑前，在模板上放出高程控制线。浇筑过程中，在即将到达设计高程时，由专人填充剩余混凝土。

第6章 城市轨道交通施工质量控制与安全管理

6.1 城市轨道交通施工质量控制

6.1.1 城市轨道交通施工项目质量控制概述

6.1.1.1 城市轨道交通施工项目质量控制的基础理论分析

1）工程项目质量的定义、特征

不同研究者从不同视角提出了质量的定义。一个具有代表性的质量定义为：满足一个工程项目的法律、审美及其功能要求。这些要求可以是简单的，也可以是复杂的。因此，质量可以描述成项目结果的需求或“怎样去做”的详细要求。

此外，也可以从功能的角度来定义质量，质量表示符合项目要求的密切程度。依照这一定义，一个高质量的项目具有以下特点：图纸具有易理解性；图纸与规范的冲突较小；经济结构优化，并且方便操作，易于维修；已在能源利用上具有高效率。

在工程项目建设行业，质量可以被定义为满足设计者、建设者、监管机构以及业主的要求。根据ASCE研究，质量具有以下特征：

① 在项目功能完备的条件下满足业主要求；在预算范围内按时完成项目建设；关注项目的全生命周期成本；关注项目的运行和维护。

② 符合项目专业设计所定义的工作范围及其要求；在预算约束内雇用合格的、训练有素、经验丰富的员工；在设计前尽量收集充分多的信息并且满足预算要求。

③ 满足监管机构（公众）的要求，包括：公众安全和健康；环境保护；公共财产的保护；相关法律、法规、规范和政策等方面的要求。

2）工程项目施工质量控制的定义、内涵

质量控制是质量管理的关键环节，是实现质量要求的运作技术手段。在社会化生产下，必须通过科学的管理组织方法来协调作业，使质量控制的潜力充分发挥并达到预期质量目标。

工程项目质量控制的目标是满足有关法定的强制性质量标准，运用科学的管理方法合理配置施工和建设生产要素，从而实现工程的质量标准和预期功能。在施工过程中，施工质量控制过程包括施工准备质量控制，施工过程的质量控制，施工验收质量控制。作为项目的自我控制主体，施工方的施工质量控制的总体目标是执行法律和建设工程质量的强制性标准，正确运用科学的管理方法配置施工生产要素，从而实现预期功能和工程的质量标准。施工方应遵循企业质量管理体系的要求，并通过具体项目的控制来实现质量要求。它主要包括以下六个部分：①工程研究与工程承接；②施工准备：包括协同审查，施工组织设计，施工设备和材料采购等；③影响因素的控制；④工程测试；⑤竣工验收；⑥质量保证与回访。施工过程质量体现着建筑商、材料、设备、工艺和环境等其工艺质量的综合效果。过程质量体现了产品质量，是施工过程中质量控制的关键。

轨道交通项目建设是一个复杂的系统工程，在该系统中，引入全面质量管理显得尤为重要。因为，建立和完善质量控制体系可为项目建设提供更好的质量保证。此外，轨道交通工程项目的质量建设不仅关系到费用的支出，也同时关注行人交通安全，以及其他社会效益。

3）城市轨道交通工程施工特点分析

轨道交通工程具有工程建设规模大、投资高、施工复杂、工程风险大、工期长而紧迫、防水标准高、不可预见因素多及施工协调难度大等建设特点。

（1）工程建设规模大、投资高

建设规模巨大体现在：一是线路长，城市轨道交通工程的线路规划里程通常高达上百公里甚至数百公里；二是线路建设涵盖的工程专业多、配套项目多、工种复杂，包括线路、地下管道、地上地下建筑、防水设施、桥梁隧道等。轨道交通工程建设和运营的费用也极其高昂。轨道交通工程每公里造价通常为 4 亿~5 亿元，某些线路单位造价甚至可高达 8 亿~9 亿元。其年运营费用通常高达 500 亿~1000 万元。建设规模大，且建设及运营单价高，决定了轨道交通项目建设的高投入。

（2）施工复杂、工程风险大

城市轨道交通项目施工涉及环境保护、水土保持、文物保护等诸多因素。施工工艺需考虑雨季防水、夏季防暑降温、防汛防台、防雷和露天作业的防暴晒工作，冬季需重视大风对混凝土塑性开裂及脱模后温度开裂的影响，采取必要保湿措施等。因而施工复杂、风险大。

（3）控制标准严

轨道交通项目造价高，经过人口稠密区多，因而对工程地面过量沉降、坍塌等控制标准极其严格。

（4）防水标准高

与一般建筑工程项目相比，轨道交通工程防水标准更高。工程运营过程中一旦发生渗漏水现象，可能产生严重后果；一旦发生轨道交通安全事故造成人员伤亡，将产生重大的社会影响。因此，必须加强工程防水设计与施工管理，从各个环节严格把控防水标准。

（5）协调内容多

首先，需协调的利益参与方多，包括勘察、设计、设备供应、施工、监理、监测、检测等单位。其次，需协调的项目管理因素众多，包括项目全寿命周期构成中涉及的所有人力、物力、财力、信息等。第三，需协调的环节多、接口多。需考虑轨道交通发展与其他交通方式的协同、轨道交通发展与城市发展的协同，注重资源共享。

6.1.1.2 城市轨道交通施工项目质量控制的系统分析

1）质量影响因素分析——基于 TQM 理论

TQM 理论要求分析各参与方与各环节中可能出现的质量影响因素。不同研究者从不同视角分析了工程项目的质量影响因素。刘迎心与李清立认为：人的因素、机械设备因素、工程材料因素、施工方法与手段因素、环境因素等 5 方面因素构成了影响工程质量的主要因素。其中，人是保证工程质量的关键因素，是工程建设的主体、决策者、组织者、管理者和操作者，贯穿工程建设的全过程。机械设备是项目施工的必备资源，其类型、特征、性能、操作直接影响了工程项目的质量。而工程材料形成了工程质量的物质前提。各类工程材料的外观、品质、性能对工程质量和工程安全至关重要。施工方法是项目所采用的施工方案，主要包括技术方案和组织方案。技术方案和组织方案的合理程度也会对工程质量产生重大影响。环境条件是项目质量控制的外部因素。工程建设必须充分考虑水文、地质、气候等外部环境。这五类因素对工程质量的影响贯穿了项目施工的全生命周期。佘立中从质量诱因的角度提出了质量影响因素的划分。他认为，影响工程质量的原因可以概括为环境方面的原因和项目运行方面的原因两大类。侯学良等归纳了 9 类工程质量影响因素：①建筑结构类；②工程装饰装修类；③建筑工程构配件质量类；④工程辅助设施质量及操作类；⑤给排水、采暖、电气等安装工程类；⑥工具设备质量及功能类；⑦建材质量及使用类；⑧施工管理类；⑨其他类。因此，对不同工程项目的质量问题特点应作具体分析，然后采取具体应对措施，遏制工程质量问题的产生。

对于城市轨道交通施工单位而言，从系统论的角度，主要的质量因素可以从系统输入、系统处理两个方面进行归纳。系统输入和系统处理共同决定了系统输出的质量。系统输入的主要影响因素有：人力资源情况，规范和标准，环境约束和要求，过程和处理流程要求和项目业主的要求等。其中，人力资源情况的主要因素有：施工人员的素质、技能培训、质量意识培训；管理人员的素质、质量控制能力。规范和标准主要是指相关质量规范与标准的制定是否合理。环境约束和要求包括：水文、地质等自然环境的影响程度如何；周边交通运输条件是否便利等。

2）系统结构分析

基于系统分析方法，绘制出了图 6.1 所示的城市轨道交通施工单位的质量控制系统结构图。系统本身与系统的外部环境进行着物质、信息和能量的交换，项目建设者也与外部的社会公众、政府机关、监理机构等利益相关者进行着信息的传递、交流和反馈。因而，该系统属于一个典型的耗散系统。

在系统内部，系统的构成要素有系统输入要素，系统转化与处理机器中间过程的输出要素，子系统的处理环节以及系统输出要素。系统输入要素主要有：各类人力资源，规范和标准，环境约束和要求，过程和处理流程要求，项目业主的要求等。系统转化与处理主要通过工程施工和项目管理来实现，主要的中间过程输出要素有：设计图纸和示意图，制造图纸、原理图，账单的材料，一揽子投标文件，设备、材料采购规范，质量手册等。通过系统转化与处理以及子系统的处理，最后形成了系统的输出要素，主要是各类建筑物、道路、桥梁、隧道等工程实体。

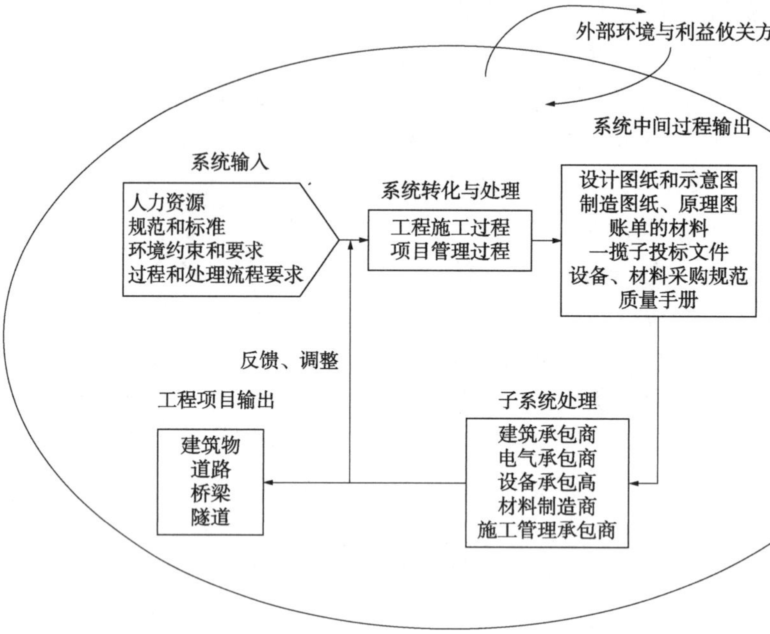

图 6.1　城市轨道交通项目施工质量控制系统结构示意

如果项目输出的质量要求不符合标准，通过反馈和调整，将进行系统内部的下一轮转化处理。这在工程施工中表现为返工、纠偏和延迟等现象。这些现象在质量控制上是高成本且须尽量规避的。在系统的源头就将质量隐患消除是十分必要的。通过系统分析可以发现：要实现全面质量管理，实现输出质量，需要控制输入质量，重视过程处理。

6.1.1.3　系统特性分析

城市轨道交通项目施工质量控制系统在结构上属于典型的耗散系统，它具有动态性、复杂性、多层次性和耗散性等系统特性。动态性体现在系统内部始终处于发展变化的过程中，系统外部环境也始终处于发展变化过程中，同时系统内外部之间的交流反馈也在不断变化发展。复杂性体现在系统的构成要素众多，众多要素之间又存在非线性叠加效应。多层次性体现在系统内部又可以由多个子系统构成，各个子系统又各有其系统特性。耗散性体现在系统为一个远离平衡状态的开放系统，系统内外部之间一直进行着信息、能量的交换。此外，该系统具有以下特性：工程施工过程与质量管理工程的结合与统一；建筑、电气、设备等各个子系统也需特别强调施工质量控制。

6.1.2　城市轨道交通施工项目质量控制措施

6.1.2.1　原材料的质量控制

原材料的质量对于工程质量有着决定性的影响。在采购及使用原材料的过程中应坚持材料供应人员、质量检验人员、使用人员三重把关的制度，并按照相应规定对材料的质量、规格、品种、数量等进行检验。

6.1.2.2　施工技术的质量控制

对于工程质量控制而言，施工技术的质量无疑至关重要。只有把好技术关，才能将人员、机械设备、材料等的作用发挥到最大。尤其是在地铁工程中，由于地层的情况各不相同，对施工技术的要求更是极高，施工人员自身素质及技术水平的高低在极大程度上影响着整个地铁工程的质量。因此要对施工人员进行必要的岗位教育、技术培训以及技术交底工作，树立起严格规范的技术质量意识。同时应确保每道工序的质量，最大限度减少其不确定性与不稳定性，对所有工序环节进行全面有效的监督与检验。

6.1.2.3 施工机械设备的质量控制

施工机械设备的质量在很大程度上影响着工程的建设效率与质量。因此，在城市轨道交通建设过程中，应尽量选用可靠先进的、能够满足工程技术需求及相关需要的机械设备，并对其进行定期的检查与维护，从而最大限度提升并保证工程的质量。

6.1.2.4 加强混凝土浇筑的准确性

城市轨道交通施工中，混凝土浇筑是较为常见的工艺技术，浇筑前管理人员应该结合图纸内容对沟槽、通信管道、轨道套管等设施的埋设进行确定，避免由于某一设施了解不到位造成的返工作业，做好前期的准备工作，确保混凝土浇筑的顺利完成。另外，混凝土浇筑完成后，道床养护作业与道床两侧混凝土浇筑需要隔开足够的距离，避免由于混凝土收缩凝固造成的开裂或者相互影响，切实提高混凝土浇筑质量。

6.1.2.5 加强规划管理，避免相互干扰

城市轨道交通施工道床是最为重要的组成部分，其施工工序复杂、色合计内容多，在进行这部分施工的时候，第一道床基地清理、轨道铺设、轨道调整、混凝土浇筑等工序要做科学规划，为了避免各个工序之间的相互影响，必须合理安排工序间隔，确保各个工序能够快速、准确地进行，形成流水化的作业模式，提高工作效率。

6.1.2.6 加强安全技术管理

轨道交通施工中涉及影响因素多，施工人员应该具备较高的安全意识，在提高自身技术水平的同时，加强安全技术管理。针对施工过程中存在的安全隐患，积极采取应对措施，进行防范和消除处理，做好定期检查和维护提高机械设备的运行质量，避免施工中的人员伤亡，对项目所需的临时结构进行严格检查，提高电气、给排水、通风系统的施工管理工作，对这部分的技术要点进行全方位管理，从技术层面上采用新技术、新工艺提高轨道交通的施工效率。

6.2 城市轨道交通施工安全管理

6.2.1 城市轨道交通施工安全管理原则与安全影响因素

6.2.1.1 城市轨道交通施工安全管理的重要性

城市轨道交通施工过程中，提升安全管理的能力，能有效减少不良事故隐患的影响，能做到在施工中，全面提升施工科学性，发挥较高的安全管理优势，提升城市轨道交通地铁建设的经济效益。

施工安全管理要求提升施工单位的施工过程科学管理能力，按照科学有效的管理建设流程方案，落实各种施工建设目标，提升了施工过程中的建设质量。城市轨道交通施工需要满足较高的安全管控需求，因为其施工过程中，可能对城市正常交通、生活等造成影响，而施工过程中出现的不良震动、噪声、地面塌陷都会对城市居民的安全造成威胁，因此进行城市轨道交通施工的安全管理，是保障居民安全的必然要求。安全可靠的施工管理模式，能减少不良安全问题的影响，使得施工过程中，不会出现较大的安全成本增加问题，同时能保障既定的工期目标有效地实现，减少了不良安全隐患对于施工工期、施工成本的影响，从而节约了安全问题的处理成本，保障城市轨道交通施工项目能安全进行，全面提升了城市轨道交通施工的造价管控能力。

城市轨道交通施工过程中，因为存在较多的安全隐患影响，对施工管理能力的提升要求较高。因为施工过程中，会对原有的稳定土层造成破坏，打破既有力学平衡的过程中，会导致周围建筑物、构筑物、地下管线、道路桥梁等受到影响，这对安全管理提出了较高的要求，应能充分保障在施工过程中，减少不良安全影响，采取可靠的加固、预防手段，发挥出较高的管控效果。

6.2.1.2 城市轨道交通施工安全管理的基本原则

1）编制健全的安全管理方案

城市轨道交通施工安全管理，必然要具备可靠的指导方案约束和规范，应在安全管理过程中，发挥较高的安全管理指导优势，确保安全管理具备较强的依据性、科学指导性。安全管理方案的编制应符合各种规范、安全要求，同时要具备细化、全面的特点，提升安全管理能力，做到在安全管控过程中，发挥出较高的安全管理方案可实行、可引用效果。安全管理方案的制定应具备较高的施工客观条件满足能力，做到在安全管理过程中，具备较高的安全管理计划科学实施效果。一般在安全管理方案实施过程中，要具备较高的客观施工环境条件调研能力，能识别存在的安全隐患，更加具有针对性地制定和实施安全管理方案。安全管理方案在实施之前要进行可靠的核定和论证，做到在安全管理过程中，对管理方案进科学改善优化，具备较高的可实施性，同时要具备安全管理方案实施过程中的动态评价和改进能力，做到在安全管理过程中，充分发挥管理水平。

2）建立可靠的安全管理制度

城市轨道交通施工中，存在较多的安全隐患，提升对于人员、机械设备等的安全管理能力，需要做到在安全管理方面具备可靠的制度指导和保障，主要是要建立其可靠安全的人员作业和机械识别安全作业模式，通过规范化的安全作业行为，提升安全管理制度的指导和约束能力，从而提升安全管控能力。安全管理制度的建设应做到人员管理和机械设备管理需求的深入分析，同时要符合不同管理条件下的安全需求，比如在不同的施工季节，要针对性地提出科学的安全管理制度，在雨季施工中，应识别降雨和积水对城市轨道交通施工的安全影响，建立可靠的安全管理制度，提出可靠的安全管理制度侧重点，提升特殊环境条件下的安全制度建设效果。安全管理制度的建设应包括安全教育机制建设，安全教育机制建设的开展目的是能提升全体施工作业人员和管理人员的安全意识，能在实施安全管理制度的过程中，增强人员积极响应效果，发挥出较高的安全管理执行力保障优势。

6.2.1.3 城市轨道交通施工阶段安全影响因素

1）施工环境

城市轨道交通施工工作开展过程中，环境因素对于施工安全存在直接影响。城市轨道交通相对于常规施工，其施工环境更为复杂、作业空间相对有限、地下管线较多，并且对施工变形的控制要求较高。

除此之外，施工环境中还存在相应的水文地质问题，不确定性非常多，甚至在施工过程中可能出现沉降过量、开裂，甚至坍塌等安全事故。一旦事故发生将造成巨大的人员伤亡以及经济损失。因此，相关工作人员应当着重关注施工环境对城市轨道交通施工阶段安全的影响。

2）施工技术

城市轨道交通施工阶段发生安全事故的主要原因是施工技术使用不当，施工过程中存在违规施工、冒险作业的情况，进而导致非常严重的安全事故。例如，施工单位违规施工，施工过程中没有遵循相应技术标准，基坑严重超挖，钢管支撑没有及时架设，并且没有及时浇筑垫层导致基坑周边地面坍塌。可见施工阶段严格按照相关标准运用施工技术的重要性。施工技术应用过程中，应当保证每个阶段的施工技术使用合理，不会造成严重的安全事故。

例如，施工前期阶段，相关工作人员没有严谨开展岩土地质勘察工作，相关设计工作不符合工程建设强制性标准，没有制订相应的应急抢险技术等。在基坑开挖阶段，开挖方法选择不当、基坑边坡不符合安全要求、开挖面边坡出现渗流等。在基坑支护阶段，支撑架设不及时、围护体系设计存在缺陷、临边防护不符合要求等。以上所述的施工技术问题只是城市轨道交通施工阶段施工技术不规范情况中的一小部分，但是任何技术不规范问题都会导致严重的安全事故。因此，开展施工工作的过程中，应当加强对施工技术应用的安全管理。

3）施工设备材料

城市轨道交通施工阶段，大型机械设备的安装、拆卸以及操作也会导致安全事故的发生，例如机械倾覆、倒塌事故。导致相关事故的主要原因有以下几点。

① 设备性能存在故障。

② 施工机械使用不规范。

③ 缺乏机械施工设备使用方案。

④ 机械施工设备安装、拆卸没有按照相应流程。以上问题的出现极有可能导致施工阶段发生安全事故。

对于施工材料来说，相关问题也是诱发安全事故的重要原因之一。常见的施工材料问题包括施工材料质量较差、力学性能较差，例如，水泥强度不足、钢筋塑性较差、混凝土强度较差等。在施工材料应用之前，相关工作人员也没有对材料进行严格审查，进而导致存在质量问题的材料进入施工现场，施工工作开展的过程中存在严重的安全隐患。

4）施工现场管理

施工现场管理失误以及施工现场安全管理不到位都是导致施工阶段产生安全事故的重要原因。施工管理失误是指施工阶段组织、管理以及决策过程中出现失误，进而导致安全事故的发生。而施工现场安全管理不到位，则主要是因为相关工作人员对安全管理工作的重视程度严重不足，安全管理意识薄弱，并且施工现场所应用的安全管理体系存在漏洞，从而导致安全管理工作无法高效开展，所以施工过程中将会存在巨大安全隐患。

6.2.2 城市轨道交通施工安全管理措施

6.2.2.1 安全管理基础工作

① 加强安全教育工作、做好事前控制。“预防为主”是安全管理的主要手段，将安全教育作为一个动态过程，贯彻到工程的始终，使每个施工人员都树立以“预防为主、安全第一”的安全生产意识。根据本工程的施工特点，重点是工人入场安全教育和特殊工种持证上岗。

② 建立班组安全管理制度，开展以“讲评、教育、交底及检查”为重点的安全管理工作。

③ 开展预测、预防工作。针对施工过程中可能发生的安全事故，开展预测、预防工作，找出工程施工安全风险点，防患于未然。

④ 严格方案审批手续并落实执行。每一工序开工前，做出针对性强、内容详尽的施工方案及方案落实执行措施(模板、支架、支撑等结构必须经过结构计算和验算)，报请监理工程师审批。方案经监理工程师审批后，及时下达施工技术、安全交底，实施过程中严格监督检查、严格执行。

6.2.2.2 安全防护措施

① 各类施工、操作人员须经过安全培训，不得无证上岗，各种自制设备、设施通过安全检验及性能检验合格后方可使用。

② 在施工现场入口的显著位置设立建设行政主管部门规定的“一图六板”，施工现场所有工作人员均配备劳保服、安全靴、雨衣、手套、安全帽、听力保护装置等安全必备品，特殊工种按规定佩戴好防护用品。

③ 设立为确保工程安全施工所需的标志、宣传画、标语、指示牌、警告牌、火警、匪警和急救电话提示牌等。

④ 设置“四口五临边”的安全防护设施，包括护身栏杆、脚手架、洞口盖板和加筋、竖井防护栏杆、防护棚、防护网、坡道等。

⑤ 现场照明设施齐全，配置合理，经常检修，保证正常的生产、生活。

⑥ 施工现场至少配备一名专职安全员或安全工程师，负责建立并实施安全生产例会和安全技术交底制度。

⑦ 对涉及明火施工等危险性较高的工作制定诸如用火证等安全管理制度。

⑧ 加强施工的监控测量，及时反馈量测信息，依照量测结果及实际情况，及时采取支护措施，规定支护结构的封闭时间，确保施工安全及地面建筑物安全。

⑨ 做好交通运输的安全工作，施工场地要设置交通红灯、交通指示牌，以便疏导行人及车辆(含自行车)。

⑩ 配备装备良好的临时急救站和称职的医护人员。现场常备应急车辆，以利伤病人员

迅速转移救治，与附近医院保持联系，出现问题及时处理。

6.2.2.3 安全用电措施

① 所有施工人员应掌握安全用电的基本知识和所用设备性能，用电人员各自保护好设备的负荷线、地线和开关，发现问题及时找电工解决，严禁非专业电气操作人员乱动电器设备。

② 高压线引至施工现场的室内变电所，所内通风及排水良好，门向外开，上锁并由专人负责，人员不得随便进入。变压器安设位置、接地电阻符合规范要求。

③ 配电系统分级配电，配电箱、开关箱外观完整、牢固、防雨防尘、外涂安全色、统一编号。其安装形式必须符合有关规定，箱内电器可靠、完好，造型、定值符合规定，并标明用途。

④ 现场内支搭架空线路的线杆底部要实，不得倾斜下沉，与邻近建筑应有一定安全距离，且必须采用绝缘导线，不得成束架空敷设，达不到要求的必须采取有效保护措施。

⑤ 所有电器设备及其金属外壳或构架均应按规定设置可靠的接零及接地保护。

保护接零：在电源中性点直接接地的低压电力系统中，将用电设备的金属外壳与供电系统的零线或专用零线直接做电气连接，可使保护装置迅速而准确地动作，切断事故电源，保证人身安全。

保护接地：所有电气设备的绝缘状况必须良好，各项绝缘指标达到规定值；电气设备及其相连机械设备的金属部分必须采取保护性接零或措施，挂好接地装置示意牌；按规定保护接地的电阻不大于4Ω。

⑥ 对特殊场所的照明应采用安全电压。

⑦ 施工现场所有用电设备，必须按规定设置漏电保护装置，定期检查，发现问题及时处理解决。

⑧ 现场内各种用电设备，尤其是电焊、电热设备、电动工具，其装设使用应符合规范要求，设专人负责其维修保管。

a. 电焊机外壳必须接地良好，电源的装卸由电工进行。

b. 电焊机设单独的开关，开关应放在防雨的箱内，拉合时戴手套侧向操作。

c. 焊钳与把线必须绝缘良好，连接牢固，更换焊条应戴手套，在潮湿地点工作时，站在绝缘胶板上。

d. 严禁在带压力的容器或管道上施焊，焊接带电的设备必须先切断电源。

e. 焊接预热构件时，采用石棉布或挡板等隔热措施。

f. 更换场地移动把线时，必须切断电源；不得手持把线爬高。

g. 多台电焊机在一起集中施焊时，焊接平台或焊件必须接地，并设置隔光板。

h. 把线、地线禁止与钢丝绳接触，不得用钢丝绳或机电设备代替零线。

⑨ 防触电措施：

a. 施工用电实行三级漏电配电，施工电缆线按规定架空铺设。

b. 开关箱内的漏电保护器具额定漏电电流应不小于30mA，额定漏电应不大于15mA，额定漏电动作时间不能大于0.1s。

c. 保护零线按规定做好重复接地。

d. 洞内施工照明采用36V低压照明线路。

e. 气焊作业双线到位，氧气、乙炔之间留不小于5m的安全距离。

f. 非电工人员不得拆改电器、电源，电工人员必须执证上岗。

g. 电工定期对施工现场用电设备进行检查，及时发现和排除电气事故隐患，尤其在雨季。

h. 施工用电的线路及设备，按施工组织设计安装设置，并符合供电部门的规定。严禁用电线路搭靠或固定在机械、栏杆、钢筋、管子、扒钉等金属件上；对电气设备、绝缘用具必须定期检查、测试，防雷设施在雷雨季节到来之前检测。变、配电室不使用易燃的建筑材料，门向外开，建筑结构应符合防火、防水、防漏和通风良好的要求。

6.2.2.4 机械安全措施

① 各种机械要有专人负责维修、保养，并经常对机械的关键部位进行检查，预防机械故障及机械伤害的发生。

② 对所有用于提升的挂钩、挂环、钢丝绳等进行定期检测、检查和标定，如有损坏或使用不当之处立即更换。

③ 机械安装时基础必须稳固，吊装机械臂下不得站人，操作时，机械臂距架空线要符合安全规定。

④ 所有的垂直和水平运输机械的搭设、顶升、使用和拆除必须严格依照政府的有关法规、规章和条例等的要求。

⑤ 各种机械设备视其工作性质、性能的不同搭设防尘、防雨、防砸、防噪声工棚等装置，机械设备附近设标志牌、规则牌和详细的安全操作要点。

⑥ 起重机械吊装：

a. 起重吊装作业前应清除工地所经道路的障碍物，做到工地整洁、道路畅通，并经常养护维修，保证道路质量应良好。

b. 进出工地围挡处、道路拐弯处、危险路段、临时道路与正式道路交界处设安全标志牌。

c. 施工现场使用设备必须有安全检验合格证，且设备状态良好；制定设备定期检查制度，状态不良的设备及时检修；进入更新、淘汰期的设备必须更换。

d. 使用新机具或采用新工艺时，必须经过技术鉴定。

e. 设备操作人员必须经过相关培训，特殊工种应有上岗合格证，操作人员应证照齐全。吊机指挥由对起重作业有经验的人员担任；起重工必须熟悉施工方法、起重设备的性能、所起重物的特点和确切重量以及施工安全的要求。

f. 各种起重机械起吊前，要进行试吊。

g. 起吊作业统一指挥，相关人员分工合作、集中精力、服从指挥。指挥指令不明确或可能造成事故时，需立即停止操作。

h. 起吊安全注意事项：

起吊重物时，吊具捆扎应牢固，以防吊钩滑脱；物件起吊需拉溜绳，速度要均匀，禁止突然制动和变换方向，平移应高出障碍物0.5m以上，下落时低速轻放，防止倾倒；起吊在满负荷或接近满负荷时，严禁降落臂杆或同时进行两个动作；起重机驶近限位端时，应减速停车。

采用两台吊机同时起吊重物时，两台吊机必须均衡起落重物，使各自分担的起重量不超过其容许的负荷能力。

起重机停止作业时，将起吊物件放下，收紧吊钩和钢丝绳，刹住制动器，操纵杆放在空挡，并关门上锁。

作业中若遇停电，各控制器应放于零位，切断电源开关，吊物下面禁止人员接近。

严禁斜吊和吊拔埋在地下或凝结在地面、设备上的物件；起吊过程中，起重扒杆下不得有人停留或行走。

6.2.2.5 地面及地下构筑物安全施工措施

① 施工之前对地面及周围环境(含地下管线等)进行详细调查，辅以摄影、摄像手段，确定保护对象及其具体位置，采取相关措施。

② 在地面及相关建(构)筑物布置测点，加强监测及时反馈施工，对建(构)筑物出现异常的采取跟踪注浆补偿土体损失，控制土体变形。

③ 根据事前预防、事中控制、事后补救的方针，采取相应的保护措施。

④ 地下燃气管线施工安全技术措施：

a. 进场前进行勘察，深入了解情况，在存在地下燃气管线的地方做好明显标志：管线用途、走向、深度等，并进行备案。

b. 施工前与煤气公司协调并进行现场交底，彻底弄清天然气管线的具体敷设位置、埋深、管径、材质等资料。

c. 安排经验丰富的施工人员为骨干，带领施工班组施工。

d. 建立和落实现场动土制度和逐级申报审批制度，杜绝盲目、野蛮挖掘的事件发生。

e. 施工前人工开挖探坑，深度 2m 以上，经天然气公司确定后方可机械施工。十字路口处探坑开挖深度必须达到 6m。

f. 施工路由必须与管线保持一定距离，按表 6.1 要求保持与管线的最小净距，确保施工安全。

表 6.1 施工与管线最小距离

天然气管线类别	平行间距/m	交叉净距/m
压力≤300kPa	1.0	在交越处 2m 范围内，煤气管不做结合装置和附加设备
300kPa<压力<800kPa	2.0	

g. 若有意外情况发生，立即停工保护好现场，立即向有关部门报告。

h. 根据有关部门的建议采取补救措施，尽量将损失减少到最小。

i. 工程实施过程中，请天然气管线公司管线员进行现场旁站监督。

j. 工程实施完毕，由天然气公司管线员现场检查，认可。

6.2.2.6 明挖施工安全措施

① 基坑四周用钢管设置 1.2m 高防护栏进行防护。

② 严格按要求放坡。开挖中应注意土壁的变动情况，发现裂纹或部分坍塌现象，及时进行支撑或放坡，并注意支撑的稳固和土壁的变化。

③ 吊运土方时，检查起吊工具、绳索是否牢靠，吊斗下不得站人。

④ 经常检查临时钢支撑和桩体连接情况，防止支撑松动脱落。

6.2.2.7　混凝土浇筑安全措施

① 浇灌混凝土使用的串筒必须连接牢固。

② 拆除模板应经施工技术人员同意。操作时应按顺序分段进行，严禁猛撬、硬砸或大面积撬落和拉倒。不得留下松动和悬挂的模板，拆下的模板应及时清理干净后送到指定地点集中堆放。

③ 钢管有严重锈蚀、弯曲、压扁或裂纹的不得使用，扣件有脆裂、变形、滑丝的禁止使用。

④ 木脚手板应用厚度不小于5cm的杉木或松木板，宽度以20~30cm为宜，凡是腐朽、扭曲、斜纹、破裂和大横透节的不得使用。板的两端8cm处应用镀锌铁丝箍绕2~3圈或用铁皮钉牢。

⑤ 搭设、拆除脚手架必须正确使用安全带。拆除脚手架时，必须有专人看管，周围应设围栏或警戒标志，非工作人员不得入内。

⑥ 拆下的脚手板、钢管、扣件、钢丝绳、模板等材料，严禁往下抛掷。

6.2.2.8　基坑开挖与支撑架设安全措施

1）基坑开挖

① 在基坑边设可靠护栏。进入基坑施工的人员扶梯上下，不准攀登模板、脚手架或绳索上下。

② 施工前，根据设计文件复查地下构造物(如地下电缆、给排水管道等)的埋设位置及走向，对周围的建筑物要复核其位置，并采取防护措施。施工中如发现危及地下构造物、地面建筑物或有危险品、文物时，立即停止施工，待处理完毕后方可施工。

③ 编制合理施工方案和技术措施，确定正确的施工顺序、选择合理的施工方法和相应的安全技术措施，并经过公司专家组评审，确保方案的可实施性和施工安全。

④ 采取分段分层开挖，开挖顺序按批准的施工组织设计进行，不得随意开挖；合理确定放坡坡度，对地下水采取降水措施，基坑开挖前将地下水降到第一次开挖面以下。

⑤ 在基坑的周围设置挡墙及排水沟，防止暴雨时雨水倒灌到基坑内。基坑开挖后，及时设置坑内坡顶与坡脚排水沟，在端头位置设置集水井，防止坑底积水。下雨时基坑内集水井聚积的积水，及时进行降排水工作。

2）钢支撑安装

① 钢支撑安装前要进行检算，要满足支撑连续墙的强度、刚度要求。参加钢支撑安装的人员要进行安全技术培训。

② 钢支撑必须在开挖到设计位置后立即安装，架设时间不超过2h，并按设计要求及时施加预应力。

③ 钢支撑安装时，在连续墙上标出支撑点位置并进行清理、平整使支撑端部与连续墙面垂直密贴，使之受力均匀，并在端部采取固定支托措施，防止支撑滑落。

④ 施工前对机械操作人员进行安全教育，在挖土或吊安下一道钢支撑时，严禁撞击已

安装好的支撑。

⑤ 夏季施工在已架设的钢支撑上覆盖草袋并实时洒水，防止温度过高使钢支撑轴力超限。

⑥ 设专人对支护结构和钢支撑的变形、位移，进行观测、监控，以便采取措施，确保结构和人员安全。

⑦ 钢支撑拆除时，应经技术人员同意，由专人组织拆除，要采取支护、防降落等可靠措施，并由安全员进行检查。

6.2.2.9 大型临时支架搭设安全措施

① 大型临时支架必须进行设计和检算，制订详细的施工方案，按规定报批。

② 根据批准的施工方案进一步细化制定支架搭设的作业指导书，严格交底制度。支架搭设前，项目总工要组织对支架施工人员进行详细的书面技术交底，工地负责人及技术人员应对交底的落实情况进行检查，由安全员监督操作工人严格按交底要求施工。

③ 支架搭设人员必须是经过考核合格的架子工担任；必须戴安全帽、系安全带、穿防滑鞋。

④ 构配件的检查和验收：支架使用的材料，钢管、扣件等材质及各项尺寸应符合标准，严禁不合格的材料进入施工现场。

⑤ 支架搭设：

a. 支架搭设前清除场地杂物，平整搭设场地，并使排水畅通，支架底座底面标高宜高于自然地坪 50mm。支架基础下有管沟及电线路时，应铺方木或型钢通过。

b. 支架搭设严禁随意更改搭设方式、间距、数量和结构件型号等；立杆要选用同类管径和壁厚的钢管搭设，严禁不同型号的钢管混合使用；支架每搭完一层，要及时校正步距、纵距、横距及立杆的垂直度。

c. 支架要设置纵、横向扫地杆，纵向扫地杆应采用直角扣件固定在距底座上皮不大于 200mm 处的立杆上，横向扫地杆固定在紧靠纵向扫地杆下方的立杆上。

d. 支架立杆应竖直设置，2m 高度的垂直允许偏差为 15mm，每根立杆底部应设置底座或垫板。立杆接长除顶层顶步外，其余各层各步接头必须采用对接扣件连接。

e. 支架立杆底部和顶部的可调托座，丝扣不可旋出太高，当其伸出长度超过 300mm 时，应采取可靠措施固定。

f. 为增加支架的稳定性，支架每隔 6 跨要设置一道纵向和横向斜杆，斜杆与地面夹角范围为 45°~60°，斜杆底部应撑地。支架外侧沿全高设十字剪刀撑，每道剪刀撑应与 5~7 根立杆连接。

g. 钢管扣件的螺栓拧紧扭力矩不应小于 40N·m，且不应大于 65N·m，对接扣件开口应朝上或朝内；各杆件端头伸出扣件盖板边缘的长度不应小于 100mm。安装后的扣件螺栓应进行检查，不合格的必须重新拧紧，直至合格为止。

⑥ 支架的检查和验收：以下情况要对支架进行检查和验收，主要包括：基础完工后及支架搭设前；作业层上施加荷载前；每搭设完 10~13m 高度后；达到设计高度后；遇有六

级大风与大雨后；寒冷地区开冻后；停用超过一个月等。

由项目部主管生产的副经理、技术负责人、专职安全员、质检工程师和领工员联合检查验收，验收发现问题时，要责成工地负责人限期整改，整改完成后验收小组组织复验，直至符合要求为止。

支架的日常检查由领工员、班组长和安全人员负责。

⑦ 支架在使用期间，严禁拆除主节点处的纵、横向水平杆，纵、横向扫地杆。

⑧ 支架拆除：支架拆除应进行安全技术交底，拆除时须划出安全区，设警戒标志，并设专人看管。拆除前应清除支架上的杂物及地面障碍物。

支架拆除必须由上而下逐层进行，严禁上下同时作业，按先横杆，后立杆的顺序逐层往下拆除，禁止抛掷，拆除后的构配件应及时检查、整修与保养，并按品种、规格随时码堆存放。

6.2.2.10 土方吊运安全措施

① 各种设备要放置于基坑外安全距离稳定的地基上。

② 吊装口设防护平台，使用前要对钢丝绳、卡具等进行检查验收，符合要求时才能使用；提、放吊斗时，上下要有统一信号，有专人指挥，吊斗或抓斗上粘有泥块需铲除时，要将抓斗或吊斗放在地上清除，严禁将抓斗吊空铲泥。

③ 在吊、抓土施工时，司机要认真操作，严禁抓斗吊斗撞击钢支撑或防护平台。

6.3 城市轨道交通施工质量控制与安全管理——以深圳市城市轨道交通11号线BT项目为例

6.3.1 工程概况

1）11号线工程

深圳市城市轨道交通11号线起自福田，经车公庙、前海湾、机场、北至沙井松岗，共穿越福田、南山、宝安三区，包括18座车站(其中福田站、红树湾站、机场站除外)、17个区间、轨道、装修、场段(新建松岗车辆段与机场北停车场)、房屋建筑等工程，与深圳市初步规划的轨道网络14条线(含国铁、城际线)交叉换乘，形成10座换乘站，其中换乘枢纽4座。

2）车公庙枢纽工程

车公庙枢纽是以城市轨道交通换乘为主，常规公交接驳为辅，兼顾少量出租车、社会车辆接驳的客运综合交通枢纽。枢纽包括7/9号车公庙站、11号线车公庙站、7号线农林站及农车区间、9号线香梅站及车香区间。枢纽占地3.9公顷，建筑面积约8.2万m^2。

3）与11号线同步实施工程

包括桂庙路下穿隧道、后海站物业开发出入口及风亭工程、碧头站过街通道、碧海站至机场站填海工程等与11号线同步实施工程。

6.3.2 质量管理措施

1）质量目标

以人为本，遵法守规，科学管理，精心组织，确保产品让政府及业主满意，合同范围内工程质量达到合格标准，使用功能符合设计图纸要求；争创“鲁班”奖。

2）质量管理组织体系

11 号线 BT 项目公司各部门负责人和标段项目经理、总工程师为委员的质量管理委员会，负责本项目质量管理活动的策划、组织、实施及对各个标段质量管理的监督和指导工作，对工程重大质量问题进行研究决策。

各标段项目部成立由项目经理任组长、总工程师和副经理任副组长、各部门负责人等为组员的质量管理小组，负责标段项目质量管理和控制的具体实施工作。项目经理对本段工程质量承担主要责任，严格实行工程质量终身负责制，定期质量检查，召开质量分析会议，及时发现问题，研究改进措施，积极推动项目经理部全面质量管理工作的深入开展。

质量管理组织结构图见图 6.2。

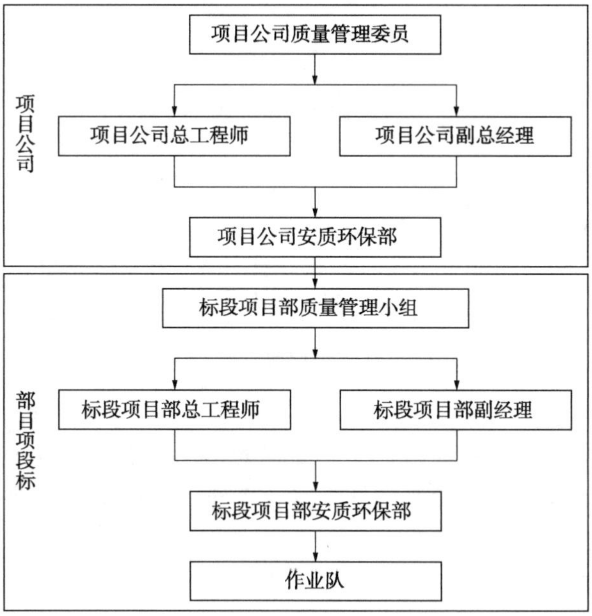

图 6.2 质量管理组织机构图

3）工程质量主要保证制度

(1) 工程质量责任制

根据《建设工程质量管理条例》等有关质量法律法规，本着“百年大计、质量第一”和“一切为用户服务，对用户负责”的质量管理指导思想，建立从项目公司→标段项目部→作业队，从主要责任人→管理人员→作业人员的纵向到底、横向到边的覆盖各职能部门和岗位的全员质量责任制体系，实行工程质量终身负责制和责任追究制，通过有效措施将质量责任层层分解和落实。

(2) 施工技术交底制度

在工程开工前，施工图设计单位向标段项目部和监理工程师进行设计文件交底。标段项目部技术负责人在施工各阶段对项目管理层和操作层进行施工技术交底，将施工内容与施工组织、施工工艺和主要施工参数、工程质量要求和验收标准、容易出现的质量通病的预防、安全技术要求等详细地交给施工人员，施工人员签字领取。未经施工技术交底，相应的工程施工不得实施。

(3) 工程样板管理制度

本项目执行样板工序管理，对主要工序均经样板验收合格后再全面展开。样板工序需经甲方、监理、设计单位、项目公司及政府质量监督部门五方进行检查、验收。样板工程检查确认流程见图 6.3。

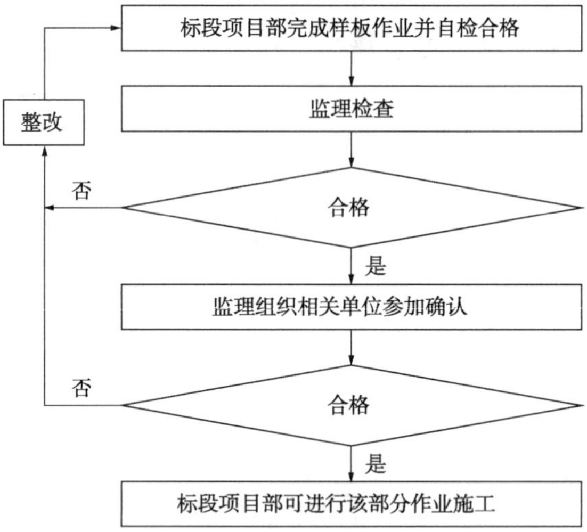

图 6.3　样板工程检查确认流程图

(4) 工程质量旁站监督制度

标段项目部配备质量专职管理人员，对工程的特殊过程、关键工序和关键部位的全过程，实行旁站监督，确保工程质量始终处于受控状态。旁站监督做到严格执法，并做好监督记录，对所监督的施工质量负责。

(5) 隐蔽工程检查和签证制度

根据行业、国家、省、市有关规范、规定、标准和深圳市地铁集团有限公司《安全质量管理文件汇编》等文件要求，确定隐蔽工程和中间验收部位的分类、部位、质检内容、质检标准、质检表格和参检方。

工程在隐蔽前进行质量检查，经标段项目部作业人员自检，标段项目部专职质量管理人员复检合格后，如实填好隐蔽工程检查证，并备齐有关附件资料，及时报监理验收，经监理验收合格，给予签证认可后方可进入下道工序。

(6) 成品、半成品保护制度

在施工过程中，根据保护产品的特点，分别采取“防护”“包裹”“覆盖”“封闭”等保护措施，以及合理安排施工顺序等来达到保护成品的目的。

（7）不合格产品控制制度

严格控制不合格品的出现，严格控制施工操作过程中的不当和失误。一旦出现不合格品，视其损失及严重程度，组织评审和处置，从而确保产品合格。

（8）质量问题消项、分析例会制度

为了有效推进施工质量问题的消除和质量的提高，项目公司、标段项目部组织召开定期、不定期的质量专题会，分析施工中出现的质量问题以及产生的原因，并制定出相应的预防、纠正措施，杜绝质量问题重复出现。

（9）工程质量奖罚制度

为加强项目管理，确保工程质量，项目公司建立有效的激励约束机制和绩效考核制度，按季度、年度开展劳动竞赛，对标段进行综合考评，并制定相应奖惩措施，其中质量状况作为重要考评要素之一，实行质量事故一票否决制，以充分调动标段项目部的积极性，强化施工质量过程控制。

（10）质量事故申报制度

建立质量事故申报制度，确保事故能够得到及时处理。施工过程中发现质量问题，标段项目部及时上报项目公司及监理单位，并组织有关人员分析原因和研究整改方案，在监理的监督下进行整改方案的落实。

4）质量管理主要措施

（1）建立、健全施工质量保证体系

南方公司建立符合本项目特点的质量管理体系，设置专职管理部门和专职人员，按照策划、实施、检查、处理的方式对各标段的施工质量进行有效管理，编写《质量管理办法》《质量创优规划》并分发给各标段项目部执行。

各标段项目部质量控制和保证的第一执行者，都要相应成立以第一管理者为首的质量管理领导小组，严格执行规范标准和南方公司制定的各项制度办法，质量保证措施必须贯彻"预防为主"的方针，着重做好施工技术准备的管理、作业技术交底的管理、现场劳务组织及作业人员的质量培训管理，制定工序质量控制要点，严格控制原材料质量和工序质量。

（2）加强质量教育和培训

11号线BT项目公司安质环保部不定期对标段项目部开展质量教育和培训给予安排和指导，标段项目部加强从业人员的教育培训，坚持先培训、后上岗。未经教育培训或者考核不合格的人员，不得上岗作业。特种作业人员必须持证上岗。

（3）加强质量监督检查

南方公司加大对标段项目部质量控制的监督检查，定期和不定期对各标段进行现场检查。督促标段项目部严格按照审批的施工组织设计组织施工，严格过程控制，严格工序管理，使每一道工序都处于受控状态，做好分项、分部工程和隐蔽工程的质量检查和记录。落实自检、互检和专业检的"三检"制度，严禁施工中偷工减料。质检工程师和质检员必须完整详实记录自检情况，确保施工工程质量。监理单位对批准的施工方案应加大检查和旁站监控的力度，通过监理旁站、巡检、抽检和专项检查、严格质量控制标准，及时发现和解决问题，把质量缺陷和隐患消灭在萌芽状态，全方位监督和控制施工质量。

为保证全线工程质量可控，除了施工、监理单位按规范标准的自查、自检、检测验收外，南方公司将委托有资质、有实力的第三方检测机构进行有针对性的检测或监督，如隧道衬砌、桩基质量及填土密实度等关键项目。

（4）质量检查评比

南方公司制定质量评比考核办法，在施工阶段公司每季度组织一次质量检查评比，奖优罚劣，促使各标段项目部提高施工质量。对施工阶段工程质量的检查评比按照公司制定的评比办法进行，并对评比结果进行公布，通报标段项目部上级公司。

（5）质量事故处理

各标段项目部管段内工程出现的质量事件(事故)及时上报，并编制处理方案，报监理单位审批、南方公司备案后实施，未经审批，严禁擅自实施。标段项目部按照“四不放过”原则追究相关责任人的责任，并将处理结果上报南方公司。南方公司根据造成的严重程度和影响给予相应的处罚。

6.3.3 安全管理措施

1）安全管理目标

① 不发生因工死亡事故，年重伤率不大于万分之五；

② 不发生拆迁工程和安装装修工程重伤以上(含重伤)事故；

③ 不发生基坑坍塌、洞内塌方冒顶等重大险情或事故；

④ 不发生重大设备事故、重大交通事故及火灾事故；

⑤ 不发生因施工造成的周边建(构)筑物沉降超限、倾斜、结构损伤以及施工导致的交通中断、电力中断、通信中断、漏水和漏气等重大险情或事故；

⑥ 不发生10人以上集体中毒事故。

2）安全管理组织体系

（1）项目公司

项目公司成立的安全生产委员会，作为南方公司安全与文明施工管理工作领导机构，负责统一领导本项目安全与文明施工工作，研究决策项目实施过程中的安全生产重大问题。安质环保部为专职安全管理机构，作为本项目安全生产工作的综合管理部门，对其他职能部门的安全生产管理工作进行综合协调和监督。

（2）标段项目部

标段项目部成立以项目经理为组长，副经理、总工程师、安全主任为副组长，各职能部门负责人和专职安全管理人员为成员的安全生产领导小组。负责领导本标段的安全与文明施工工作，研究决策本标段工程施工过程中的安全生产重大问题。设安质环保部为专职安全管理机构，作为标段项目部安全生产工作的综合管理部门，对其他职能部门的安全生产管理工作进行综合协调和监督。

3）安全管理的主要措施

（1）健全安全保证体系

南方公司制定相应的安全文明施工的规章制度，并下发各标段项目部执行，建立施工监控系统平台，对各标段进行现场监控，建立安全生产风险抵押金制度。各标段项目部为安全文明施工管理的责任主体，建立健全的安全管控体系，明确该标段责任人，南方公司安质环保部负责监督和落实体系的有效运行，采取重点监管与例行巡查相结合，确保制度、法规得到落实。加强业务人员能力培训，以更好适应深圳市安全文明施工管理要求。

（2）严格执行安全法律法规

各标段项目部严格执行相关制度和相关的法律法规，细化本标段的风险源分析并制定应对措施，定期对作业人员进行安全教育和培训；标段项目部安质环保部负责监督与落实，在施工方案中必须有针对性的安全文明施工保证措施，严格执行国家和深圳市政府、业主、南方公司的有关法规、规章制度和指令，加强施工现场的管理，确保安全文明施工的有序进行。加强业务人员能力培训，以更好适应深圳市安全管理要求。

（3）加强安全教育

坚持“安全第一，预防为主”的安全生产方针，加强宣传教育，有计划开展丰富多样的安全教育培训工作，安全教育培训记录存档备查。不断增强全员的安全意识，让每一参建人员树立牢固的安全生产意识，形成人人重视安全，全员、全方位、全过程进行安全把控，创造良好的施工条件和作业条件，使施工生产安全化、最优化，减少或避免事故发生，保证职工的健康和安全。

（4）落实安全措施

标段项目部必须坚持做到“五同时”，在计划、布置、检查、总结、评比生产工作的同时，计划、布置、检查、总结、评比安全工作；标段项目部安全和物质管理部门必须为上岗作业的人员根据岗位要求配备安全保护用品；“四口、五临边”的安全防护措施到位，警示标识齐全，项目部定期对安全防护用品进行检查，及时进行维护保养；标段项目部安全管理部门对新进场作业人员做好平安卡培训取证工作，坚持做到持证率100%。

施工承包单位对各类特殊复杂性工程，应根据地质、气象及生产环境，制订严密的安全生产预案，落实监控防护方案及监督、检测人员，做到准备充分，反应及时，措施果断。

（5）加强安全检查

南方公司对各标段项目部一月一检查，一季一评比，不断提高标段项目部安全管理水平。施工承包单位要认真开展经常性安全检查，每周至少一次。着重抓好施工准备安全检查、施工过程安全检查、季节性安全检查、节假日前后安全检查、专业性安全检查和专职安全人员日常检查。对检查发现的问题，要落实专人督促进行整改，整改完成专人进行验收，并留存相关影像资料。对发生安全事件（事故）的责任单位，按照南方公司相关规定进行处理，坚持“四不放过”原则，对发生事故原因分析不清不放过，事故责任者和群众没有受到教育不放过，没有落实防范措施不放过，事故的责任者没有受到处理不放过。

4）重大危险源管理措施

（1）风险源识别与评估

对本项目风险发生的概率与产生后果的严重性两个因素，采用风险矩阵法对其进行评估，综合确定风险等级。

① 建立重大安全风险实施前的条件验收制度，检查验收重大安全风险预防控制方案和应急预案的编制情况：包括不同施工阶段重大安全风险识别、专项方案、应急预案、执行程序、组织机构、物资设备情况、相关方联系方式等；查验重大安全风险方案的审批记录；

检查实施前的准备情况。

② 对重大安全风险采取分级管理。5A 级重大安全风险，各标段集团公司负责管理，中铁南方公司负责监管；4A 级重大安全风险，各标段项目经理部负责管理，各标段局集团公司负责监管。

③ 建立重大安全风险动态管理的培训和交底机制，根据已识别的重大安全风险和专项施工方案，中铁南方公司组织安全风险设计交底会，各参建单位由项目总工程师负责组织本标段工班长以上管理人员进行风险管理程序和专项方案的教育培训和技术交底，工班长组织对施工人员的应知应会培训，要求培训有记录、书面交底明确。

（2）风险源动态管理

随着工程施工进展，施工工艺和环境改变，现场风险情况也在不断变化。在项目实施过程对风险源实施动态管理。

（3）预防措施

本项目安全风险主要分为车站、区间隧道结构自身和施工工艺带来的风险，以及对环境影响(建筑物、道路及管线)带来的风险，风险分级为Ⅰ～Ⅲ级，针对上述风险分别制定预防措施，通过预防措施的实施，规避风险或将风险等级降至Ⅲ级以下可接受范围。

参 考 文 献

[1] 艾零件．复杂环境条件下的地铁矿山法施工技术[J]．福建建设科技，2020，No.171(02)：68-70+74.

[2] 陈西同．预制整体拼装式检查坑轨道道床在地铁车辆段施工中的应用[J]．建筑安全，2023，38(04)：52-55.

[3] 陈镇艺．广州地铁晓港站A1风亭施工方案分析[J]．广东水利水电，2002(S1)：35-34.

[4] 窦如令，张洪忠，郭烽，等．建筑施工技术[M]．南京：东南大学出版社，2017.07.

[5] 樊立志．高速铁路CRTS Ⅰ型双块式无砟轨道精确快速铺设技术[J]．工程建设与设计，2020，No.425(03)：91-94.

[6] 郝学通．浅埋暗挖法地铁隧道开挖对既有结构变形的影响分析[D]．中国地质大学(北京)，2015.

[7] 何志烽．地铁车站装饰装修工程的施工管理探讨[J]．居舍，2022(03)：21-23.

[8] 黄共，黄兆秋．城市轨道交通概论[M]．成都：电子科技大学出版社，2019.08.

[9] 黄泽军．地铁车辆段工程施工关键技术与施工管理[J]．四川水泥，2018，No.268(12)230.

[10] 姜效光．轨道交通项目施工单位质量控制体系的构建与应用[D]．西南交通大学，2013.

[11] 颉鹏，马江涛，罗杰，等．城市轨道交通停车场及车辆段库内立柱式检查坑整体道床的无轨施工工艺[J]．城市轨道交通研究，2021，24(08)：198-201.

[12] 李永华．轨道交通施工20讲[M]．北京：机械工业出版社，2014.01.

[13] 罗筠．基础工程施工[M]．重庆：重庆大学出版社，2020.04.

[14] 李勋．地铁出入口及风亭环境景观设计研究[D]．西北农林科技大学，2013.

[15] 鲁学树．地铁站装饰装修工程现场施工管理[J]．建材与装饰，2020，No.608(11)：284-285.

[16] 刘琨．复杂环境条件下的地铁矿山法施工技术[J]．技术与市场，2021，28(08)：89-90.

[17] 李建华．城市轨道交通工程铺轨施工技术研究[J]．工程建设与设计，2022，No.472(02)：145-147.

[18] 李晟铭．国内城市轨道交通发展现状与分析[J]．中国设备工程，2020，No.456(20)：235-237.

[19] 李世洋．轨道交通高架车站结构高支模的施工技术分析[J]．工程机械与维修，2022，No.305(04)：161-163.

[20] 刘佳明．浅谈城市轨道交通施工方法和质量控制的认识[J]．四川水泥，2018，No.261(05)：254.

[21] 路志远．浅谈城市轨道交通施工方法和质量控制的认识[J]．经贸实践，2018(02)：234.

[22] 李明．城市轨道交通地铁施工安全管理探究[J]．绿色环保建材，2021，No.167(01)：121-122.

[23] 马哲学．轨道交通停车场工程施工管理探讨[J]．工程建设与设计，2020，No.424(02)：78-80.

[24] 马全明，马海志．城市轨道交通铺轨基标测量技术方法的应用与研究[J]．都市快轨交通，2011，24(05)78-82.

[25] 彭金水，周斌，罗信伟，等．广州部分地铁线路铺轨基地设置[J]．都市快轨交通，2010，23(04)：70-73.

[26] 冉启鹏．无缝线路钢轨现场焊接技术工艺的运用分析[J]．工程建设与设计，2022，No.493(23)：220-222.

[27] 苏健，陈昌平．建筑施工技术[M]．南京：东南大学出版社，2020.11.

[28] 孙建强．城市轨道工程铺轨基标的测设方法[J]．科技风，2019，No.380(12)：92.

[29] 王道远．隧道施工技术[M]．北京：中国水利水电出版社，2020.06.

[30] 王雪飞，王璐，王婷．轨道施工与检测技术[M]．北京：中国铁道出版社，2021.02.

[31] 卫小伟，卢剑鸿，钱伟强．城市轨道交通概论[M]．武汉：华中科技大学出版社，2021.07.

[32] 汪苗贵．明挖法地铁车站基坑稳定性分析[D]．安徽建筑大学，2017.

[33] 王志奎．绿色施工技术在地铁站装修工程中的运用研究[J]．中国建筑装饰装修，2023，No.254

(02)：92-94.
[34] 温起峰．地铁车辆段施工技术应用研究[J]．运输经理世界，2022，No.663(17)14-16.
[35] 韦诗圣．浅析地铁车站的接地网施工技术措施[J]．科技创业家，2013(03)：37-38.
[36] 汪洋．城市轨道交通工程停车场施工技术要点和管理[J]．运输经理世界，2021，No.646(36)：4-6.
[37] 吴倩．地铁隧道矿山法施工技术的应用[J]．住宅与房地产，2017，No.472(23)：233.
[38] 徐文宽．城市轨道交通杂散电流腐蚀及防护的研究[D]．兰州交通大学，2021.
[39] 颜炳玲，朱小辉．隧道施工技术[M]．上海：上海交通大学出版社，2018.07.
[40] 杨剑．基于综合评价的城市轨道交通项目施工阶段安全管理[J]．建筑技术开发，2022，49(08)：36-38.
[41] 张冰，于景臣，刘巧静．城市轨道交通工程施工(第二版)[M]．北京：中国铁道出版社，2014.08.
[42] 朱庆新，刘见见．轨道施工技术[M]．北京：北京交通大学出版社，2021.08.
[43] 中国水利水电第十一工程局有限公司．城市轨道交通施工技术[M]．北京：中国铁道出版社，2019.07.
[44] 张震宇．隧道施工[M]．成都：电子科技大学出版社，2019.06.
[45] 郑兰花．尼日利亚阿布贾城铁铺轨方案研究[D]．西南交通大学，2012.
[46] 张凌雁．城市轨道交通工程杂散电流腐蚀防护研究[J]．电工技术，2023，No.586(04)：176-178+183.
[47] 张汝捷．城市轨道交通工程铺轨施工测量技术要点探析[J]．安徽建筑，2021，28(03)：165+186.
[48] 赵华桥．城市轨道交通高架车站高支模施工技术[J]．设备管理与维修，2022，No.511(02)：128-129.

后 记

由于现代都市的发展和人们环保意识的不断加强，城市轨道交通已经不再是一种单纯的载客工具，它的使用范围越来越渗透到城市发展的各方面，实现的功能也更加多元化。

每年每天每时偌大的交通客流量，城市轨道交通首先义不容辞地实现了它的第一个运输功能。引导人们绿色文明出行和出行过程中要遵守社会的规则，履行公民的义务，由此实现了它的引导发展功能。四通八达的城市轨道交通以及它的高效快速，极大地实现了城市交通对经济的强大促进功能。许多城市因为建设并开通了地铁以后，城市的马路不再拥堵，节能减排以后，天蓝水清，绿叶红花衬托得城市如同大花园一般，从而实现了城市轨道交通的环境改善功能。

与此同时，我们应该看到，城市轨道交通的发展也给施工企业提出了更高的要求，在施工上，施工人员应严格按照科学、完善的设计图纸及施工组织方案进行施工，掌握好每项技术的操作要点，做到规范化作业，并加强施工过程中的质量管理和安全管理，以此保证工程质量水平达到要求的标准。